建筑工程标准规范研究与应用系列丛书

中国建筑节能标准
回顾与展望

中国建筑科学研究院 主编

中国建筑工业出版社

图书在版编目（CIP）数据

中国建筑节能标准回顾与展望/中国建筑科学研究院
主编. —北京：中国建筑工业出版社，2017.10
（建筑工程标准规范研究与应用系列丛书）
ISBN 978-7-112-21073-2

Ⅰ.①中… Ⅱ.①中… Ⅲ.①建筑-节能-标准-中国
Ⅳ.①TU111.4-65

中国版本图书馆 CIP 数据核字（2017）第 189105 号

本书为《建筑工程标准规范研究与应用系列丛书》之一，从建筑节能基础标准《建筑气候区划标准》和《民用建筑热工设计规范》出发，以建筑节能设计系列标准，即《严寒和寒冷地区居住建筑节能设计标准》、《夏热冬冷地区居住建筑节能设计标准》、《夏热冬暖地区居住建筑节能设计标准》和《公共建筑节能设计标准》为主线，通过历史资料收集、专家回忆和访谈等形式，全面回顾我国建筑节能标准的发展历程，总结梳理标准历次修订后技术内容的变化、特点，以及重要技术指标的制订依据及发展脉络，并将编制过程中珍贵的历史资料呈献给读者。

本书适合建筑节能领域相关从业人员参考学习。

责任编辑：王 梅　李天虹
责任设计：李志立
责任校对：李欣慰　李美娜

建筑工程标准规范研究与应用系列丛书
中国建筑节能标准回顾与展望
中国建筑科学研究院　主编

*

中国建筑工业出版社出版、发行（北京海淀三里河路 9 号）
各地新华书店、建筑书店经销
北京科地亚盟排版公司制版
北京君升印刷有限公司印刷

*

开本：787×1092 毫米　1/16　印张：15　插页：1　字数：373 千字
2017 年 11 月第一版　2017 年 11 月第一次印刷
定价：**48.00** 元
ISBN 978-7-112-21073-2
（30718）

丛书序

中国建筑科学研究院是全国建筑行业最大的综合性研究和开发机构，成立于 1953 年，原隶属于建设部，2000 年由科研事业单位转制为科技型企业，现隶属于国务院国有资产监督管理委员会。

中国建筑科学研究院建院以来，开展了大量的建筑行业基础性、公益性技术研发工作，负责编制与管理我国主要的建筑工程标准规范，并创建了我国第一代建筑工程标准体系。60 多年来，中国建筑科学研究院标准化工作蓬勃发展、成绩斐然，累计完成工程建设领域国家标准、行业标准近 900 项，形成了大量的标准化成果与珍贵的历史资料。

为系统梳理标准规范历史资料，研究标准规范历史沿革，促进标准规范实施应用，中国建筑科学研究院于 2014 年起组织开展了标准规范历史资料收集整理及成果总结工作，并设立了系列研究项目。目前，这项工作已取得丰硕成果，《建筑工程标准规范研究与应用系列丛书》（以下简称《丛书》）即是成果之一。《丛书》旨在回顾总结有关标准规范的背景渊源和发展轨迹，传承历史、展望未来，为后续标准化工作提供参考与依据。

《丛书》按专业将建筑工程领域重点标准划分为若干系列，分别进行梳理、总结、提炼。《丛书》各分册根据相关标准规范的特点，采用不同的编排体例，或追溯标准演变过程与发展轨迹，或解读标准规定来源与技术内涵，或阐述标准实施应用，或总结工作心得体会。各分册都是标准规范成果的凝练与升华，既可作为标准规范研究史料，亦可作为标准规范实施应用依据。

《丛书》编撰过程中，借鉴和参考了国内外建筑工程领域、标准化领域众多专家学者的研究成果，并得到了部分专家学者的悉心指导与热心支持，在《丛书》付梓之时，向他们表示诚挚的感谢，并致以崇高的敬意。

中国建筑科学研究院

2017 年 2 月

前　言

　　我国是一个正在崛起的发展中建筑大国，近些年处于建设鼎旺期，每年建成的房屋面积高达 16 亿至 20 亿 m^2，超过所有发达国家年建成建筑面积的总和，以此增速计算，预计到 2020 年，全国总建筑面积将达到 700 亿 m^2。随着建筑业的迅猛发展，建筑能耗总量逐年上升，在能源总消费量中所占的比例已从 20 世纪 70 年代末的 10％上升到 2001 年的27.45％。随着城市化进程的加快和人民生活质量的改善，根据发达国家经验，我国建筑耗能比例最终将上升至 35％左右。如此高的比重，使得建筑能耗已经成为我国经济发展的软肋。另外，我国虽然资源丰富，但人均资源相对匮乏，国民经济要实现可持续发展，推行建筑节能势在必行。

　　我国的建筑节能工作是从 20 世纪 80 年代初伴随着中国实行改革开放政策以后开始的，由居住建筑到公共建筑，从北方地区到南方地区，得到了稳步推进。期间，建筑节能设计标准作为体现与推行国家建筑节能政策的技术依据和有效手段，发挥了重要作用。1986 年，我国第一部建筑节能标准——《民用建筑节能设计标准（采暖居住建筑部分）》JGJ 26—86 发布，随后的 30 年间，我国建筑节能标准从北方采暖地区居住建筑起步，逐步扩展到了夏热冬冷地区、夏热冬暖地区和公共建筑；严寒和寒冷地区居住建筑节能设计标准完成了节能率 30％、节能率 50％到节能率 65％三步走的跨越。

　　从建筑节能设计标准的发展历史，可以看出我国建筑节能发展的历史脉络。中国建筑科学研究院是我国建筑节能设计标准及相关建筑节能基础标准的主编单位，30 年来，对相关标准进行了多次修订，同时也完成了大量建筑节能相关规范的编制，包括建筑节能改造规范、施工验收规范、建筑节能检验标准、能效标识标准，以及相关产品标准等，涉及设计、施工、改造等全过程，形成了众多重要成果及历史资料。作为见证中国建筑节能发展的中国第一批科研院所，中国建筑科学研究院肩负着历史传承的使命和重任。对所主编的建筑节能相关标准规范进行整理和总结，一方面是对中国建筑节能发展的一次回顾和检阅，另一方面，也可为今后建筑节能标准化工作提供依据和参考。

　　本书从建筑节能基础标准《建筑气候区划标准》和《民用建筑热工设计规范》出发，以建筑节能设计系列标准，即《严寒和寒冷地区居住建筑节能设计标准》、《夏热冬冷地区居住建筑节能设计标准》、《夏热冬暖地区居住建筑节能设计标准》和《公共建筑节能设计标准》为主线，通过历史资料收集、专家回忆和访谈等形式，全面回顾我国建筑节能标准的发展历程，总结梳理标准历次修订后技术内容的变化、特点，以及重要技术指标的制订依据及发展脉络，并将编制过程中珍贵的历史资料呈献给读者。

　　衷心感谢老专家们对中国建筑节能事业的热爱和辛勤付出，虽然现已鬓发斑白，但仍关注着节能事业的发展，尽心尽力、出谋划策。他们丰富的人生阅历、深厚的专业知识沉淀、谦逊严谨的工作态度，潜移默化，激励着我们从事建筑节能事业的年轻人继续前进！

本书相关标准主编人简介

杨善勤研究员

男，1934 年 9 月生。毕业于苏南工业专科学校建筑设计专业。曾任中国建筑科学研究院建筑物理研究所副所长、全国绝热材料标准化技术委员会副主任委员、中国建筑业协会建筑节能专业委员会专家组成员、国家住宅与居住工程中心健康住宅建设专家委员会委员，享受国务院政府特殊津贴。

长期从事建筑热工和建筑节能方面的研究工作，曾参与的科研项目包括"建筑节能经济技术政策研究和轻型围护结构房屋的保温、隔热"等，主编《民用建筑节能设计标准》（采暖居住建筑部分）JGJ 26—86、《民用建筑节能设计标准》（采暖居住建筑部分）JGJ 26—95、《民用建筑热工设计规范》GB 50176—93，并作为主要参编专家参与《民用建筑热工设计规程》JGJ 24—86 等的编写，著有《建筑节能》、《民用建筑节能设计手册》等专著。

郎四维研究员

男，1941 年 3 月生。1963 年毕业于同济大学机电系供热供煤气及通风专业。中国建筑科学研究院顾问副总工程师，曾任中国建筑科学研究院空气调节研究所所长，曾兼职中国制冷学会副理事长兼空调热泵专业委员会主任委员、中国建筑业协会建筑节能专业委员会副会长、全国暖通空调及净化设备标准化技术委员会主任委员。

长期从事暖通空调、建筑节能方面的科研、研发和标准编制工作，获得多项建设部科技进步奖。作为主编之一，组织编制了《民用建筑节能设计标准（采暖居住建筑部分）》JGJ 26—95、《夏热冬冷地区居住建筑节能设计标准》JGJ 134—2001 及 JGJ 134—2010、《夏热冬暖地区居住建筑节能设计标准》JGJ 75—2003、《严寒和寒冷地区居住建筑节能设计标准》JGJ 26—2010，及《公共建筑节能设计标准》GB 50189—2005；并作为主要参编人参与了《绿色建筑评价标准》GB/T 50378—2006、《节能建筑评价标准》GB/T 50668—2011、《既有居住建筑节能改造技术规程》JGJ/T 129—2012 等标准的编写。

男，1939 年 3 月生。1964 年毕业于重庆建筑工程学院建筑系建筑物理专业。曾任中国建筑科学研究院建筑物理研究所热工室副主任。

长期从事建筑热工、建筑节能的研究和幕墙门窗的检测工作。曾参与科研项目"地下工程、地下输油管道热工问题研究"，并与黄福其等合著《地下工程热工计算方法》；参与建筑工程设计软件建筑热工部分的编制，完成二维、三维温度场计算软件和节能计算软件；主编《建筑气候区划标准》GB 50178—93，并参与《民用建筑节能设计标准》（采暖居住建筑部分）JGJ 26—95 的编制。

谢守穆高级工程师

男，1936 年 3 月生。1960 年毕业于清华大学暖通专业，1965 年研究生毕业留校。1970—1975 年在清华从事诱导器的开发与研制工作，1978 年 10 月调至中国建筑科学研究院空气调节研究所工作。

长期从事建筑节能与空调节能的研究工作，先后参与了《旅游旅馆节能设计暂行标准》、《民用建筑节能设计标准（采暖居住建筑部分）》JGJ 26—86 的编制工作，并主持编写了《旅游旅馆建筑热工与空气调节节能设计标准》GB 50189—93。作为负责人，完成了"高层建筑采暖空调现状调查及解决存在问题途径的研究"、"旅游旅馆能耗调查测试"和"热泵技术在高层建筑中应用的可行性研究"等科研项目。

汪训昌研究员

男，1954 年 2 月生。1982 年毕业于同济大学热能及环境工程系供热通风专业，硕士学位。曾任中国建筑科学研究院建筑物理研究所所长、中国建筑科学研究院总工程师和副院长，享受国务院政府特殊津贴。先后任全国绿色建筑委员会副主任、中国建筑学会建筑物理分会理事长、住建部节能专家委员会委员、中建协建筑节能分会会长、建筑安全与环境国家重点实验室主任等。

长期从事建筑热工、建筑节能、绿色建筑等方面的研究工作，是我国该领域的著名专家和学术带头人之一，取得了杰出的科研成就。20 世纪 80 年代初至 90 年代末，主要从事建筑围护结构的热工性能和节能技术研究，主持和主要负责了"防空地下室长期正常使用的热湿负荷设计方法研究"、"档案、文物、图书馆库热湿环境设计方法"等建设部科研

林海燕研究员

项目、自然科学基金项目和国家"九五"、"十五"科技攻关项目，系统参与了本学科的基础理论、基础方法的建立和发展，创立了先进、科学的建筑保温节能的理论体系，对该学科的不断发展做出了重要贡献。

先后主编了《严寒和寒冷地区居住建筑节能设计标准》JGJ 26—2010、《既有居住建筑节能改造技术规程》JGJ/T 129—2012、《建筑节能气象参数标准》JGJ/T 346—2014、《绿色建筑评价标准》GB/T 50378—2016、《民用建筑热工设计规范》GB 50176—2016，并作为主要参编人参与了《夏热冬冷地区居住建筑节能设计标准》JGJ 134—2001 和 JGJ 134—2010、《夏热冬暖地区居住建筑节能设计标准》JGJ 75—2003 和 JGJ 75—2012、《公共建筑节能设计标准》GB 50189—2005、《绿色建筑评价标准》GB/T 50378—2006 等标准的编写。

男，1964 年 4 月生。1986 年毕业于清华大学热能工程系暖通空调专业，1989 年中国建筑科学研究院硕士研究生毕业。现任中国建筑科学研究院专业总工程师、建筑环境与节能研究院院长、国家建筑节能质检中心主任、住建部供热质量监督检验中心主任；住建部科学技术委员会委员、建筑节能专家委员会委员、城镇供热专家委员会委员；中国绿色建筑委员会委员兼公共建筑学组组长、中国建筑学会暖通空调分会理事长、中国制冷学会副理事长、国际制冷学会热泵与热回收委员会副主席、IEA/ECES 国际能源机构蓄能节能委员会中国代表。

徐伟研究员

长期从事供热空调和建筑节能技术研究开发、工程应用和相关国家标准的编制工作，在供热计量、节能改造、绿色建筑、地源热泵等方面取得多项创新性研究和工程应用成果。先后主持和参加了 9 项国家"八五"、"九五"、"十五"、"十一五"、"十二五"重大科技计划课题和 1 项国家自然科学基金项目，获得过 9 项部级科技进步奖。主持了人民大会堂空调改造工程设计、国家航天局导弹测试中心 831 工程空调设计、北京北苑家园地热热泵系统工程设计等重要的设计和施工工程；主编《公共建筑节能设计标准》GB 50189—2015、《绿色医院建筑评价标准》GB/T 51153—2015、《绿色工业建筑评价标准》GB/T 50878—2013、《可再生能源建筑应用工程评价标准》GB/T 50801—2013、《民用建筑供暖通风与空气调节设计规范》GB 50736—2012、《地源热泵系统工程技术规范》（2009 版）GB 50366—2005、《空调通风系统运行管理规范》GB 50365—2005、《公共建筑节能改造技术规范》JGJ 176—2009 等 10 余本；完成《〈绿色医院建筑评价标准〉实施指南》、《地源热泵工程技术指南》、《供暖控制技术》、《可再生能源建筑应用技术指南》等 9 本著作；发表论文 40 余篇；获得发明专利 1 项。

目 录

第1章　民用建筑热工设计系列规范

"民用建筑热工设计系列规范"发展历程

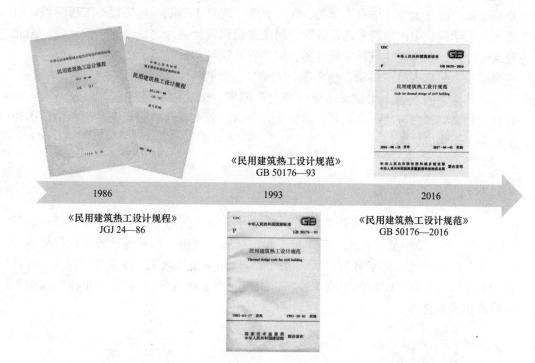

"民用建筑热工设计系列规范"在节能标准时间轴中的具体位置

《严寒和寒冷地区居住建
筑节能设计标准》
JGJ 26—2010

《旅游旅馆节能设计　《民用建筑节能设计标准　《夏热冬暖地区居住建　《夏热冬冷地区居住建　　　　　　《民用建筑热工
　暂行标准》　　　　（采暖居住建筑部分）》　筑节能设计标准》　　　筑节能设计标准》　　　　　　　设计规范》
　　　　　　　　　　　JGJ 26—95　　　　　JGJ 75—2003　　　　JGJ 134—2010　　　　　　　GB 50176—2016

| 1986 | 1990 | 1993 | 1995 | 2001 | 2003 | 2005 | 2010 | 2012 | 2015 | 2016 |

《民用建筑热工　　《旅游旅馆建筑热工与　　《夏热冬冷地区居住　　　《公共建筑节能　　　《夏热条暖地区　　《公共建筑节能
设计规程》　　　　空气调节节能设计标准》　建筑节能设计标准》　　　设计标准》　　　　　居住建筑节能　　　设计标准》
JGJ 24—86　　　GB 50189—93　　　　　JGJ 134—2001　　　GB 50189—2005　　　设计标准》　　　GB 50189—2015
《民用建筑节能　　　《民用建筑热工设计规范》　　　　　　　　　　　　　　　　　　　JGJ 75—2012
设计标准（采暖居住　　**GB 50176—93**
建筑部分）》　　　　《建筑气候区划标准》
JGJ 26—86　　　　　GB 50178—93

1

第一阶段:《民用建筑热工设计规程》JGJ 24—86

一、主编和主要参编单位、人员

《民用建筑热工设计规程》JGJ 24—86主编及参编单位:中国建筑科学研究院、西安冶金建筑学院、浙江大学、华南工学院、南京大学、南京工学院、重庆建筑工程学院、哈尔滨建筑工程学院、中国建筑东北设计院、河南省建筑设计院、北京市建筑设计院、湖北工业建筑设计院、四川省建筑科学研究所、广东省建筑科学研究所。

本规程主要起草人员:胡璘、杨善勤、李焕文、蒋镛明、陈启高、王建瑚、王景云、初仁兴、林其标、周景德、沈韫元、李怀瑾、毛慰国、朱文鹏、张宝库、房家声、陈庆丰、甘柽、杜文英、白玉珍、高锡九、谈恒玉、王启欢、韦延年、张延全、丁小中、李仲英、李松金、李建成、黄福其。

二、编制背景及任务来源

1980年7月,国家建筑工程总局(后于1982年5月改为城乡建设环境保护部)印发"关于发送《一九八〇年至一九八一年建筑工程国标施工规范、部标设计施工规程修编计划》的通知"((80)建工科字第385号)(图1-1),《民用建筑热工设计规程》列入制订计划。由中国建筑科学研究院担任主编单位,组织西安冶金建筑学院等14个单位组成编制组,共同承担编制任务。

图1-1 "关于发送《一九八〇年至一九八一年建筑工程国标施工规范、
部标设计施工规程修编计划》的通知"((80)建工科字第385号)

三、标准编制过程

（一）启动及标准初稿编制阶段（1980 年 3 月～1982 年 10 月）

中国建筑科学研究院建筑物理研究所接到《民用建筑热工设计规程》编制任务后，于 1980 年 3 月开始筹备编制组。1980 年 7 月 10 日，国家建筑工程总局下达制订计划，随即拟定编制工作大纲。与此同时，主编单位广泛收集国内外有关建筑热工设计规范、规程、标准、准则以及其他有关建筑热工的资料；开展调查研究和科研项目；安排进度，制订逐年工作计划。在各编制工作组成员单位领导的大力支持和所有编制工作人员的积极努力下，编制组既做到了分工负责，又相互协调配合，编制工作进展顺利。1980 年 3 月～1982 年 10 月，编制组共召开了 9 次编制工作会议，相互交流科研阶段成果、探讨编制工作中存在的问题、提供《民用建筑热工设计规程》建议条文。

1. 第一次工作会议

1980 年 3 月 18～20 日，编制组在北京召开了《民用建筑热工设计规程》第一次工作会议。与会专家就规程编制提纲进行了深入细致的讨论，对内容提出了具体修正和补充建议；对于室外基本参数，建议尽量利用已经国家建委批准修订的《采暖通风与空气调节设计规范》（此规范为《工业企业采暖、通风和空气调节设计规范》TJ 19—75 的修订）中的数据，如必要可略作修正和补充；建议原提纲中的建筑保温与隔热独立成章，并在隔热部分增加空调房屋的围护结构热工要求和标准方面的内容。

2. 第二次工作会议

1980 年 6 月 5～10 日，编制组在北京召开了第二次工作会议。与会专家认为规程（三稿）基本反映了规程要求的内容，章节划分也比较明确，除了个别条文应调整修改外，已可以作为编制工作中的依据。

针对室外气象参数的确定原则及统计方法，建议和冬、夏季外围护结构的热工计算相结合进行讨论。具体意见如下：1）冷季室外空气计算温度确定原则分 3 类（一是早期采用近 25 年中最冷 4 年连续 5 天日平均温度；二是近期根据轻、中、重围护结构不同，分别采用最冷 1、2、3 天的平均温度；三是我国《采暖通风与空气调节设计规范》中的保证率法）；2）贮热季室外计算参数一般用综合温度，以温度为主，太阳辐射为辅；温度统计方法与冷季相同，但还要加上与日平均温度相应的最高温度，即振幅一项；3）为便于冷季利用太阳能，建议列出冷季太阳辐射强度数据；4）空气相对湿度分两类，一类是为建筑防潮计算用，另一类是为南方地面防潮计算用；5）建筑防护要求降水量及风速资料无需特殊统计方法；6）结合冷季室外空气计算温度讨论问题，对最低限度热阻进行试算。

3. 第三次工作会议

1980 年 10 月 17～18 日，在中国建筑学会于桂林组织召开的"建筑热工学术讨论会"之后，编制组召开了第三次工作会议。除了在"建筑热工学术讨论会"上讨论了浙江大学提出的《空调轻板建筑实测报告》和中国建筑科学研究院建筑物理研究所提出的《热稳定性试验和实测分析报告》之外，会议着重讨论了河南省建筑设计院提出的《确定采暖房屋围护结构室外计算温度的初步设想》和中国建筑东北设计院提出的《低限热阻值计算结果分析》，还研究了夏季围护结构室外计算温度即太阳辐射热的确定方法以及其他编制工作有关的问题。

4. 第四次工作会议

1981年5月4～10日，编制组在北京召开了第四次工作会议。会议着重讨论了规程编制工作中的重大科学技术问题，包括建筑热工设计用室外计算温度取值、太阳辐射强度取值、冬季采暖房屋外围护结构低限热阻值及其稳定性、特殊部位热阻计算、窗户面积及窗墙平均传热系数、空气渗透系数测定方法、地面吸热性能及等级划分等。此外，也就夏季建筑热工的研究工作进行了简要汇报。

5. 第五次工作会议

1981年10月15～28日，编制组在南京召开了第五次工作会议。会议分3个阶段进行。首先由各编制单位汇报各自承担的科研项目工作成果和调查、测定资料，共21项，有些成果基本上成熟，已经列入规程草稿；其次，集中评议了由主编单位提出的《民用建筑热工设计规程》（草稿），与会代表对草稿所列条文和数据进行了较为详细的分析比较，并提出了补充和修改的具体建议；最后，落实草稿中尚待充实和修改所必须进行的各项工作。

6. 第六次工作会议（北方热工规程会议）

1982年4月8～14日，"北方热工规程会议"在北京召开。各与会专家结合《民用建筑热工设计规程》（草稿），对北方地区的建筑热工相关问题进行了研讨。包括围护结构低限热阻值的定义、计算条件和公式、对建筑防结露的影响；围护结构热稳定性问题；楼梯间保温问题等。

7. 第七次工作会议

1982年5月10～14日，编制组在杭州召开了第七次工作会议。会议集中讨论了有关夏季隔热方面的问题，并对若干主要问题做了决定。包括：夏季室外计算温度，太阳辐射强度统计计算方法；隔热评价指标的确定；围护结构隔热构造、自然通风及窗户遮阳的确定；地面防潮问题的考虑；关于衰减倍数和延迟时间的简化计算；双向波叠加计算内表面最高温度；大气长波辐射问题；窗户大小、构造及设计问题；空气间隔热阻计算及铝箔的应用；通风围护结构的热工计算及构造问题等。

8. 第八次工作会议

1982年9月7～11日，编制组在北京召开了第八次工作会议。在与会专家讨论基础上，形成了《民用建筑热工设计规程》（初稿）。

9. 第九次工作会议

1982年10月20～29日，编制组在北京召开了第九次工作会议，主题是对《民用建筑热工设计规程》（初稿）进行讨论。编制组全体成员及有关领导和专家认真细致讨论后，进一步修改、补充，形成了《民用建筑热工设计规程》（征求意见稿）（图1-2）。

（二）征求意见阶段（1983年1～5月）

1983年1月，《民用建筑热工设计规程》（征求意见稿）完成后，曾首次在中国建筑学会建筑物理专业委员会第四届学术会议上作了介绍，后又于1983年2～5月先后在北京、西安、沈阳、厦门和昆明五地分别邀请华北、西北（包括河南）、东北（包括内蒙古自治区）、沿海、西南及中南各省市的建设领导部门、设计院、大专院校的专家等征求意见。

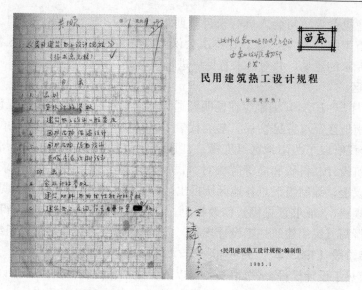

图1-2　左图为《民用建筑热工设计规程》（征求意见稿）的手稿；
右图为《民用建筑热工设计规程》（征求意见稿）正式版本

1. 华北地区

1983年2月3~5日，编制组在中国建筑科学研究院召开华北地区征求意见会议。出席会议的有来自河北、山西、北京、天津等地方设计院；机械、兵器、冶金、电子、航空、煤炭、纺织、人民解放军后勤部等专业设计院；北京工业大学、清华大学、天津大学、北京建工学院；北京市建筑设计院以及中国建筑科学研究院设计、标准部门等27个单位34名代表。城乡建设环境保护部科技局、设计局和中国建筑科学研究院科管处均有代表列席。会议对若干计算公式和参数以实际例题说明其使用方法。会议听取了代表们的发言，认为此规范能提高民用建筑热工设计质量，满足建筑功能要求，并能对节约能源起到一定的推动作用。与会代表认真细致审阅了《民用建筑热工设计规程》（征求意见稿）全部条款，提出了许多宝贵意见，并在会后写出了书面意见。

2. 西北地区

1983年3月7~10日，编制组在西安冶金建筑学院召开了《民用建筑热工设计规程》西北地区征求意见会议。参加会议的代表共31人，其中陕西省13名、甘肃省7名、青海省2名、宁夏回族自治区4名、新疆维吾尔自治区3名、河南省2名，来自设计、科研和教学等26个单位。会议用2天的时间听取了代表们对《民用建筑热工设计规程》（征求意见稿）各条款的意见，这些宝贵意见十分具体和实际，对编制工作有着极大的帮助。

3. 东北地区

1983年3月29~31日，编制组在沈阳召开了《民用建筑热工设计规程》（征求意见稿）东北地区征求意见会议。出席会议的有来自黑龙江、吉林、内蒙古和辽宁等东北地区的37个单位55名代表。吉林省、内蒙古自治区建委均派员出席了会议。会议用一天半的时间听取了各地代表的发言。与会代表对《民用建筑热工设计规程》（征求意见稿）的条款作了审查，并提出了许多宝贵意见。

4. 沿海地区

1983年4月6~9日，编制组在厦门召开了《民用建筑热工设计规程》（征求意见稿）

沿海地区征求意见会议。与会人员有来自广西、南宁、广东、福建、厦门、福州、上海、山东、四川等省市的共30名专家。在本次会议上，编制组听取了沿海地区各地研究院所、高校、设计院专家的意见，并对征求意见稿进行了修改。

5. 西南地区

1983年5月5～10日，编制组在昆明园通饭店召开了《民用建筑热工设计规程》（征求意见稿）西南地区征求意见会议。参会代表共49人，其中编制组成员单位代表21人，其他28人。会议听取了西南地区（安徽、江西、湖北、湖南、四川、贵州、云南和西藏等地）有关建筑设计、科研和高等院校对《民用建筑热工设计规程》（征求意见稿）的反映。在这次会议上，编制组汇总各地区所提出的约300余条修改和补充意见，拟出《民用建筑热工设计规程》（征求意见稿）修改提纲，在会议中进行分析讨论，得出修改方案并责成主编单位撰写《民用建筑热工设计规程》（送审稿）交上级领导部门组织审批。

（三）送审阶段（1983年10月～1984年7月）

《民用建筑热工设计规程》（送审稿）与以前各版本相比在体例上有了许多调整，条文更趋于简练、突出重点。经修改、补充和调整的内容大致有以下几点：1）将繁琐的常用热工计算公式列为附录C，增列计算例题附录E；2）建筑气候分区吸取了正在编制的《住宅建筑设计规范》新拟内容条文，作了补充和改进；3）《民用建筑热工设计规程》（征求意见稿）中附录A、B中的各项数据也经过核实，完成补充和修改；4）《民用建筑热工设计规程》（送审稿）保留第三章，但在条文上作了必要调整修改等。需要说明的是，《民用建筑热工设计规程》（送审稿）原拟列入有关热工设计技术经济方面的章节条文，但由于这方面研究内容涉及面十分广泛，再加上不少经济参数国家尚未正式确定，故暂作"待定"处理。

1. 审查会

1983年10月21～24日，编制组在山东烟台市召开了《民用建筑热工设计规程》（送审稿）审查会议。应邀参加会议的23位审查委员来自全国15个设计单位、3所高等院校、《采暖通风与空气调节设计规范》编制组和其他有关单位。城乡建设环境保护部科技局和设计局的代表参加了会议。与会代表们提出了宝贵意见，并普遍认为：

1）为了适应我国城乡建设事业的发展需要，充分发挥建筑投资效益，满足房屋热环境功能要求，尽快编制我国自己的建筑热工设计规程，供广大建筑设计人员和各地建设领导部门使用，是十分必要的。

2）《民用建筑热工设计规程》（送审稿）基本上反映了各地区民用建筑热工设计中所急需解决的问题，内容比较完整、系统，在建筑保温、隔热和防潮等方面所提出的设计要求、标准、参数以及计算方法都有一定的科学依据，基本上适合我国国情，而且具有我国自己的特色。经过进一步修改、补充并经批准后，可作为建筑专业设计规程之一，适用于一般民用建筑和工业企业辅助建筑。

3）在较短的时间内能编制出适合我国国情的第一本建筑热工设计规程确实是不容易的，也难免有不足之处。但希望编制工作组坚持不懈，将部分内容略作调整，修改和补充完成送审报批手续，及早颁发试行，以便在实践中总结经验、逐步深入以臻完善。

针对《民用建筑热工设计规程》（送审稿），与会专家提出了许多修改意见和建议。经与编制组充分交换意见，绝大部分被采纳。

2. 审定会

1984 年 7 月 2~6 日，《民用建筑热工设计规程》（送审稿）审定会在哈尔滨召开。这次会议是 1983 年 10 月烟台审查会议的继续，参加会议的代表来自 22 个设计、科研、高等院校、《采暖通风与空气调节设计规范》编制组和其他有关单位，共 23 人，其中绝大多数参加过烟台审查会议。编制组成员 17 人列席了会议。

会议首先听取了编制组根据烟台审查会议的审查意见对《民用建筑热工设计规程》（送审稿）进行修改、补充和调整情况的报告，然后分组对送审稿进行了认真的讨论，共提出 22 条修改意见和建议。

与会代表一致指出：烟台审查会议以来的半年多时间，编制组的同志们做了大量的工作，对规程文本进行了认真的修改、补充和调整，烟台会议所提出的主要修改意见和建议基本上都已贯彻落实，在条文的严密性和逻辑性上也有了很大程度的提高。同时会议代表提出如下建议：本规程送审稿的内容已基本成熟，但在条文的组织上和文字、符号的严密性和准确性上还要进一步整理、加工。此外，针对热工设计分区的有关参数，还应进一步与《采暖通风与空气调节设计规范》编制组协调，有关条文中对施工的要求也应进一步明确，对国际单位制在本规程中如何推行，也应按照国家和上级主管部门的有关规定妥善解决。

会议要求编制组针对所指出的问题和具体修改意见，集中力量精心修改，尽快提出条文清晰、文字严谨的《民用建筑热工设计规程》（报批稿）以及必要的编制说明，连同执行本规程后对建筑造价影响的经济分析报告，报请城乡建设环境保护部批准作为部颁标准试行。

（四）发布阶段（1986 年 2 月）

1986 年 2 月 21 日，城乡建设环境保护部印发"关于批准《民用建筑热工设计规程》为部标准的通知"（（86）城设字第 71 号），标准编号为 JGJ 24—86，自 1986 年 7 月 1 日起实施。

四、标准主要技术内容

《民用建筑热工设计规程》JGJ 24—86 适用于一般居住建筑、公共建筑和工业企业辅助建筑（包括附设的地下室和半地下室）的热工设计。高级居住建筑、公共建筑和具有正常温湿度要求的工业建筑，也可参照使用。本标准共 6 章和 7 个附录：总则，室外计算参数，建筑热工设计要求，围护结构保温设计，围护结构隔热设计，采暖建筑围护结构防潮设计；附录一建筑热工设计计算公式及参数，附录二室外计算参数，附录三建筑材料热物理性能计算参数，附录四窗墙面积比与外墙允许最小总热阻的对应关系，附录五名词解释，附录六单位换算，附录七本规程用词说明。

《民用建筑热工设计规程》JGJ 24—86 是我国首次编制的有关民用建筑热工设计标准性文件，和以往习惯使用的方法相比，对室外计算参数、建筑热工设计分区及其要求，围护结构最小总热阻，热桥部分内表面温度的验算，窗户层数、面积及气密性，地面热工性能，隔热设计标准以及围护结构防潮设计等方面都有详细的规定。

1. 总则

"总则"部分说明了《民用建筑热工设计规程》JGJ 24—86 的适用范围及与本规程直

接有关的规范、标准的协调配合问题。关于各类民用建筑室内热环境功能要求，《民用建筑等级标准》（试行）（报批稿）已作具体规定。本规程遵照执行但略有补充。同时《工业企业采暖、通风和空气调节设计规范》TJ 19—75 可供参考，本规程已与其修订版《采暖通风与空气调节设计规范》的相关内容取得协调一致。

2. 室外计算参数

"室外计算参数"部分主要列出了建筑热工设计用的有关室外计算参数，包括冬、夏围护结构室外计算温度，冬、夏太阳辐射强度的取值方法的规定。

冬季围护结构室外计算温度的确定是根据围护结构热惰性指标分成了 4 种类型，供求取各地区围护结构最小总热阻值时使用。

3. 建筑热工设计要求

"建筑热工设计要求"部分规定了不同建筑气候分区所采用的设计要求，是以保温为主、以隔热为主，还是需要兼顾保温和隔热等需要具体分析，并在说明程度上相应区别对待。这部分内容是根据长期建筑设计实践中积累的经验基础归纳得出的，并参考了有关国外资料。

4. 围护结构保温设计

"围护结构保温设计"是本规程的重要组成部分。提高围护结构的热阻不但对于保证室内热环境功能、提高建筑质量，而且对于节约采暖设备投资和降低采暖使用能耗都是十分有利的。但是这样做就意味着要增加建筑材料的消耗和施工费用，亦即增加建设投资。在规程编制期间，我国急需建设的民用建筑，特别是量大面广的住宅和宿舍等居住类建筑数量巨大，而投资十分有限，再加上高效保温材料产量不多，价格昂贵，规程的制订只能从实际出发。

本规程在确定围护结构所需的热阻值时，只能按最小总热阻考虑。所谓最小总热阻即是在房屋正常供热、正常使用条件下保证围护结构内表面不出现结露现象，同时满足居住和使用者的卫生要求。然而，由于所考虑的正常供暖设计工况基本上是连续供热，允许有小的间歇，在这种条件下，室内温度也还有 2.0～2.5℃ 的波动幅度。因此，在按稳定传热计算最小总热阻时，本规程对采用轻质围护结构的热稳定性仍给以充分考虑，而将其最小总热阻给以相应的附加值。

围护结构热阻值的确定不得小于最小总热阻诚然是一个设计标准，但建筑设计人员在具体掌握这个标准时，仍然应该通过技术经济比较，设计出合理的围护结构。本规程列出了提高热阻值和热稳定性的措施。至于有关围护结构的设计计算方法及参数，可参考附录一。

围护结构不可避免地会出现传热不利部位，这些部位的热流强度显著高于邻近正常部位，内表面温度明显降低，容易产生潮湿结露现象，在建筑设计中习惯称为"热桥"。本规程第 4.3.1～4.3.5 条要求通过一定的计算方法对热桥部位的内表面温度加以检验，并做必要的保温处理。对于特别设计的"热桥"部位，要求通过模拟试验或其他计算方法检验。

本规程第 4.4.1～4.4.4 条是对窗户层数、面积和气密性的规定。窗户是房屋围护结构的一个重要组成部分，属于多功能要求的围护结构，其热阻值一般较低。本规程编制时期，我国窗户质量受到生产条件和材料来源的限值，更显得薄弱。关于窗户层数，主要根据地区气候特点决定：在严寒地区采用双层玻璃窗、寒冷地区一般采用单层窗，对于高级住宅及旅馆建筑和有特殊要求的公共建筑可以适当放宽；炎热地区一般建筑一律用单层窗。有关各类窗户的热阻值，沿用了常用数值，但对于阳台门门洞的保温给出了补充规定。

地面保温是在寒冷地区，特别是在严寒地区建筑中急待解决的问题之一。地面的热工质量直接影响着居民的卫生与健康。本规程 4.5.1～4.5.3 条对地面的热工性能要求划分了等级，并对不同等级不同使用性质的房间提出了要求等级标准。地面热工计算方法列入了附录一。

5. 围护结构隔热设计

"围护结构隔热设计"部分主要提出了一般民用建筑在炎热地区围护结构隔热的标准和围护结构隔热措施。

关于炎热地区围护结构的隔热标准，在本规程编制过程中曾进行过反复的研究和讨论，认为在炎热地区一般民用建筑中目前还不可能有空气调节设备，大量的民用建筑师利用自然通风来满足人们的舒适要求。在这一实际条件下，围护结构的隔热计算，实际上受到室外和室内两个方向上热作用的影响，在长期实践的基础上，理论研究表明应该按照围护结构受双向热波计算内表面温度。因此，通过规定围护结构内表面温度的限值作为围护结构隔热标准是恰当的。问题在于这个标准应该建立在哪个水平上。经过过去在炎热地区大量实测统计和分析结果认为规定其内表面温度不超过当地历年最高温度的平均值 t_{emax} 是符合一般民用建筑的实际使用情况的。然而，根据反复计算，对于某些特别炎热地区，如重庆、长沙、宜昌、南京、武汉等地，由于当地历年最热一天的日平均温度本来就很高，温度的振幅也较大，对于这类城市采用这一标准就显得要求太低了，居民会反映不恰当。因此在本规程送审稿中做出了若干调整，强调加强围护结构隔热措施，尽可能采用其他降低围护结构内表面最高温度的措施。这些措施已在本规程第 5.2.1 条中予以明确规定，可适当采用。

6. 采暖建筑围护结构防潮设计

对于围护结构内部在房屋建成后正常使用状态的含水量，编制组参考有关单位长期测定资料以及参照国外经验，在附录三的建筑材料热物理性能计算参数中作了充分的考虑。采暖房屋防潮设计原则上要求保证围护结构中的保温材料在长期使用中，不因内部受潮冷凝而使其含湿量逐年累积增加。本规程对比规定了允许增量的限值（以重量湿度计），并将相应的计算检验公式一并列入正文。至于有关计算参数可在附录二和附录三中选用。

此外，关于采暖建筑围护结构防潮设计原则及构造要求列于本规程第 6.2.1～6.2.4 条。防潮计算方法和构造要求的依据可参考专题研究资料。

7. 附录

（1）附录一建筑热工设计计算公式及参数

首先，针对热工设计所使用的计算公式及系数，编制组按照本规程正文参数出现的顺序，同时考虑使用方便的原则，编排各个计算公式及其相应的计算参数。这些参数的选用绝大部分从实践中得来，有些参数是编制组在专题研究的基础上新定的，如空气层的热阻、空心砌块的热阻等，都有我国建筑热工自己的特点。其次，在计算通风屋顶的方法上，本规程选用了两步法，简单且实用。第三，关于围护结构总衰减倍数的简化计算以及多层壁不稳定传热计算方法，暂时未列入本规程，使用者需要时可参考相关专题研究资料。第四，本规程在室外综合温度计算中未参考大气长波辐射的影响，使用者需要时也可参考专题研究资料。

（2）附录二室外计算参数

针对冬季室外计算温度中有关采暖计算温度，编制组曾多次反复讨论，鉴于《采暖通风与空气调节设计规范》对此参数的规定已沿用多年且实践证明是合适的，因此本规程只从围护结构热工设计角度出发作了一些修正：对于不同类型的围护结构，采用不同的计算温度。这一改变已与《采暖通风与空气调节设计规范》编制组取得协调一致。关于夏季室外计算温度，因为建筑热工是为了确定隔热指标，长期实践经验证明这一参数虽然不同于通风温度，但其取值也是比较恰当合理的。因此，编制组采用了目前的统计方法。

有关冬季太阳辐射强度的取值，目前本规程只列出了几个城市的采暖期各月各旬的资料，除了为热工设计所采用外，还可以为太阳能利用提供设计依据。夏季太阳辐射强度仅为围护结构隔热设计所采用，因为它只取了整个夏季的平均最大值，相当于7月21日1天的数值。至于其他参数，如相对湿度等，本规程数值均来源自《暖通空调气象资料集》（增编一稿）。

（3）附录三建筑材料热物理性能计算参数

建筑材料热物理计算参数有两个部分：一是建筑材料的热物理性能计算参数，二是考虑保温材料所在部位施工情况等因素的修正，前者实际上是考虑正常使用条件下的平衡含水量。编制组根据长期调查测定的结果编制了附录三。采用此附录中各项系数作为热工设计的依据较符合实际情况。

五、标准相关科研课题（专题）及论文汇总

（一）标准相关科研专题

在1980年3月18～20日召开的《民用建筑热工设计规程》第一次工作会议中，编制组着重研究了编制提纲中所涉及的科学技术问题，认为有必要列成科研项目。与会代表结合本单位具体情况，尽量与已开展的研究工作结合起来，踊跃承担了任务。随后的几次工作会议中，对研究课题逐个进行讨论，并针对规程编制进度和内容对相关科研项目计划进行调整。在科研项目计划基础上，最终确定为本规程提供技术支撑的研究报告共有31个，具体内容见表1-1。

《民用建筑热工设计规程》JGJ 24—86相关专题研究报告汇总　　　　表1-1

序号	专题研究报告名称	作者	单位	主要内容
1	关于冬、夏季围护结构室外计算温度的确定	毛慰国	河南省建筑设计院	冬季采暖房屋/夏季空调房屋室外空气计算温度的确定原则和统计方法
2	考虑围护结构热稳定性确定冬季室外计算温度	王建瑚	西安冶金建筑学院	依据围护结构的热稳定性，确定冬季室外计算温度
3	冬季室外计算温度确定方法的研究	王景云	西安冶金建筑学院	综合考虑各方面因素，对确定冬季室外计算温度的方法进行研究

续表

序号	专题研究报告名称	作者	单位	主要内容
4	冬、夏季太阳辐射强度确定方法和结果分析	李怀瑾、朱超群	南京大学气象系	对冬、夏季太阳辐射强度对房屋的影响进行分析,并确定计算方法
5	关于采暖房屋围护结构必需热阻值确定方法的探讨	沈韫元、杨善勤	中国建筑科学研究院建筑物理研究所	研究一般民用采暖房屋轻、重围护结构必需热阻及其稳定性
6	建筑立面、体形、朝向与节能	胡璘	中国建筑科学研究院建筑物理研究所	对建筑立面、体形和朝向对建筑能耗存在不同程度的影响进行研究
7	自然通风降温问题	张延全	广东省建筑科学研究所	自然通风是降低建筑能耗的一种方式,尤其是在南方地区,本专题对如何合理利用自然通风进行降温进行了研究
8	房间在自然通风下遮阳和隔热的设计原则与技术措施要点	林其标	华南工学院	南方地区房间在自然通风条件下,外窗遮阳和隔热问题比较突出。本专题对其设计原则进行了讨论,并提出了相应技术措施要点
9	论南方居室地面返潮问题	林其标	华南工学院	提出统计南方梅雨季节室外计算温度和相对湿度的方法,并提出防止地面返潮的措施
10	房屋轻型围护结构热工性能研究	蒋协中、蒋鑑明等	浙江大学	对一般民用空调房屋(旅馆、办公楼等)使用轻型围护结构的热工性能进行研究
11	怎样提高空调房屋轻型外围护结构的热稳定性	甘柽	南京工学院	对一般民用空调房屋(旅馆、办公楼等)使用轻型围护结构传热进行实测和调查分析,对其热稳定性进行研究
12	外围护结构热稳定性评价指标	王景云	西安冶金建筑学院	对轻、重型外围护结构不同组合下房间热稳定性的实用计算方法进行研究,并提出热稳定性评价指标
13	采暖房屋外墙热稳定性及其试验结果	周景德、李成安	中国建筑科学研究院建筑物理研究所	轻、重型外围护结构不同组合下房间热稳定性的综合调查分析和试验研究
14	新型建筑体系特殊部位保温性能研究	周景德、杜文英、沈永康	中国建筑科学研究院建筑物理研究所、大连市建筑设计院	研究围护结构特殊部位(包括空心砌块、嵌入体以及轻质墙体等)的热阻计算方法
15	南方炎热地区居室从微小气候角度确定窗户面积的探讨	李仲英、李松金	湖北工业建筑设计院	南方地区夏季炎热,本专题根据室内温湿度要求提出确定窗户面积大小的方法
16	北方采暖住宅建筑窗墙比的确定	张宝库	中国建筑东北设计院	调查现有住宅房屋窗户面积及墙窗平均传热系数(东北 3 个城市)、从窗户透过的太阳辐射能量计算分析确定东北地区合理窗墙比
17	北京地区居住建筑窗墙比的确定	朱文鹏	北京市建筑设计院	调查现有住宅房屋窗户面积及墙窗平均传热系数(北京分为多层和高层)、从窗户透过的太阳辐射能量计算分析确定北京地区合理窗墙比

续表

序号	专题研究报告名称	作者	单位	主要内容
18	我国民用建筑金属外窗的能耗现状及其节能措施的研究	高锡九、谈恒玉	中国建筑科学研究院建筑物理研究所	分析国内常用单层、双层、复合窗户的能耗现状，并提出相应节能措施
19	寒冷及严寒地区建筑物地面的热工设计	初仁兴、陈庆丰	哈尔滨建筑工程学院	研究包括寒冷及严寒地区采暖房屋地面吸热性能等热工指标的试验和分析方法、允许值，编制国内常用地面构造的热工指标表
20	关于自然通风情况下民用建筑围护结构隔热设计标准的探讨	沈韫元、杨善勤、石曼萍	中国建筑科学研究院建筑物理研究所	研究自然通风条件下围护结构评价指标，探讨双向波作用下，正反向热波对内表面温度影响的测定和分析
21	应用隔热指标 G 进行隔热计算的进一步探讨	韦延年	四川省建筑科学研究所	在已有的研究工作基础上试验炎热地区几个主要城市民用建筑的 G 值，并与采用温度浮动指标进行比较
22	围护结构内部受潮分析及保温层湿度的标准（按稳定条件）	王建瑚	西安冶金学院	围护结构内部凝结及其薄弱部位受潮状况的调查测定，隔冷层的合理设置及其他防潮措施，建筑材料蒸汽渗透系数的测定，围护结构潮湿计算方法的确定
23	房屋建筑加气混凝土外墙重量湿度的调查实测结果	黄福其、张家猷、王爱仙等	中国建筑科学研究院建筑物理研究所	针对房屋建筑加气混凝土外墙，对湿度问题进行实测，并分析总结
24	北方房屋建筑加气混凝土外墙潮湿状况模拟实验和现场测定	黄福其、张家猷、王爱仙等	中国建筑科学研究院建筑物理研究所	针对北方房屋建筑加气混凝土外墙，对墙体潮湿状况进行现场试验研究
25	关于建筑材料热物理性能的计算参数表的编制说明	白玉珍、杨善勤	中国建筑科学研究院建筑物理研究所	编制国内常用建筑材料热物理性能测定数据表，包括容重、计算导热系数、比热和扩散系数；提供建筑材料热物理性能参数使用说明
26	房屋外围护结构湿热计算提纲	陈启高	重庆建筑工程学院	研究房屋外围护结构传热传湿问题，提出实用计算方法
27	空气间层的热阻	陈启高	重庆建筑工程学院	研究围护结构空气层的试验研究及实用热工计算值
28	南方建筑屋盖隔热的有效形式	丁小中	重庆建筑工程学院	提出若干种有效的南方建筑屋顶隔热措施，阐明具体做法和效果
29	两步法计算通风屋盖的内表面温度	丁小中	重庆建筑工程学院	通过综合分析已有的计算方法，确定简便实用的两步法计算通风屋盖内表面温度
30	民用建筑经济热阻计算方法	许文发	哈尔滨建筑工程学院	调查并分析提高围护结构保温性能对节约建筑设备投资和管理费用的经济效益，以及提出民用建筑经济热阻的计算方法
31	围护结构总衰减倍数的简化计算	李建成	华南工学院	提出围护结构衰减倍数的简化计算方法

（二）标准相关论文

在《民用建筑热工设计规程》JGJ 24—86 编制过程中及发布后，主编单位在相关期刊发表了 5 篇论文，具体见表 1-2。

与《民用建筑热工设计规程》JGJ 24—86 相关发表期刊论文汇总　　　表 1-2

序号	论文名称	作者	单位	发表信息
1	建筑平面、体形、朝向与节能	胡璘	中国建筑科学研究院建筑物理研究所	《建筑学报》，1981 年第 6 期
2	新型建筑体系特殊部位的保温问题	周景德、杜文英	中国建筑科学研究院建筑物理研究所	《建筑学报》，1981 年第 12 期
3	建筑材料热梯度系数的测定	黄福其、谈恒玉、王美昌、王爱仙	中国建筑科学研究院建筑物理研究所	《硅酸盐建筑制品》，1982 年第 1 期
4	房屋围护结构必需热阻值确定方法的探讨	沈锟元、杨善勤	中国建筑科学研究院建筑物理研究所	《建筑技术》，1983 年第 11 期
5	我国常用民用建筑外窗冷风渗透系数的确定方法及其计算参数推荐值	高锡九、谈恒玉	中国建筑科学研究院建筑物理研究所	《建筑技术通讯（暖通空调）》，1985 年第 6 期

六、所获奖项

《民用建筑热工设计规程》JGJ 24—86 自发布实施以来，在 1986 年获得了中国建筑科学研究院科技进步二等奖。

七、存在的问题

限于我国当时国民经济的发展水平，1986 年发布的《民用建筑热工设计规程》JGJ 24—86 所提出的热工基本要求还只能是低标准的，基本上是在承认现状的基础上，对一些不科学和不合理的做法做出限制和改进，对热环境功能的改善特别是对能源的节约都是有限的。希望随着"四化"建设的发展和国力的增强，在制订建筑热工设计规范时，使热工设计标准有较大的提高，对热环境功能有较大的改善，对建筑节能起到更大的作用。另外，限于目前的科学技术发展水平，所制订的规程还不够完善，尚有许多课题需要通过科研和总结设计经验加以解决，例如经济热阻问题、隔热标准问题、空调建筑的热工设计问题、窗户气密性的确定问题、满足热工要求的地面设计问题、潮湿计算和防潮问题等等。希望主管部门组织科研设计单位和高等院校的力量，继续开展科研工作，抓紧解决，使《民用建筑热工设计规程》JGJ 24—86 不断完善，并为修订本规程打下雄厚的技术基础。

其次，鉴于我国幅员辽阔，气候条件差异很大，迫切需要制订全国建筑气候分区，以使各项设计规范、规程和建筑设计能充分考虑气候特点，因地制宜，发挥建筑投资效益，希望主管部门尽快组织力量，开展这一重大课题的研究工作。

再其次，建筑热工设计对建设投资影响甚大，涉及面也十分广泛，特别是在采暖和空调房屋中使用时还必须经常管理维修，消耗能源。房屋的使用年限很长（50～100 年），热工设计的经济性不像使用功能那样可以客观评价，它只能通过多种经济指标的核算和比较才得出经济效益是好是坏。这一问题在我国很少被重视，调查研究做得很少，基础资料积累得也不全。虽然编制组在编制过程中也做了一些工作（如专题研究资料之 30），但还是刚刚起步。因此，关于围护结构热工设计的经济性在此版规程中并未纳入。希望此待定项目可以进一步得到论证，一旦成熟再做补充。

第二阶段：《民用建筑热工设计规范》GB 50176—93

一、主编和主要参编单位、人员

《民用建筑热工设计规范》GB 50176—93 主编及参编单位：中国建筑科学研究院、西安冶金建筑学院、浙江大学、重庆建筑工程学院、哈尔滨建筑工程学院、南京大学、华南理工大学、清华大学、东南大学、中国建筑东北设计院、北京市建筑设计研究院、河南省建筑设计院、湖北工业建筑设计院、四川省建筑科学研究所、广东省建筑科学研究所。

本规范主要起草人员：杨善勤、胡璘、蒋鑑明、陈启高、王建瑚、王景云、周景德、沈韫元、初仁兴、许文发、李怀瑾、毛慰国、朱文鹏、张宝库、林其标、甘柽、陈庆丰、丁小中、李焕文、杜文英、白玉珍、王启欢、张延全、韦延年、高伟俊。

二、编制背景及任务来源

根据国家计委计综［1984］305 号的要求，工程建设国家标准《民用建筑热工设计规范》列入制订计划，由中国建筑科学研究院负责主编。此规范在部标《民用建筑热工设计规程》JGJ 24—86 的基础上，经过补充和修改编制而成，从工程建设行业标准升级为工程建设国家标准。

三、标准编制过程

（一）启动及标准初稿编制阶段（1985 年 12 月～1986 年 9 月）

1. 前期工作协调会议

1985 年 12 月 25～31 日，中国建筑科学研究院组织相关单位在广东省建筑科学研究所召开了《民用建筑热工设计规范》工作会议。主要内容是在《民用建筑热工设计规程》JGJ 24—86 于 1995 年 11 月所完成报批稿基础上，讨论补充以下内容：1）建筑热工常用参数统一测试方法，包括建筑材料导热系数和蒸汽渗透系数统一测试方法；外墙和屋顶传热系数实验室和现场统一测试方法；实验室和现场观测中温度、空气相对湿度、构件中材料含水率、室内和壁面附近风速、围护结构外表面太阳辐射强度及太阳辐射吸收系数等的统一测试方法。2）民用建筑经济热阻值的计算方法。

2. 第一次工作会议

1986 年 8 月，编制组在四川省建筑科学研究所召开了《民用建筑热工设计规范》第一次编制工作会议（图1-3）。这次会议的主要议程有：1）由各个项目负责人提出条文及条文说明初稿，在会上介绍并征求修改意见。2）交流工作经验，明确下一阶段工作部署，特别是项目的鉴定和审查办法。

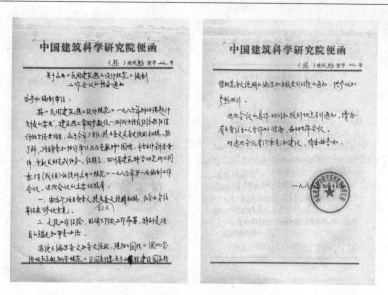

图 1-3 "关于召开《民用建筑热工设计规范》编制工作会议的预备通知"（（86）建研物便字 22 号）

3. 第二次工作会议

1986 年 9 月 20～27 日，编制组在北京新大都饭店召开了《民用建筑热工设计规范》第二次编制工作会议。这次会议的主要议程有：1）由各个项目负责人报告有关条文及条文编制说明，征求修改意见，并完成修改稿。2）交流工作经验，研究确定下一阶段工作部署，特别是项目的鉴定和审查办法。

（二）征求意见阶段（1987 年 9 月～1988 年 1 月）

1. 第三次工作会议

1987 年 9 月 20～26 日，编制组在四川省成都市灌县召开第三次编制工作会议。主编单位有关负责同志、编制组成员、特邀代表以及会务工作人员共计 32 人参加了会议。与会代表对《民用建筑热工设计规范》（征求意见稿）重点内容（空调建筑热工设计要求、采暖建筑围护结构经济热阻值计算、窗户总热阻和总传热系数）、《民用建筑热工设计规程》JGJ 24—86 在试行过程中的反馈意见进行了深入讨论，提出了修改和补充意见。同时，对《建筑热工常用参数试验方法》（征求意见稿）进行了讨论，同意将此文件中的成熟试验方法列入《民用建筑热工设计规范》（征求意见稿）附录。另外，要求在此基础上拟定条文说明并准备必要的专题论证材料，一共 36 项。

2. 征求意见

根据"关于征求《民用建筑热工设计规范》（征求意见稿）意见的函"（（87）建研物字第 9 号）的要求（图 1-4），此规范开始面向社会广泛征求意见。收到来自中国预防医学科学院、商业部设计院、机械工业部第七设计研究院、山西省建筑设计院、吉林省建筑设计院、中国建筑东北设计院、湖北工业建筑设计院、南京工学院、北京市建筑设计院、中国建筑标准设计研究所、电子工业部第十设计研究院等科研院所专家的共 26 份、107 条意见，对本规范征求意见稿提出了许多中肯意见。1988 年 1 月，编制组完成了对所有征求意见的汇总和处理。

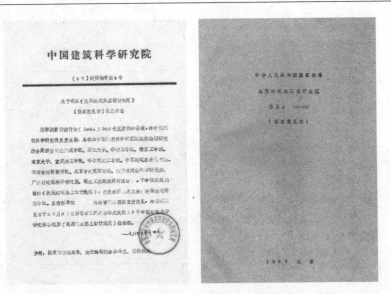

图1-4　左图为"关于征求《民用建筑热工设计规范》（征求意见稿）意见的函"
（（87）建研物字第9号）；右图为《民用建筑热工设计规范》（征求意见稿）

（三）送审阶段（1988年4月）

1988年4月21～23日，根据建筑工程标准研究中心印发的"关于召开《民用建筑热工设计规范》审查会议的通知"（（88）建标字第9号）的要求，编制组在中国建筑科学研究院召开了《民用建筑热工设计规范》（送审稿）审查会议。

全体委员对《民用建筑热工设计规范》（送审稿）逐章逐节进行了认真的审查和讨论，一致认为：1）提交的规范送审稿较广泛地总结和吸收了新中国成立以来建筑热工技术方面的科研成果和设计实践经验，并吸收和借鉴了部分国外的先进经验，与原《民用建筑热工设计规程》JGJ 24—86相比，内容更加完整、充实。2）规范送审稿依据可靠、宽严适度、论证比较充分，既体现了技术上的先进性，又结合了我国的具体情况，具有我国的特色和一定的独创性，较全面地反映了我国建筑热工技术方面的先进水平。3）规范送审稿充分体现了改善室内热环境、提高建筑物使用质量和节省能源消耗的基本要求，编制水平较高，是我国第一本建筑热工设计方面的国家规范。本规范的制订对提高民用建筑的设计质量会起到较大的作用。

会议对送审稿提出了几点修改意见，请编制组认真研究、修改和补充。此外，对于附录中的试验方法，审查委员认为是针对热工试验所必需的规定，但对是否列入本规范或另定标准，会上意见不一，请审批部门决定。

会议认为，《民用建筑热工设计规范》（送审稿）基本满足了国家计委下达任务的要求，可以报送上级部门完成进一步审查。在报批之前，编制组应按照国家计委对编制规范的统一要求，以及审查会所提意见，做一次全面的校核和修改，并对文字进行严谨的推敲加工。同时，应补充一份关于实施本规范后将对工程造价产生的影响和影响幅度的分析报告，供上级审批参考。

（四）报批阶段（1988年11月～1992年1月）

1988年11月25日，《民用建筑热工设计规范》报批材料报送至建设部标准定额司，审阅后提出如下修改意见：1）将"建筑热工试验方法"从《民用建筑热工设计规范》中分开，另编一本标准。2）建筑热工设计分区应与《建筑气候区划标准》及其他有关标准相协调。3）《民用建筑热工设计规范》正文、附录、条文说明应按统一规定编写，单位、符号、公式、数据等应认真核对。

编制组按以上要求进行修改。由于原来的条文说明写法有些地方不符合统一规定，需重新改写，工作量较大；另外，本规范与《建筑气候区划标准》及其他有关标准的协调工作费时费力，二本标准既有区别又密切相关，《建筑气候区划标准》在1991年10月完成报批稿，区划及气候参数表等才确定下来。本规范与该标准进行了充分协调，做到了分区的主要指标和辅助指标基本一致，区划界线相互兼容，但区划个数和名称有所不同。基于以上工作，编制组于1992年1月10日将终版报批材料报送至主管部门。

（五）发布阶段（1993年3月）

1993年3月17日，建设部印发"关于发布国家标准《民用建筑热工设计规范》的通知"（建标〔1993〕196号）（图1-5），根据国家计委计综〔1984〕305号文件的要求，由中国建筑科学研究院会同有关单位制订的《民用建筑热工设计规范》已经通过有关部门会审，标准编号为GB 50176—93，自1993年10月1日起实施。

图1-5 建设部"关于发布国家标准《民用建筑热工设计规范》的通知"（建标〔1993〕196号）

四、标准主要技术内容

《民用建筑热工设计规范》GB 50176—93适用于新建、扩建和改建的民用建筑热工设计。本规范共6章和9个附录：总则，室外计算参数，建筑热工设计要求，围护结构保温设计，围护结构隔热设计，采暖建筑围护结构防潮设计；附录一名词解释，附录二建筑热工设计计算公式及参数，附录三室外计算参数，附录四建筑材料热物理性能计算参数，附录五窗墙面积比与外墙允许最小传热阻的对应关系，附录六围护结构保温的经济评价，附录七法定计量单位与习用非法定计量单位换算表，附录八全国建筑热工设计分区图，附录九本规范用词说明。

（一）修订主要内容

《民用建筑热工设计规范》GB 50176—93 在《民用建筑热工设计规程》JGJ 24—86 基础上进行了补充和修改，这些是根据《民用建筑热工设计规程》JGJ 24—86 自 1986 年 7 月试行以来收集到的一些反馈意见，以及与有关标准、规范协调过程中提出的一些意见而作出的。本规范补充和修改的主要内容如下：

1）第一章总则第 1.0.1 条中，补充"符合国家节约能源的方针"；第 1.0.2 条中，把原规程中的高级居住建筑、公共建筑纳入适用范围。

2）第三章第一节建筑热工设计分区中，温暖和炎热地区的区划指标有变动，从而使得两区的界线南移。这是考虑到炎热地区的主要特点是冬季不冷，时间短，一般不需要考虑冬季保温问题，同时为了与在编的《建筑气候区划标准》相协调。

3）第三章第四节空调建筑热工设计要求中，根据近年来研究结果补充了第 3.4.1、3.4.3～3.4.5、3.4.7～3.4.10 条，对降低空调建筑能耗有较大意义。

4）第四章围护结构保温设计中，图 4.3.3 在保留原有 4 种热桥的基础上增加了一种钢筋连接的热桥形式。资料引自苏联建筑热工规范。

5）第四章第 4.4.1 条窗户的传热系数数据表是新补充的。这是因为原规程中的窗户品种太少，双层窗的传热系数与国内测定值和国外值相比偏大。因此，参考法国标准，并结合我国测定结果，提出了 8 种常用窗户的传热系数计算取用值。

6）第四章第 4.4.4 条，考虑到近年来窗户气密性质量有所提高，因此对窗户气密性等级的要求提高了一个等级。

7）由于部分窗户的传热系数改变，因此对第 4.4.5 条涉及的附录五附表 5.1 和 5.2 进行了调整。

8）第六章采暖建筑围护结构防潮设计，基本上保留原条文，但是为了节省计算工作量，在第 6.1.1 条中规定了验算条件。

9）附录二建筑热工设计计算公式及参数，保留原有内容。这些内容是为统一计算方法和计算参数，使计算结果具有可比性而提出的。

10）附录三附表 3.1 围护结构冬季室外计算参数及最冷最热月平均温度表中的采暖期天数是根据 30 年气象资料按旬平均气温内插法确定的。采暖期度日数用于经济热阻值计算。

11）附录四附表 4.1 建筑材料热物理性能计算参数表及附表 4.2 导热系数 λ 及蓄热系数 S 的修正系数 a 值表中的部分数据作了适当调整。

12）附录六围护结构保温的经济评价是新补充的，是在吸取国外经验，并综合国内近年来研究成果的基础上提出的。列入这些条文，对建立全面的技术经济观点，提高建筑物的节能和经济水平是有利的。

13）附录八全国建筑热工设计分区图是新增加的，作为第三章第一节的补充。

（二）有关窗户传热系数取用值问题的讨论和修改

1993 年 9 月 28 日，主编单位就窗户传热系数的取值问题进行了调研，总结给出了《调整窗户传热系数的报告》（图 1-6）。报告主要内容如下：《民用建筑热工设计规范》GB 50176—93 表 4.4.1 列出了钢、铝和木、塑两大类，包括单层、双层、单框双玻等共计16种窗户的传热系数和传热阻，由于1987年国家建筑工程质量监督检测中心门窗保温检测室刚成立不久，按标准方法测定的窗户传热系数、品种和数量较少，难以作为规范计算取用值采用。到1992年底，由于节能建筑的需要，各种保温节能门窗大量涌现，已经积累了单层、双层、单框双玻、钢、铝、塑、木，以及钢塑、钢木复合等多种类型，共计100多樘窗户的传热系数测定值。为使本规范中窗户传热系数的计算取用值的依据更充分，数据更接近实际，在实施中取得更好的节能和经济效益，并与国外的数据更接近，建议将本规范表4.4.1中窗户传热系数做适当调整，其中单层窗的传热系数保持不变，单框双玻窗的下调6%～9%，双层窗的下调7%～8%。这一调整，不但能使本规范窗户传热系数计算取用值更接近实测值，而且对于调动门窗生产厂家的积极性，促进窗户保温质量的提高也是有利的。

图1-6 《调整窗户传热系数的报告》

1993年10月30日，编制组在中国建筑科学研究院召开了"窗户传热系数取用值问题座谈会"。与会代表认为，本规范编制组的工作是认真负责的。本规范表4.4.1中窗户传热系数取用值与国内原有的一些数据相比，已大大前进了一步，但因受当时测定值较少的限制，表中双玻璃和双层窗等传热系数取用值稍稍偏大，现提出在近年来大量测定值基础上作适当调整是必要的。调整内容如下：

1）第4.4.1条文字调整为：窗户的传热系数应按经国家计量认证的质检机构提供的测定值采用；如无上述机构提供的测定值，则可按表4.4.1采用。

2）表4.4.1钢、铝和木、塑两类窗户中，空气层厚度为6、8、10mm的窗户数据取消（因保温效果差，不宜提倡）。改列空气层厚度为12、16、20～30mm窗户的数据。

3）为了鼓励研制新型保温窗户，增加表注：③本表中未包括的新型窗户，其传热系数应按测定值采用。

4）第4.4.1条及表4.4.1中传热阻字样及数据取消（因传热阻是传热系数的倒数）。

五、标准相关科研课题（专题）及论文汇总

（一）标准相关科研专题

在《民用建筑热工设计规范》GB 50176—93 编制过程中，编制组针对规范修订的重点和难点内容进行了专题研究。在第三次工作会议之后，编制组于 1987 年 12 月形成了 36 项专题报告，并汇总整理成了《民用建筑热工设计规范》专题研究及论证材料汇编，具体见表 1-3。

编制《民用建筑热工设计规范》GB 50176—93 相关专题研究报告汇总　　表 1-3

序号	专题研究报告名称	作者	单位	主要内容
1	关于围护结构冬、夏季室外计算温度的确定	毛懿国	河南省建筑设计研究院	1）报告提出了确定冬季室外空气计算温度的原则和方法，既考虑了寒冷期间室外气温的变化规律，又考虑了围护结构本身的热稳定性。2）通过对北京、沈阳、哈尔滨三地 4 种典型结构内表面温度的最大温降的验算，说明所确定的室外计算温度能够满足冬季确定建筑物外围护结构低限热阻的要求，内表面不会出现冷凝现象
2	冬、夏太阳辐射强度的确定	李怀瑾、朱超群	南京大学大气科学系	报告介绍了倾斜面，特别是墙面太阳辐射强度的计算方法，同时介绍了水平面上太阳辐射强度的一般设计方法，讨论了冬、夏太阳辐射的取值问题
3	建筑热工设计分区区划的说明	胡璘	中国建筑科学研究院建筑物理研究所	报告阐述了国内外建筑热工设计分区区划的发展历程。《民用建筑热工设计规范》将全国分成 4 个大区，列出了具体指标和热工设计要求
4	窗户遮阳措施的形式与效果	林其标	华南工学院	窗口遮阳是建筑防热的综合措施之一。报告介绍了窗户遮阳形式，包括水平式、垂直式、综合式和挡板式；对于遮阳效果，设计时应综合考虑构造形式、材料、颜色和安装位置
5	空调建筑物热工设计研究	蒋镒明、高伟俊	浙江大学	报告利用热动态理论模型 PTDPB，较全面地分析了旅馆空调建筑物的各种热工特性参数对空调负荷的影响，包括外围护结构热阻及热容量、窗户面积和遮阳状况、建筑物朝向和空气渗透等，同时分析了空调工作方式及房间热容量对空调能耗及室温稳定性的影响
6	采暖房屋围护结构必需热阻值的确定	杨善勤、沈锟元	中国建筑科学研究院建筑物理研究所	在室外计算条件下，围护结构内表面最低温度不低于室内空气露点温度。满足这一要求的热阻值为"必需热阻值"，报告讨论了这一热阻值的确定方法
7	单一材料外墙角内表面温度和最小附加热阻值的确定	周景德	中国建筑科学研究院建筑物理研究所	山墙转角以及平屋顶同外墙连接所形成的墙角称为外墙角，其易出现结露等现象。确定外墙角的内表面温度，必须按二维传热状况进行计算。报告给出了外墙角内表面温度和最小附加热阻值的计算方法

续表

序号	专题研究报告名称	作者	单位	主要内容
8	窗户传热系数和传热阻的取值	杨善勤、冯金秋	中国建筑科学研究院建筑物理研究所	报告结合 ISO《窗户传热性能》提案中关于确定窗户传热系数的例子,以及法国国家标准中确定窗户传热系数的计算方法,参考我国具体情况,计算得出了我国常用窗户传热系数和传热阻取用值
9	关于建筑热工设计规范中窗户空气渗透性能的规定	高锡九、谈恒玉	中国建筑科学研究院建筑物理研究所	报告给出了《民用建筑热工设计规范》所规定的窗户空气渗透性能等级相关内容的确定依据
10	关于自然通风情况下民用建筑围护结构隔热标准的建议	沈韫元、杨善勤、石曼萍	中国建筑科学研究院建筑物理研究所	南方地区夏季气候炎热,围护结构的隔热作用有限。报告通过对当地内表面温度的计算和必需热阻值的确定,指出应以围护结构内表面最高温度不应超过当地室外空气最高温度作为隔热设计标准
11	通风屋盖的合理设计	张延全	广东省建筑科研设计所	报告给出了《民用建筑热工设计规范》中"设置通风间层"隔热措施的条文论证,并给出了双层架空屋盖的构造形式、支撑方式等
12	反射阳光遮阳措施	张延全	广东省建筑科学研究所	报告给出了《民用建筑热工设计规范》中有关遮阳隔热措施的条文论证
13	由两种材料组成的两向非均质围护结构平均热阻的确定	周景德、杜文英	中国建筑科学研究院建筑物理研究所	报告提出了由两种材料组成的两向非均质围护结构平均热阻的简化计算方法。在一定条件下,可以把空心砌块的二维传热问题简化成一维传热问题,方法简便、精度较高,完全满足工程设计的要求
14	空气间层热阻的计算和测量方法	陈启高、王凯旋	重庆建筑工程学院建筑系	报告根据对建筑围护结构中空气间层传热长期的研究结果,推荐了空气间层热阻的计算公式、参数和测试方法
15	围护结构隔热计算中外表面换热系数的取值	陈启高	重庆建筑工程学院建筑系	建筑物外表面的换热比较复杂,原则上应将各综合传热现象反映出来。报告讨论了围护结构隔热计算中外表面换热系数的推荐性模糊值,但仅适用于设计计算,不适用于建筑热工的实测和实验
16	两步法计算通风屋盖内表面温度	丁小中	重庆建筑工程学院建筑系	报告针对通风屋盖内表面温度,提出了两步法计算的构想:一是计算面层下表面温度,二是计算通风屋盖内表面温度,此方法反映了通风屋盖的传热过程与特点
17	矿物棉导热系数的取值	白玉珍	中国建筑科学研究院建筑物理研究所	《民用建筑热工设计规程》JGJ 24—86 在执行中反映出矿物棉导热系数取值偏大的问题,此报告对其重新取值给出了讨论
18	关于建筑材料热物理性能计算参数表和导热系数、蓄热系数修正系数取值的说明	白玉珍、杨善勤	中国建筑科学研究院建筑物理研究所	报告对《民用建筑热工设计规范》的热物理性能计算参数和导热系数、蓄热系数修正系数取值给出了说明

续表

序号	专题研究报告名称	作者	单位	主要内容
19	地面热工性能测量方法的理论依据	陈庆丰	哈尔滨建筑工程学院	报告通过对地面热工性能进行理论计算，表明地面吸热指数可通过实验测得
20	面热源热脉冲法与防护热板法测定材料导热系数结果的比较	沈韫元、陈玉梅	中国建筑科学研究院建筑物理研究所	防护热板法和面热源热脉冲法是较为普通的导热系数测定的两种方法，报告对两种方法的原理和特点进行了比对。面热源热脉冲法设备简单，价格便宜，其作为导热系数测试方法是可行的
21	热流计用于实验室测定构件传热系数	李成安	中国建筑科学研究院建筑物理研究所	报告给出了热流计用于实验室测定构件传热系数的具体要求，包括试件的最小热阻、热流计传感器的性能、传感器读数和测量误差分析
22	试验方法中有关误差术语的统一规定的说明	刘加平	西安冶金建筑学院	报告对试验方法中有关误差术语的统一规定给出了说明，包括精度、不确定度、最大应用误差、最大基本误差、分辨率等
23	南方居室防止地面泛潮的措施	林其标	华南工学院	报告分析了南方居室地面返潮的成因和危害、测试资料分析及其检验方法；提出了具体的防泛潮措施
24	采暖住宅窗墙比的确定	张宝库	中国建筑东北设计院	报告从能量分析入手，在确保立面保温构件采暖期的平均热损失不大于允许值的条件下，建立了窗墙比与窗、墙的热特性和地区的气候特性等的稳态热平衡方程式，从而推导出确定窗墙比的数学解析式
25	北京地区居住建筑窗墙面积比的确定	朱文鹏	北京市建筑设计院	外窗作为围护结构的一部分，担负着保温隔热作用，其面积大小对建筑能耗有着直接影响，需要对其进行全面的热工评价。报告给出了采暖房间围护结构的散热量计算、不同窗墙比条件下墙体需要的传热系数
26	采暖建筑地面热工性能分类及地面吸热指数 B 值的计算	初仁兴、陈庆丰	哈尔滨建筑工程学院	报告论述了地面热工性能按其吸热指数 B 值分类的原则及计算方法，对《民用建筑热工设计规范》中的相应规定给出了说明
27	严寒地区采暖民用建筑底层地面周边保温宽度的确定	初仁兴、王从荣	哈尔滨建筑工程学院	报告从理论上对严寒地区采暖民用建筑地基温度场进行了分析，确定了地面表面温度的分布规律，从而提出了地面所需保温区域，即确定底层地面周边保温宽度
28	国外经济热阻计算方法浅析	许文发	哈尔滨建筑工程学院	报告介绍了苏联和德国建筑热工规范中经济热阻的计算方法，各有特点，供我国热工规范参考
29	采暖建筑围护结构经济热阻计算	许文发	哈尔滨建筑工程学院	报告给出了采暖建筑围护结果经济热阻的计算流程，并给出了北京和哈尔滨的计算实例
30	热箱法测定构件总传热系数装置研制报告	叶歆	清华大学建筑系	报告介绍了热箱法测定构件总传热系数装置的基本性能和工作原理、设计与应用、试验检测结果和误差分析
31	建筑围护结构热工性能测定装置的研制	黄福其、冯金秋、王铁铮	中国建筑科学研究院建筑物理研究所	报告介绍了建筑围护结构热工性能测定装置的构造和原理、自动控制系统、传热系数的测定、热流反应系数的测定和误差分析
32	建筑物冬季现场热流测量	王景云	西安冶金建筑学院	报告介绍了热流传感器几何尺寸及性能的选择及测量方法

续表

序号	专题研究报告名称	作者	单位	主要内容
33	热流计用于夏季现场测定围护结构的热性能	陈启高	重庆建筑工程学院	报告介绍了使用热流计测量通过围护结构传入房间的热流、换热系数、表面蓄热系数的理论基础
34	热流传感器的标定方法	陈玉梅	中国建筑科学研究院建筑物理研究所	标定热流传感器的方法有绝对法（防护热板法）和比较法（用标准试件或标准热流传感器），报告给出了不同标定方法的试验结果比对和标定误差分析
35	建筑材料平衡湿度及其试验方法	陈启高	重庆建筑工程学院	报告针对建筑材料平衡湿度的机理进行了论述，并给出了相应的试验方法
36	测量平壁热阻与材料导热系数的双热流计法	陈启高	重庆建筑工程学院	报告说明了影响平壁热阻和材料导热系数测量的因素，并论证了平壁热阻（或传热系数）和材料层导热系数的测定法

（二）标准相关论文

在《民用建筑热工设计规范》GB 50176—93 编制过程中及发布后，主编单位在相关期刊发表了 5 篇论文，具体见表 1-4。

与《民用建筑热工设计标准》GB 50176—93 相关发表期刊论文汇总　　　　表 1-4

序号	论文名称	作者	单位	发表信息
1	踏上九十年代建筑节能设计的新台阶	胡璘	中国建筑科学研究院建筑物理研究所	《建筑学报》，1991 年第 12 期
2	小康住宅围护结构的保温隔热和节能问题	杨善勤	中国建筑科学研究院建筑物理研究所	《建筑知识》，1995 年第 6 期
3	保温、隔热和节能对门窗发展的要求	杨善勤	中国建筑科学研究院建筑物理研究所	《新型建筑材料》，1996 年第 3 期
4	建筑保温节能要求与空心砌块保温性能	冯金秋、王爱仙	中国建筑科学研究院建筑物理研究所	《建筑砌块与砌块建筑》，1996 年第 6 期
5	民用建筑节能设计新标准对墙体材料的要求	杨善勤	中国建筑科学研究院建筑物理研究所	"绝热材料的前景与施工"会议论文集，2002 年

六、存在的问题

《民用建筑热工设计规范》GB 50176—93 主要是为了使建筑热工设计与地区气候相适应，保证室内基本的热工环境要求，即围护结构的保温、隔热要求，与《民用建筑节能设计标准（采暖居住建筑部分）》JGJ 26—86 和 JGJ 26—95 等节能设计标准相比，其对围护结构的保温、隔热要求要低得多。因此，在实施时，人们对后者比较重视，相对对《民用建筑热工设计规范》GB 50176—93 不太重视。另外，《民用建筑热工设计规范》GB 50176—93 与《采暖通风与空气调节设计规范》GBJ 19—87 中的采暖期天数不一致，建议协调一致。

《民用建筑热工设计规范》GB 50176—93 实施的主体包括暖通专业人员，也包括建筑设计专业人员，应对这些相关人员加强宣贯和培训。

第三阶段：《民用建筑热工设计规范》GB 50176—2016

一、主编和主要参编单位、人员

《民用建筑热工设计规程》GB 50176—2016 主编及参编单位：中国建筑科学研究院、中国建筑西南设计研究院、西安建筑科技大学、华南理工大学、广东省建筑科学研究院、深圳市建筑科学研究院股份有限公司、福建省建筑科学研究院、重庆大学、哈尔滨工业大学、北京市建筑设计研究院有限公司、中南建筑设计院股份有限公司、清华大学、浙江大学、东南大学、四川省建筑科学研究院、欧文斯科宁（中国）投资有限公司、北京门窗发展有限公司、北京金阳新建材有限公司、中国南玻集团股份有限公司、深圳市方大建科集团有限公司。

本规程主要起草人员：林海燕、冯雅、孟庆林、杨仕超、任俊、赵士怀、唐鸣放、方修睦、夏祖宏、杨柳、杨允立、林波荣、葛坚、傅秀章、董宏、周辉、于忠、杨玉忠、赵立华、张智、刘庆灿、陈小刚、许武毅、曾晓武。

二、编制背景及任务来源

《民用建筑热工设计规范》GB 50176—93 是一本重要的基础性规范，是指导建筑热工设计的应用基础。作为一本基础性规范，其为建筑节能、室内热环境设计提供了所需的建筑围护结构传热以及其他的计算方法。

《民用建筑热工设计规范》GB 50176—93 的编制工作开始于 20 世纪 80 年代，定稿于 20 世纪 90 年代初。其编制组阵容强大，集中了当时全国建筑热工领域内绝大多数知名专家，主要内容包括了建筑物及其围护结构的保温、隔热和防潮设计。该规范的制订主要是使民用建筑热工设计和地区气候相适应，保证室内基本的热环境要求，并符合国家节约能源的方针。从这么多年的工程实践来看，《民用建筑热工设计规范》GB 50176—93 是一本高水平的标准，理论性和实用性得到了很好的兼顾，为建筑热工学奠定了很好的工程应用基础，在建筑设计中发挥了很重要的作用。

但也不容否认，《民用建筑热工设计规范》GB 50176—93 实施至今已经十几年了，目前的技术水平、条件以及人对建筑的要求与 20 年前不可同日而语，建筑热工专业需要解决的问题发生了很大变化。原规范已经不能满足今天我国建筑工程建设的发展需要。例如：对于建筑大量使用的透光围护结构的热工计算，原规范很少涉及，非透光围护结构的隔热指标是在自然通风条件下提出的，最小热阻仅保证北方地区一般民用建筑在采暖期内表面不结露等。

受制于当年的计算条件，《民用建筑热工设计规范》GB 50176—93 在计算和评价蓄热、隔热、热桥效应、结露、冷凝等方面均采取了很多的简化，最终达到可以手工计算的目的。但由于问题本身的复杂性，最后的简化计算公式还是很复杂，而且有些计算结果与实际情况相差较大，甚至很不准确，而现在可以采用计算机得到又快又好的结果。

此外，在过去的这十几年中，建筑工程实践对建筑热工提出了许多新的问题，人们对建筑产生了许多新的需求。特别是随着建筑节能、绿色建筑工作的蓬勃发展，作为这些领域的理论基础与技术支撑，修改和完善原规范使之满足当前相关工作的要求，在行业内外需求强烈。

行业的发展对《民用建筑热工设计规范》GB 50176—93 提出了更多的需求和更高的要求，技术的进步为满足这个需求和要求提供了可能。在这种背景下，有必要对这本规范进行全面的修订。修订完成的《民用建筑热工设计规范》将为提高我国的建筑节能设计、室内热环境设计水平奠定坚实的理论基础。

根据住房和城乡建设部"关于印发《2009 年工程建设标准规范制订、修订计划》的通知"（建标［2009］88 号）的要求，《民用建筑热工设计规范》GB 50176 列入修订计划，中国建筑科学研究院为主编单位，会同 14 个单位共同修编本规范。

本规范立项后，编制组计划按照行业和技术发展状况，对《民用建筑热工设计规范》GB 50176—93 进行修改和增补，以满足建筑热工、室内热环境设计的需求。确定的主要技术内容包括：优化墙体保温、隔热性能指标；增加透光围护结构热工设计要求；增加自然通风设计要求；正确评价遮阳效果，统一遮阳计算方法；注意与其他标准规范相衔接，提高热工设计的水平。

三、标准编制过程

（一）启动及标准初稿编制阶段（2010 年 4 月～2013 年 5 月）

1. 编制组成立暨第一次工作会议

2010 年 4 月 16 日，《民用建筑热工设计规范》GB 50176 修订编制组成立暨第一次工作会议在中国建筑西南设计研究院召开（图 1-7）。本次会议成立了由 1 个主编单位、14 个参编单位和 4 个参加单位共同组成的规范编制组，并就规范修编的基本原则、主要修编内容、规范的框架，以及任务分工和时间安排等达成了一致意见。住房和城乡建设部标准定额司吴路阳处长到会并讲话，他着重强调了该规范的重要性及修编的必要性，提出编制

图 1-7 《民用建筑热工设计规范》GB 50176 修订编制组成立暨第一次工作会议

工作要配合当前行业的重点工作；内容应完善并切合实际，条文要具体化、操作性强，要与新技术、新产品、新能源相结合；要充分利用软件简化计算过程、提高设计的效率和效果。他特别指出：主编单位要加强规范编制工作的管理，以保证编制工作的质量和进度。

在随后召开的编制组第一次工作会议中，主编人首先确定了本次会议的目的和任务，并介绍了规范编制的背景及工作的大致内容。参会人员据此展开了热烈的讨论，并形成以下主要共识：补充完善建筑热工所涉及的领域，使修编后的规范形成完整的理论体系；将已有的成熟内容增补进来，尚不成熟的内容暂不涉及；规范的体系要借鉴 ISO 标准，与之衔接；在尊重原规范热工分区指标和原则的基础上，可以依据各气候区热工设计的特点进一步细分子气候区；为适应社会的发展与进步，需要增加原规范没有涉及的内容（如对空调房间的各项要求与计算方法、新材料的热物理性能、新的技术措施等）；本规范除了为建筑热工设计提供统一、科学、完善的计算方法外，尚应注意规范的操作性、易用性。可通过提供软件、图表的方式简化设计过程；本规范不涉及有关热舒适、热环境、设备等方面的问题。

2. 第二次工作会议

2012 年 4 月 18 日，编制组在中国建筑科学研究院召开了《民用建筑热工设计规范》GB 50176 第二次工作会议。编制组成员及归口管理单位住房和城乡建设部建筑环境与节能标委会代表共计 24 人参加了会议。

会上各章节承担单位介绍了编制工作的进展情况，并就规范编制中的关键技术问题提出了各自的观点和建议，编制组成员据此展开了热烈的讨论。首先，会议明确了本规范在建筑热工领域的基础性地位，内容应当包括热工专业所涉及的计算理论、计算方法、边界条件、评价指标等；作为一本设计规范，内容中尚应包括具体的热工设计指标要求。其次，在热工设计分区方面，明确了大区不动、细分子区的修订原则。认为子区的划分不宜太细，在二级区划指标方面尚应做进一步的研究工作，以保证区划指标与已有二级区划间的协调；分区表现形式上，提出在保留现有分区图的同时，给出全国主要城镇区划区属表，做到图表共存，并协调好图与表的关系。另外，对某一具体问题，可以根据不同的条件给出不同的计算方法；规范中不涉及空调房间的各项要求与计算方法等内容。会议最后就下一阶段开展的条文及条文说明编制工作进行了分工，并调整了修编工作的时间进度安排。

3. 第三次工作会议

2013 年 5 月 10 日，编制组在中国建筑科学研究院召开了《民用建筑热工设计规范》GB 50176 第三次工作会议。编制组成员及归口管理单位住房和城乡建设部建筑环境与节能标委会代表共计 23 人参加了会议。

会上编制组按照章节顺序对规范草稿逐条进行了讨论。通过讨论，编制组就规范草稿形成以下主要修改意见：1）调整第三章的章节结构，按统计数据、计算参数分节；增加计算边界条件和热工基本计算方法内容。2）热工设计分区大区指标不变、区划基本保持原状；二级区划指标采用 $HDD18$、$CDD26$；一级区划采用分区图、二级区划采用区属表的形式表达。应按照二级气候区划提出相应设计原则要求。3）明确轻质、重质的划分，给出隔热计算软件。4）增加室外自然通风要求一节。5）调整遮阳设计要求，并给出遮阳计算软件。最后，就下一阶段开展的条文修改工作，编制组提出应按照设计要求、计算方法、设计措施的顺序对各章节内容重新进行组织和编写。

（二）征求意见阶段（2013 年 9 月～2014 年 4 月）

1. 征求意见

第三次工作会议后，编制组在 2013 年 8 月完成了《民用建筑热工设计规范》GB 50176（征求意见稿），并于 2013 年 9 月在国家工程标准化信息网（www.ccsn.gov.cn）发布，开始向全社会公开征求意见。编制组同时定向向多个单位发出了征求意见函共 51 份，定向征求意见。征求意见阶段共收到意见和建议共 454 条。

2. 第四次工作会议

在对征求意见阶段反馈回的意见进行整理、思考的基础上，2013 年 10 月 22～23 日，编制组在中国建筑科学研究院召开了《民用建筑热工设计规范》GB 50176 第四次工作会议。会上编制组以征求意见稿回复意见和编制组成员认为尚需讨论的问题为主线，按照章节顺序对规范征求意见稿逐条进行了讨论。其中，对于意见统一、问题较少的条文即时进行了修改；将仍需慎重考虑、补充编制依据的条文作为接下来的工作重点。

会后，编制组内部通过邮件、电话等方式完成了对反馈意见的处理。主编人员根据编制组的处理意见对征求意见稿进行了修改，并于 2014 年 3 月形成送审稿初稿。之后，编制组成员之间又通过电子邮件多次交换了意见，于 4 月初完成了正式的送审稿。

（三）送审阶段（2014 年 4 月）

2014 年 4 月 29 日，《民用建筑热工设计规范》GB 50176（送审稿）审查会议在北京召开。会议成立了以刘加平院士为主任委员、杨善勤研究员和许文发教授为副主任委员的审查委员组。来自科研设计院所、高等院校等的专家及编制组成员共 37 人参加了会议（图 1-8）。

图 1-8 《民用建筑热工设计规范》GB 50176（送审稿）审查会议

林海燕研究员代表编制组对《民用建筑热工设计规范》GB 50176（送审稿）的编制背景、工作情况、主要内容及其特点作了全面介绍。审查委员对《民用建筑热工设计规范》GB 50176（送审稿）进行了逐章、逐条认真细致的审查，并一致通过了对《民用建筑热工设计规范》GB 50176（送审稿）的审查，形成以下审查意见：

1）本规范送审文件齐全，内容完整，符合审查的要求。

2）《民用建筑热工设计规范》GB 50176—93 在建筑热环境设计、建筑节能设计中发挥了重要的作用。随着国家经济、技术水平的提高和发展，原规范需要修订。规范的修订对进一步推动我国建筑热工设计行业的技术进步具有重要的现实意义。

3）《民用建筑热工设计规范》GB 50176（送审稿）修订了原规范的保温、隔热和防潮设计内容，增补了透光围护结构、建筑遮阳、自然通风等内容，覆盖了建筑热工领域，形成比较完备的体系，为民用建筑热工设计提供了计算方法和计算参数，能够满足当前民用建筑热工设计的需要。

4)《民用建筑热工设计规范》GB 50176（送审稿）按照"大区不动、细分子区"的原则，保留了原规范 5 个热工设计气候分区，并将 5 个分区细分为 11 个子区，提高了建筑热工设计和建筑节能设计的针对性和气候适应性。

5)《民用建筑热工设计规范》GB 50176（送审稿）符合我国国情，并吸收了国际上领先的建筑热工研究成果，具有科学性、先进性和可操作性，对促进我国建筑热环境、建筑节能工作的开展具有重要意义，为建筑节能、绿色建筑的普及和推广提供了技术支撑。规范总体上达到国际先进水平。

与会专家和代表对《民用建筑热工设计规范》GB 50176（送审稿）提出了下列意见和建议：1) 将自然通风设计原则移至第 4 章；2) 建议将第 4.2.11 条、第 6.1.1 条、第 6.2.1 条设置为强制性条文，增加保温材料湿度的允许增量作为强制性条文；3) 第 2.1.21 条应增加围护结构内部冷凝的描述。

审查委员一致通过了对《民用建筑热工设计规范》GB 50176（送审稿）的审查，建议编制组对送审稿进行修改和完善，尽快完成报批稿上报主管部门。

会后，编制组针对审查专家提出的意见逐条进行了认真思考。同时，对一些技术问题（如自然通风设计、隔热计算的表述、室外计算参数和导热系数修正系数的确定）和热工基本概念（如遮阳系数、太阳得热系数等）进行了专门的研究和讨论，并形成一致意见。最终在编制组全体成员的共同努力下，于 2014 年 12 月完成了《民用建筑热工设计规范》GB 50176 报批稿。

在标准编制过程中，除全体编制组会议外，编制组还召开了多次不同形式的讨论会，广泛交流、及时修改和总结，解决了许多专项问题和难点。

（四）发布阶段（2016 年 8 月）

住房和城乡建设部于 2016 年 8 月 18 日印发"关于发布国家标准《民用建筑热工设计规范》的公告"（第 1263 号）（图 1-9），标准编号为 GB 50176—2016，自 2017 年 4 月 1 日起实施。原标准同时废止。

中华人民共和国住房和城乡建设部

公　告

第1263号

住房城乡建设部关于发布国家标准《民用建筑热工设计规范》的公告

现批准《民用建筑热工设计规范》为国家标准，编号为GB50176-2016，自2017年4月1日起实施。其中，第4.2.11、6.1.1、6.2.1、7.1.2条为强制性条文，必须严格执行。原《民用建筑热工设计规范》GB50176-93同时废止。

本规范由我部标准定额研究所组织中国建筑工业出版社出版发行。

住房城乡建设部
2016年8月18日

图 1-9　住房和城乡建设部"关于发布国家标准《民用建筑热工设计规范》的公告"（第 1263 号）

四、标准主要技术内容

《民用建筑热工设计规范》GB 50176 的修订适用于新建、改建和扩建民用建筑的热工设计。本规范不适用于室内温湿度有特殊要求和特殊用途的建筑，以及简易的临时性建筑。规范包括 9 章和 4 个附录：总则、术语和符号、热工计算基本参数和方法、建筑热工设计原则、围护结构保温设计、围护结构隔热设计、围护结构防潮设计、自然通风设计、建筑遮阳设计；附录 A 热工设计区属及室外气象参数、附录 B 热工设计计算参数、附录 C 热工设计计算公式、附录 D 围护结构热阻最小值。

与《民用建筑热工设计规范》GB 50176—93 相比，本次修编在内容上主要有以下几个方面的变化：

1）规范调整完善了热工设计的理论体系，在《民用建筑热工设计规范》GB 50176—93 保温、隔热、防潮设计的基础上，增加了自然通风、遮阳的设计内容。

2）注重与国际上相关标准的借鉴与衔接，在非匀质复合围护结构平均热阻、结构性热桥的线传热系数、透光围护结构传热系数、透光围护结构太阳得热系数、空气间层热阻等方面参照了 ISO、ASHRAE 标准。

3）调整和细化了热工设计分区，提出了"大区不动、细分子区"的调整原则。采用 $HDD18$、$CDD26$ 为二级区划指标，将原有 5 个大区细分为 11 个子区。并按照二级区划对热工设计各方面提出相应的要求。

4）按照社会经济发展的状况，细分了保温、隔热的设计要求。将原规范中"保证人们生活和工作所需的最低限度的热环境要求"，细化为"最低限度"和"基本热舒适"两档。

5）增补透光围护结构热工设计要求，确定了透光围护结构保温隔热设计的指标要求，并给出了透光围护结构热工性能的计算方法。

6）借助数值计算方法的发展，修改了热桥、隔热设计的计算方法。将原规范中的简化计算方法修改为多维、动态计算方法，并利用计算机程序进行数值求解，降低了计算工作量，提高了设计精度。

7）为了利于规范的执行，从简化设计工作的角度考虑，规范中给出了计算结果表格和计算软件，方便设计人员使用。

8）与修改后的计算方法相对应，规范中补充了建筑热工计算所需的各种参数值，包括：全国主要城镇热工设计区属及室外计算用气象参数、典型玻璃的热工参数、典型整窗的传热系数、种植屋面热工参数、空气间层热阻、常用保温材料导热系数修正系数等。

9）增补了建筑热工的术语，为今后节能设计标准和其他相关标准修订时统一术语的物理概念提供基础。

五、标准相关科研课题（专题）及论文汇总

（一）标准相关科研专题

在《民用建筑热工设计规范》GB 50176—2016 编制过程中，编制组针对规范修订的

重点和难点内容进行了专题研究，具体见表1-5。

编制《民用建筑热工设计规范》GB 50176—2016 相关专题研究报告汇总　　　表 1-5

序号	专题研究报告名称	作者	单位	主要内容
1	遮阳系数 SC 与太阳得热系数 SHGC 概念辨析	林海燕、董宏、周辉	中国建筑科学研究院	对遮阳系数和太阳得热系数的概念和计算进行了分析
2	建筑热工气候二级区划研究	董宏、林海燕、周辉	中国建筑科学研究院	对建筑热工二级区划的划分依据、指标进行了研究
3	非平衡保温设计及其适用性	杨柳	西安建筑科技大学	对非平衡保温设计计算方法进行了说明
4	建筑围护结构保温设计指标的选择与确定	董宏、林海燕	中国建筑科学研究院	分析了保温指标的确定原则
5	建筑围护结构隔热设计指标的选择与确定	冯雅、钟辉智、南艳丽	中国建筑西南设计研究院有限公司	分析了隔热指标的确定原则
6	建筑防潮研究综述	钟辉智、冯驰	中国建筑西南设计研究院有限公司、中国建筑科学研究院建筑环境与节能研究院	对国内外防潮研究现状与进展进行了介绍
7	自然通风设计原则与方法	杨允立	中南建筑设计院股份有限公司	分析了自然通风设计的原则和方法
8	建筑遮阳设计	孟庆林、赵立华、张磊	华南理工大学	对建筑遮阳分类、建筑遮阳系数计算方法和建筑遮阳设计方法等进行了分析
9	热工计算用室外气象参数的统计计算方法	董宏、周辉	中国建筑科学研究院建筑环境与节能研究院	研究了室外气象参数的统计计算方法
10	建筑保温材料导热系数修正系数的确定方法研究	董宏、孙立新、周辉	中国建筑科学研究院建筑环境与节能研究院	研究了导热系数修正系数的确定方法
11	种植屋面热工参数的确定	唐鸣放、杨真静	重庆大学建筑城规学院	研究了种植屋面的热工参数的确定方法，并对结果进行了分析
12	透光围护结构热工性能计算方法	杨仕超	广东省建筑科学研究院	对透光围护结构热工计算方法和标准体系进行了解释和说明
13	隔热计算软件（Kvalue）简介	林海燕	中国建筑科学研究院	介绍 Kvalue 软件的原理、功能、使用方法
14	线传热系数计算软件（Ptemp）简介	林海燕	中国建筑科学研究院	介绍 Ptemp 软件的原理、功能、使用方法
15	保温材料的导热系数分析	方修睦	哈尔滨工业大学	就导热系数确定中的问题进行了研究说明
16	建筑防热设计研究综述	赵士怀、林新锋、胡达明、张志昆	福建省建筑科学研究院	给出了防热设计的综述性介绍
17	建筑外围护结构隔热技术与评价	傅秀章、吴雁、张贺	东南大学	研究和分析了围护结构隔热技术及其评价方法
18	自然通风和遮阳降温措施	任俊	深圳市建筑科学研究院股份有限公司	分析说明了自然通风和遮阳措施
19	高海拔地区围护结构表面换热系数的确定	冯雅、南艳丽、钟辉智	中国建筑西南设计研究院有限公司	研究了高海拔地区表面换热系数的确定方法

（二）标准相关论文

在《民用建筑热工设计规范》GB 50176—2016 编制过程中及发布后，主编单位在相关期刊发表了 4 篇论文，具体见表 1-6。

与《民用建筑热工设计标准》GB 50176—2016 相关发表期刊论文汇总　　　表 1-6

序号	论文名称	作者	单位	发表信息
1	关于《民用建筑热工设计规范》修编的几点思考	林海燕、周辉	中国建筑科学研究院	《工程建设标准化》，2008年 3 期
2	用 PTDA 计算程序模拟混凝土空心砌块墙体的热桥与结露问题研究	林海燕、董宏	中国建筑科学研究院	《建筑砌块与砌块建筑》，2010 年 1 期
3	《民用建筑热工设计规范》修编简介	林海燕、董宏、周辉	中国建筑科学研究院	《2014 全国建筑热工与节能专业委员会学术年会会议论文集》，2014 年
4	居住建筑围护结构热工性能优化设计研究	周辉、董宏、孙立新、冯驰	中国建筑科学研究院建筑环境与节能研究院	《建筑科学》，2015 年 10 期

六、存在的问题

建筑热工设计是建筑热环境设计、建筑节能设计，以及绿色建筑设计的主要基础内容之一。修编完成后的《民用建筑热工设计规范》GB 50176—2016 有助于推动相关行业的技术进步和发展；有助于创造优良的建筑室内热环境质量，提升人们的居住、生活质量；有助于建筑节能工作的深入开展，符合国家"节能减排"的大政方针。规范的实施具有重要意义。

作为一本基础性规范，《民用建筑热工设计规范》GB 50176—2016 的内容多为建筑热工学科中的基本问题、基本方法、基本参数。对于这些基础性内容的研究存在周期长、投入大、经济效益少的特点。特别是规范编制的前期科研准备工作一直未得到稳定、充足的经费支持，建筑热工领域内诸多技术问题的研究进展缓慢。本规范的编制过程中，也因为额外补充了多项必需的专题研究，导致整个编制周期很长。今后，随着国家和行业应用基础研究方面投入的增长，随着我国建筑热工研究工作的深入，规范中存在的一些不足之处也会逐步地得到完善。

本章小结：民用建筑热工设计系列规范内容比对

《民用建筑热工设计规程》JGJ 24—86、《民用建筑热工设计规范》GB 50176—93 和《民用建筑热工设计规范》GB 50176—2016 具体内容的比对见表 1-7。

民用建筑热工设计系列规范内容比对　　　　　　　　　　　　　　　表 1-7

规范名称		民用建筑热工设计规程	民用建筑热工设计规范	民用建筑热工设计规范
标准号		JGJ 24—86	GB 50176—93	GB 50176—2016
发布日期		1986 年 2 月 21 日	1993 年 3 月 17 日	2016 年 8 月 18 日
实施日期		1986 年 7 月 1 日	1993 年 10 月 1 日	2017 年 4 月 1 日
章节设置	正文	6 章	6 章	9 章
	附录	7 个	9 个	4 个
	条文说明	有	有	有
适用范围	适用	一般居住建筑、公共建筑和工业企业辅助建筑（包括附设地下室和半地下室）。高级居住建筑、公共建筑和具有正常温湿度要求的工业建筑也可参照	新建、扩建和改建的民用建筑	新建、扩建和改建的民用建筑
	不适用	—	地下建筑、室内温湿度有特殊要求和特殊用途的建筑，以及简易的临时性建筑	室内温湿度有特殊要求和特殊用途的建筑，以及简易的临时性建筑
气候区划	区划级别	1 级	1 级	2 级
	区划数量	严寒、寒冷、温暖、炎热 4 个一级区	严寒、寒冷、夏热冬冷、夏热冬暖、温和 5 个一级区	严寒、寒冷、夏热冬冷、夏热冬暖、温和 5 个一级区，11 个二级区
室外计算参数	冬季温度	124 个城市	139 个城市	354 个城市、125 个参考城镇
	夏季温度	60 个城市	60 个城市	145 个城市
	冬季太阳辐射	8 个城市	—	—
	夏季太阳辐射	15 个城市	15 个城市	145 个城市
室内计算参数	冬季温度	18℃（一般居住建筑）、20℃（高级居住建筑、医疗和福利建筑、托幼建筑）	18℃（一般居住建筑）、20℃（高级居住建筑、医疗、托幼建筑）	采暖房间应取 18℃，非采暖房间应取 12℃
	冬季相对湿度	65%（严寒地区居住建筑和卫生要求较高的公共建筑）、60%（寒冷地区居住建筑和卫生要求较高的公共建筑，一般公共建筑）	60%	30%～60%
	夏季温度	—	—	自然通风房间平均值应取室外空气温度平均值＋1.5K、温度波幅应取室外空气温度波幅－1.5K，空调房间空气温度应取 26℃
	夏季相对湿度	—	—	60%

续表

规范名称		民用建筑热工设计规程	民用建筑热工设计规范	民用建筑热工设计规范
保温设计	墙、屋面	最小热阻	最小热阻	围护结构内表面与室内空气温度的温差
	地面	吸热指数	吸热指数	
	窗	传热系数	传热系数	传热系数
	其他	窗墙比，气密性	窗墙比，气密性	—
隔热设计	墙、屋面	内表面最高温度	内表面最高温度	围护结构内表面与室内空气温度的温差
	透光围护结构	—	—	太阳得热系数与夏季建筑遮阳系数乘积
防潮设计	内部冷凝	重量湿度允许增量	重量湿度允许增量	重量湿度允许增量
	表面结露	简化算法	简化算法	多维稳态算法
自然通风设计		—	—	提出一般要求和技术措施
遮阳设计		—	—	提出遮阳系数计算方法（水平、垂直、组合、挡板、百叶）和技术措施

第 2 章　建筑气候区划标准

《建筑气候区划标准》GB 50178—93 发展历程

| 1993 | NOW |

《建筑气候区划标准》
GB 50178—93

《建筑气候区划标准》GB 50178—93 在节能标准时间轴中的具体位置

《严寒和寒冷地区居住建
筑节能设计标准》
JGJ 26—2010

《旅游旅馆节能设计 暂行标准》		《民用建筑节能设计标准 （采暖居住建筑部分）》 JGJ 26—95		《夏热冬暖地区居住建 筑节能设计标准》 JGJ 75—2003		《夏热冬冷地区居住建 筑节能设计标准》 JGJ 134—2010			《民用建筑热工 设计规范》 GB 50176—2016
1986	**1990**	**1993**	**1995**	**2001**	**2003**	**2005**	**2010**	**2012**	**2015** **2016**

《民用建筑热工
设计规程》
JGJ 24—86

《民用建筑节能
设计标准（采暖居住
建筑部分）》
JGJ 26—86

《旅游旅馆建筑热工与
空气调节节能设计标准》
GB 50189—93

《民用建筑热工设计规范》
GB 50176—93

**《建筑气候区划标准》
GB 50178—93**

《夏热冬冷地区居住
建筑节能设计标准》
JGJ 134—2001

《公共建筑节能
设计标准》
GB 50189—2005

《夏热条暖地区
居住建筑节能
设计标准》
JGJ 75—2012

《公共建筑节能
设计标准》
GB 50189—2015

《建筑气候区划标准》GB 50178—93

一、主编和主要参编单位、人员

《建筑气候区划标准》GB 50178—93 主编及参编单位：中国建筑科学研究院、国家气象中心、中国建筑标准设计研究所。

本标准主要起草人员：谢守穆、周曙光、马天健、胡璘、刘崇颐、王昌本、王启欢。

二、编制背景及任务来源

为了促进工业和民用建筑适应我国各地的气候条件，1955 年建筑工程部设计局曾根据有关"中国自然区划"提出了"全国建筑气候分区"的三区方案和五区方案。1958 年，建筑工程部、中央气象局、卫生部共同组织全国各地有关部门开展了"全国建筑气候分区"的研究，其成果《全国建筑气候分区草案（修订稿）》作为国家科学技术委员会的科学研究报告于 1964 年出版。由于它是以内部资料的形式发行，加上此后不久发生了"文化大革命"，因而这一分区草案修订稿未能发挥它应有的作用。

"文化大革命"后，随着我国城乡建设的发展，有关建筑设计标准、规范纷纷制订或修订。在制订或修订这些标准、规范的过程中，有的编制组先行提出了自己的专业性气候分区，其他的编制组则感到需要有一个"中国建筑气候区划"，以便确定各种要求时能够考虑我国不同地区的不同建筑气候特点。为此，国家计委印发了"关于发送《第七个五年工程建设标准规范制订修订计划》的通知"（计标发〔1986〕28 号）（图 2-1）和《一九八

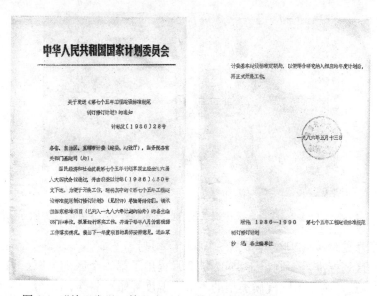

图 2-1 "关于发送《第七个五年工程建设标准规范制订修订计划》
的通知"（计标发〔1986〕28 号）

七年工程建设标准规范制订修订计划》（计综［1986］2630 号），《建筑气候区划标准》列入编制计划，由中国建筑科学研究院会同国家气象中心北京气象中心、中国建筑标准设计研究所等有关单位共同编制。

三、编制过程

（一）启动及准备工作阶段（1986 年 9 月～1987 年 5 月）

1. 编制组成立会议

《建筑气候区划标准》编制组由胡璘教授级高工负责筹建，1986 年 9 月在北京召开成立会议。会上对标准编制的目的和意义、标准的主要内容和章节划分、分工及进度、经费概算等进行了讨论。编制组于 1986 年 10 月提出了《建筑气候分区标准》编制工作计划表，明确了本标准研究的中心问题、分工及进度；1987 年 2 月，按国家计委基本建设标准定额局印发"关于发送《一九八七年工程建设标准规范制订修订计划》（草案）的通知"（计标函［1987］3 号）的要求，对工作进度做出了个别调整。

2. 全国建筑气候分区学术讨论会

为了编好本标准，中国气象学会应用气候学委员会与中国建筑学会建筑物理学术委员会于 1987 年 5 月 24 日在安徽屯溪召开了"全国建筑气候分区学术讨论会"（图 2-2），会议共有来自 26 个科研、设计、高校等单位的建筑、气候、卫生等方面的 43 位专家和学者出席，共收到论文 18 篇，22 位同志在会上进行了交流。专家们认为编制本标准十分必要而且重要。大部分专家认为建筑气候区划宜粗不宜细，可按两级进行区划，一级区划应反映对建筑有重大影响的冷、热、干、湿的地域性差异，可用温、湿度作指标；二级区划则应充分反映各地建筑的不同需要，分别选用不同的指标。这些宝贵的意见为日后的编制工作打下了良好的基础。

图 2-2　1987 年 5 月 24 日"全国建筑气候分区学术讨论会"（讲话者为谢守穆高工）

（二）征求意见阶段（1987 年 7 月～1989 年 2 月）

《建筑气候区划标准》编制组于 1987 年 7 月提出了第 1 个区划方案。该方案根据建筑生物气候学的观点，按"不同气候类型的不舒适温度界限"将全国划分为 7 个一级区；按风压、雪压、最大冻土深度、年风雨指数等安全因素指标，再将 7 个一级区划分为 14 个二级区。

编制组带着编制大纲和第1个区划方案于1987年9月和12月分别到甘肃、新疆和东北三省征求意见和调查。各省（区）建设厅、科研所和设计单位对编制大纲和区划方案提出了许多宝贵意见。如东北各省认为东北地区二级区的划分还是应按寒冷程度划分比较合适，且建筑的措施部分不写为好。随后编制组对第1个方案作了修改，形成了《全国建筑气候区划》（草案）。该草案的一级区划以1月平均最高气温和平均最低气温、7月平均最高气温和14：00的平均相对湿度、7月平均温度和相对湿度为指标，全国划分为7个一级区；二级区划以风压、雪压、降水强度、冻土深度为指标，将7个一级区划分为17个二级区。

1988年4月25～26日，编制组在北京召开了《全国建筑气候区划》（草案）讨论会，来自全国24个单位的39位专家出席了会议。专家们对这个区划草案提出许多改进意见。1988年5月，编制组又到云南、贵州两省调查和征求意见，对该区的立体气候加深了认识。1988年10月，编制组在调查研究的基础上，完成了《建筑气候区划标准》（征求意见稿），本稿共3章5个附录。一级区划以"1月平均最低气温、7月平均最高气温、年降水量、地势高低"为指标；二级区划以"风压、年降水量、7月平均气温、太阳辐射照度、采暖期度日数"为指标，全国划分为7个一级区、23个二级区。

1988年11月3日，编制组在北京召开部分专家座谈会，内部征求意见。会后向全国发出100多份征求意见稿，到1989年2月收到回函49件，为送审稿的编写提供了宝贵意见。

（三）送审阶段（1989年3月～1990年10月）

编制组逐条分析了征求意见稿的回复意见，归纳出主要意见110多条。编制组通过讨论分析，对许多关键技术问题统一了意见。首先对区划指标作了调整，一级区划指标改用月平均温、湿度等指标；二级区划分别采用采暖期度日数、冻土性质、基本风压、1月和7月平均气温等作为指标，全国划分为7个一级区和20个二级区；其次，对标准章节作了修改，将原来的3章改为4章，即将原第2章第4节改为第3章，原第3章改为第4章。

在此阶段还完成了31幅气候要素分布图、401个气象台站的建筑气候参数的统计、输入计算机建立数据库（其中每个台站57项参数，共计22000多个数据）、标准条文说明和送审报告的初稿，以及研究报告之一、二（图2-3）。

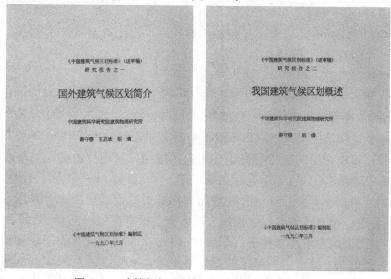

图2-3　《建筑气候区划标准》研究报告之一、二

1. 预审会

1989 年 11 月，编制组将送审文件呈报建设部标准司。1989 年 12 月 26 日，建设部标准司领导听取了编制组汇报并提出了修改意见。这之后，建设部标准司领导多次听取汇报，并决定召开预审会。

1990 年 6 月 20 日，中国建筑科学研究院受建设部标准司委托，在北京召开国家计委和建设部有关部门领导及在京专家在内的预审会（图 2-4），着重审查编制本标准的目的、作用和适用范围，以及建筑气候区划原则和主要指标。

图 2-4　《建筑气候区划标准》预审会

预审会与会同志一致认为《建筑气候区划标准》涉及面广，政策性强，有一定的难度，编制组利用我国 35 年来的气象资料，统计提出具有 203 个城镇、54 项气象参数的建筑气候要素图表，以综合分析和主导因素相结合的原则进行了建筑气候区划，依据较为充分。此标准是一项综合性较强的基础标准，是各方面工作和各有关标准迫切需要的，起宏观控制和指导作用的标准。希望尽快编制出来，并可在实践中不断加以完善。与会同志还对一些具体问题提出了审议意见：

1）本标准为基础标准，起宏观控制和指导作用，因此对建筑基本要求，特别是对采暖的基本要求，宜原则性、概括性强一些，宜粗不宜细。

2）区划界线尚需进一步校对，力求严谨明确。

3）关于区划名称，送审稿上的写法虽然有一定的道理，但仍有不足之处，由编制组对会议上提出的各种意见认真研究、积极吸取、合理改进。

4）本标准的适用范围尚应进一步修改，使其更加确切。

5）本标准送审稿在用词和文字表达方面尚需按照国家现行的规定进一步修改，做到文字精练，用词准确。

6）编制组应根据预审会会议纪要的意见和标准司的指示精神，对本标准及其条文说明等文件进行修改、补充，争取尽快报请全国审查会议审查。

预审会后，编制组对上述意见进行了认真讨论，并对送审文件作了修改和补充：

1）关于采暖的基本要求，本标准的原则是不扩大采暖区的范围，也不具体规定何种采暖方式。原送审稿第 3.5.2 条中 V A 区提出可设置采暖，本稿将这一内容去掉了，以免扩大采暖区。

2）对区划界线作了校对和修改，重新绘制了建筑气候区划图，使之更严谨明确。

3）对本标准的适用范围进行了讨论和修改。

4）区划的名称作了修改，各大区的正式名称用罗马字编号，同时给一个俗称。如原东北严寒区，改为第Ⅰ建筑气候区，俗称严寒区。

5）标准条文的结构作了修改，第3章各节由1条改为2条，将一级区和二级区的建筑气候特征分开。每条再分若干款，显得更有条理、更清楚。

6）附录部分作了调整。原附录1因与附录3有些重复，这次放在条文说明的附录中，附录减少成4个。

7）关于本标准的名称，编制组曾认为用《中国建筑气候区划标准》更合适，有关领导认为还是按下达任务给的名称更好，所以这次送审稿改为《建筑气候区划标准》。

在此阶段，还对条文说明作了相应的修改，以及修改完成了研究报告之三～七。

2. 审查会

1990 年 10 月 20～23 日，《建筑气候区划标准》审查会在中国建筑科学研究院招待所召开（图 2-5），国家计委资源节约和综合利用司等有关部门的领导，建筑与气象方面的专家和学者，科研、教学和设计单位的代表共 30 人参加了审查会。会议成立了由 7 位专家组成的标准审查领导小组。

编制组详细汇报了《建筑气候区划标准》送审稿的主要内容、依据以及编制工作情况。会议采取突出重点、兼顾一般的原则，着重审查了建筑气候区划的原则及区划本身，与会代表进行了充分讨论，提出审查意见，并形成了会议纪要（图 2-6）。

图 2-5 《建筑气候区划标准》审查会

图 2-6 《建筑气候区划标准》
审查会会议纪要手稿

与会代表审查认为：《建筑气候区划标准》是一项综合性的基础标准，对建筑规划、设计、施工具有指导意义，它涉及面广、政策性强、难度较大。编制组做了大量的工作，收集和借鉴了国内外有关资料，总结了新中国成立以来建筑气候分区的各种方案，利用了我国 1951～1985 年期间大量气象台站的气象资料，资料丰富、数据可靠。以综合分析和主导因素相结合的原则进行了建筑气候区划，区划原则和分区是恰当的，符合国情的。代表提出了以下修改意见：

1）总则第 1.0.1 条和 1.0.3 条应改写。突出本标准的目的和要求，明确基础标准和相关标准的关系。

2）建筑气候区划应着重反映气候对建筑的影响。建筑气候区划应与采暖区划脱钩，即本区划不作为采暖区划的依据。在送审稿、条文说明及有关专题报告中有关采暖及采暖期度日数的内容均删去。

3）取消一级区括弧中的中文命名，只用罗马字表示。将第 2.2.2 条的内容纳入表 2.2.1 中。

4）在 Ⅰ、Ⅱ、Ⅵ 区中采用累年 1 月平均温度代替采暖期度日数作为二级区划指标。

5）10℃线（Ⅲ、Ⅳ 区的分界线）的走向大致与南岭线一致，是自然气候分界线。在条文说明中，关于 10℃ 分界线的依据应予以改写。

6）各区的气候特征描述及建筑基本要求应进一步加工，做到文字简练，突出重点，层次分明。

7）本标准送审稿中的年太阳总辐射照度及其他数据需进一步核对，必要的名词解释应准确、简练。

8）取消第 4 章。其他已发布的专业标准规范中已有的气候参数不必重复，将其中部分内容列入条文说明。建筑气候要素资料及参数是区划组成部分，列入附录的应是划分一级、二级区划起控制作用的代表性资料，且附录应与正文呼应。

9）以最大风速代替基本风压，作为 Ⅲ、Ⅳ 区的二级区划指标。

10）对标准送审稿的文字、术语、符号、数据、计量单位等进行进一步加工，做到严谨、准确，符合标准规范编制的要求。建议将编制组整理的气候参数经校核后，编辑成《建筑气候资料集》另行出版。

（四）发布阶段（1993 年 7 月）

1993 年 7 月 5 日，建设部印发"关于发布国家标准《建筑气候区划标准》的通知"（建标〔1993〕462 号），标准编号为 GB 50178—93，自 1994 年 2 月 1 日起实施。在实施之前，为贯彻实施本标准，主编单位组织了一期学习班，收到了较好的效果。

四、国内外建筑气候区划资料（1934～1989 年）

为了借鉴国内外的经验，编制组收集了苏联、法国、西德、东德、意大利、日本等国的建筑气候区划资料，同时收集了国内早期的建筑气候区划资料和其他部门的气候区划资料，如《中国农业气候资源和农业气候区划》、《论中国公路自然区划》、《中国村镇建筑综合自然区划》、《我国光气候的研究及分区》、《气候要素在给排水工程中的意义》等。

（一）国内建筑气候区划沿革及概况（1955～1989 年）

我国的建筑气候区划开始于 1955 年，当时提出了三区、五区（Ⅰ、Ⅱ）和九区方案；1964 年《全国建筑气候分区草案（修订稿）》提出了七区方案；1986 年《民用建筑热工设计规程》JGJ 24—86 提出了四区方案；1987 年《采暖通风与空气调节设计规范》（报批稿）提出了三区方案；1987 年《室外排水设计规范》GBJ 14—87 提出了五区方案；1988 年徐邦裕等专家编著的《热泵》一书中提出了七区方案；1988 年《中国村镇建筑综合自然区划》提出了八区方案；1989 年林若慈等专家编著的《我国光气候的研究与分区》提出了五区方案。

1. 1955 年的 4 个区划方案

1955 年，我国开始编制全国范围民用建筑的标准设计图（包括住宅、宿舍、食堂、学校等公共建筑），为了对各种建筑类型做出不同的处理，以适应我国不同的气候条件，由建筑工程部不同局先后提出了区划方案，即 1955 年春天建筑工程部设计局制订的三区和五区（五区 I）方案、建筑工程部城建局制订的九区和五区（五区 II）方案。其中 2 个五区方案都在两局系统内的标准设计图中给予了采用。

1）设计局三区方案

该方案认为影响建筑平面布置基本类型的主要因素是夏季通风，以当量有效温度作为建筑是否需要通风的标准；其他因素决定建筑方面的要求，如外墙厚度、采暖计算温度。基础埋深、风雪荷载等因素各地错综复杂，不可能在分区范围内考虑，不作为分区的因素。因此，以最热月 14：00 的当量有效温度为指标，将全国划分为 3 个区（各区指标见表 2-1）。该区划由于忽视了全国各地冬季气温差别大的特点，且有效温度资料不全，所以显得并不合适。

1955 年的 4 个区划方案之一——设计局三区方案 表 2-1

区号	当量有效温度（℃）	区号	当量有效温度（℃）
I	<25	III	>28
II	25～28		

2）设计局五区方案

该方案以 1 月平均气温、7 月平均气温和年降水量为指标，将全国划分为 5 个建筑气候区，其中又划出 4 个副区。该方案分区指标考虑了冷热干湿的气候特点，区划指标如下：

I 区：1 月平均气温等温线 -12℃以北地区。其中 1 月平均气温等温线 -24℃以北地区为 I 甲副区，为全国最冷地区，终年无夏。

II 区：1 月平均气温等温线 -12～0℃之间的地区。其中年雨量低于 400mm 的西部地区为 II 甲副区。

III 区：1 月平均气温等温线 0℃以南地区。其中 1 月平均气温等温线 10℃以南地区为 III 甲副区，终年无冬；7 月平均气温低于 22℃的地区（云贵高原）为 III 乙副区，终年无夏，冬季甚短。

IV 区：青藏地区。东端以 7 月平均气温等温线 22℃与 V 区分界，西端采用罗开富撰写的《中国自然地理分区草案》（《地理学报》，1954 年 4 期）的西藏高原北缘线为界。

V 区：新疆地区。东部以年雨量 100mm 等雨量线与 I、II 区分界。

3）城建局九区方案

该方案考虑气候、地形、建材等条件，将全国划分为 9 个建筑气候区。该方案以 1 月平均气温等值线 -30、-24、-18、-3 及 8℃将东部划分为 7 个区，西部按 1954 年罗开富撰写的《中国自然地理分区草案》(《地理学报》,1954 年 4 期)划区。北方以冬季防冻御寒为主,南方则偏重空气湿度及季候风、台风的影响。该分区对建筑外墙(砖墙)厚度、冬季室外计算温度、基础埋深、通风要求、屋顶保温等提出了要求。

4)城建局五区方案

在 1955 年 10 月"全国标准设计会议"期间,集中了各地设计单位的专家,共同制订出了五区方案。各区指标如下:

Ⅰ区:1 月平均最低气温-20℃线以北地区。其中 1 月平均最低气温在-30℃以下的地区为ⅠA 副区,建筑上应注意防冻御寒。

Ⅱ区:1 月平均最低气温-20~-4℃线之间的地区。其中西部干燥地区为ⅡA 副区。建筑上冬季应考虑采暖,夏季应考虑穿堂风(ⅡA 副区除外)。

Ⅲ区:1 月平均最低气温-4℃线以南地区。南部沿海一带为ⅢA 副区,西南部 7 月平均最高气温 30℃以下地区为ⅢB 副区。建筑上冬季一般不考虑采暖设施,夏季必须考虑良好的穿堂风。

Ⅳ区:西藏地区,北以昆仑山与新疆地区分界。此区系高原性气候。

Ⅴ区:新疆地区,区内包括草原、沙漠、山区三类气候,全国最干、最热、最冷的地方都在本区内,系干燥及冷热差别很大的地区。

2. 1964 年《全国建筑气候分区草案(修订稿)》区划方案

1955 年的建筑气候区划方案在使用中反映出不少问题,"建筑气候分区"课题被国家科学技术委员会列为 1958 年国家重点研究项目之一。1958 年,由建筑工程部会同中央气象局、卫生部共同组织全国各地有关单位协作,开展了全国建筑气候分区的研究工作,并于 1963 年提出了《全国建筑气候分区草案(修订稿)》。该区划的原则是:以综合气候条件以及与之有关的地理环境、人民生活习惯和民族特点等地区性因素在建筑上的实际反映为基础,并适当结合行政区界。根据这一原则,划分全国为 7 个大区,下分 25 个二级区和 2 个特区,大区的区分为建筑气候上的大不同,一般是性质上的差异;二级区的区分为建筑气候上的小不同,一般反映程度上的差异;特区的区分为某些独特的建筑气候条件,如夏季酷热、常年冻土等。

《全国建筑气候分区草案(修订稿)》详述了各区气候特征和建筑设计的要求及措施,同时还提供了 306 个我国主要城镇的 41 项常用的气候参数以及 20 多幅气候要素分布图。该草案修订稿于 1964 年由国家科委出版社以科学技术研究报告形式内部发行(图 2-7),未能得到广泛采用,十分可惜。

该区划综合了一些非气候因素和天气现象,但区划的指标不够系统,建筑意义不够明确,降低了对建筑设计的指导意义。

3. 1986 年《民用建筑热工设计规程》JGJ 24—86 区划方案

1986 年城乡建设环境保护部批准发布实施的《民用

图 2-7 《全国建筑气候分区草案
(修订稿)》科学技术研究报告

建筑热工设计规程》JGJ 24—86 第 3.1.1 条将全国划分为 4 个建筑热工设计分区。

严寒地区（Ⅰ区）：最冷月平均气温低于或等于−10℃的地区；

寒冷地区（Ⅱ区）：最冷月平均气温高于−10℃，低于或等于0℃的地区；

温暖地区（Ⅲ区）：最冷月平均气温高于0℃，最热月平均气温低于28℃的地区；

炎热地区（Ⅳ区）：最热月平均气温高于或等于28℃的地区。

该区划单纯从建筑热工设计考虑划区，指标简单，基本反映了我国南北气候差异的特点，但不够全面合理。这个区划方案被许多标准规范引用，如《民用建筑设计通则》、《住宅建筑设计规范》、《宿舍建筑设计规范》、《采暖通风与空气调节设计规范》、《农村住宅卫生标准》等，产生了较大的影响，但区划过于粗糙。

4. 1987 年《采暖通风与空气调节设计规范》（报批稿）区划方案

1987 年的《采暖通风与空气调节设计规范》（报批稿）从采暖设计角度出发，将我国划分3个区：集中采暖地区、过渡地区和非集中采暖地区，各类地区的气候指标如表2-2所示。虽然该区划方案未得到主管部门批准，但编制组所作的大量工作值得在进行全国建筑气候区划时参考。

1987 年《采暖通风与空气调节设计规范》（报批稿）区划方案　　　　表 2-2

区划		集中采暖地区	过渡地区		非集中采暖地区
			a	b	
采暖期天数（天）	≤5℃	≥90	60～89	<60	<30
	≤8℃	≥115	≥100	≥75	<75
采暖期度日数（度日）	≤5℃	≥1400	≥800	≥300	<300
	≤8℃	≥1700	≥1300	≥900	<900
采暖室外计算温度（℃）		≤−5	≤0	≤0	>0
最冷月平均温湿度	温度（℃）	≤0	1～4	4～5	>5
	相对湿度（%）	30～80	60～80	70～80	70～80
冬季（12月，次年1～2月）平均日照率和风速	日照率（%）	50～80	20～50	10～40	10～70
	风速（m/s）	1～3	1～3	1～3	1～3

5. 1987 年《室外排水设计规范》GBJ 14—87 区划方案

在 1987 年修订的《室外排水设计规范》GBJ 14—87 中，第 2.1.1 条按气候区规定了各区排水定额。该条文将中国分为 5 个气候区，主要考虑气温、日照、晴天、阴雨天等气候因素。随着房屋给排水卫生设备的完善和普及，各气候分区的生活用水量差异已逐渐减少，当地经济发展水平的提高是影响生活用水量增加的决定因素，所以今后按气候分区规定生活用水和生活污水排水定额已无实际意义，而应采用全国统一的用水和排水定额。各气候区的范围如下：

Ⅰ区：包括黑龙江、吉林、内蒙古的全部，辽宁的大部分，河北、山西、陕西的偏北的一小部分，宁夏偏东的一部分。

Ⅱ区：包括北京、天津、河北、山东、山西、陕西的大部分，甘肃、宁夏、辽宁的南部，河南北部、青海偏东和江苏偏北的一小部分。

Ⅲ区：包括上海、浙江的全部，江西、安徽、江苏的大部分，福建北部，湖北、湖南的东部，河南南部。

　　Ⅳ区：包括广东、台湾的全部，广西的大部分，福建、云南的南部。

　　Ⅴ区：包括贵州的全部，四川、云南的大部分，湖南、湖北的西部，陕西和甘肃在秦岭以南的地区，广西偏北的一小部分。

6. 1988 年《热泵》区划方案

　　1984 年，哈尔滨建筑工程学院硕士研究生赵建成在其毕业论文《我国空气—空气热泵供热季节性能的研究》中，将我国划分为 7 个采暖区。根据一种空气热泵的性能进行推算，给出了 7 个采暖区的平衡点温度和供热季节性能系数（$HSPF$）。所谓平衡点温度是指在此室外温度下，热泵的供热量等于建筑物的耗热量。供热季节性能系数定义为 $HSPF=$ 整个供热季节采暖房间的耗热量/整个供热季节消耗的总能量。哈尔滨建筑工程学院徐邦裕教授在他和其他专家的专著《热泵》中采用了这一结论，如表 2-3 所示。

1988 年《热泵》提出的 7 个采暖区划方案　　　　　　　　　　　　表 2-3

区域	Ⅰ	Ⅱ	Ⅲ	Ⅳ	Ⅴ	Ⅵ	Ⅶ
供热季节性能系数	1.5	1.56	1.70	1.91	2.01	2.04	2.22
平衡点温度（℃）	−12	−8	−6	−1	1	2	6

7. 1988 年《中国村镇建筑综合自然区划》区划方案

　　1985 年，中国建筑科学研究院地基所翟礼生和李姗林根据城乡建设环境保护部乡村建设局的要求，开展了我国村镇建筑区划的可行性研究，并于 1988 年提出了研究报告《中国村镇建筑综合自然区划》。这个区划综合了气候、地貌、地基土、地下水、动力地质作用和建筑材料等对建筑的影响和分布特征，采用两级区划系统，将中国村镇建筑综合自然区划分为 8 个一级区、37 个二级区。一级区划主要根据气候来划分，二级区划主要根据地貌划分。这个区划的适用范围虽然偏重于村镇建筑，但从大的范围看，它所依据的原则和方法是值得参考的。

8. 1989 年《我国光气候的研究及分区》分区方案

　　1989 年，中国建筑科学研究院与中国气象科学研究院合作，对我国光气候进行了分区，各分区光气候参数如表 2-4 所示。该区划经过专家鉴定通过，为制订我国的采光标准提供了可靠的依据，对于全国建筑气候区划有一定的参考价值。

1989 年《我国光气候的研究及分区》分区方案　　　　　　　　　　表 2-4

区类	站数	照度范围（klx）	年平均照度（klx）	分区系数 KC	室外临界照度（lx）
Ⅰ	17	＞28	31.46	0.80	6000
Ⅱ	19	28～26	27.17	0.90	5500
Ⅲ	41	26～24	24.76	1.00	5000
Ⅳ	41	24～22	23.00	1.10	4500
Ⅴ	17	＜22	21.18	1.20	4000

（二）国外建筑气候区划沿革及概况（1934～1985 年）

　　国外建筑气候区划的研究开展得较早，苏联和日本等国已有不少研究成果。在编制组所开展的我国建筑气候区划的研究中，曾收集到苏联、法国、联邦德国、民主德国、日本、奥地利、意大利等国的有关资料，汇集而成了《国外建筑气候分区情况简介》，分别于 1987 年 5 月在安徽召开的"全国建筑气候区划学术讨论会"文集和 1988 年第 5 期《建筑科学》上发表（图 2-8）。

图 2-8　左图为 1988 年第 5 期《建筑科学》封面，右图为文章首页

1. 苏联区划方案（1934～1978 年）

在 1934 年苏联的《建筑基本法规》中，根据最冷月（1 月）和最热月（7 月）的平均气温分为 4 个建筑气候区，分区指标列于表 2-5。

表 2-5

1934 年苏联《建筑基本法规》中的建筑气候分区

分区	1 月平均气温（℃）	7 月平均气温（℃）
Ⅰ	−22～−14	4～22
Ⅱ	−14～−4	10～22
Ⅲ	−14～0	22～28
Ⅳ	−6～6	28～32

《建筑基本法规》分区方案把对住宅围护结构的要求归结为墙体厚度的差异，仅考虑单一季节防护，因而造成某些严寒地区夏季过热、炎热地区冬季过冷。这个分区原则在 1962 年公布的建筑法规中的"建筑气候学和地球物理学设计基本原则"中才得到改变，这其中引入了两项补充的分区指标：7 月平均相对湿度和冬季 3 个月的平均风速，也就是考虑到风使住宅变冷的时间和潮湿状况。"建筑气候学和地球物理学设计基本原则"将苏联分为 4 个大区，下分 13 个二级区。分区时考虑了与行政区划相结合，以便建筑工程的组织与管理。

1972 年发布的《建筑气候学和地球物理学》保持了 1962 年的分区原则，但考虑得更细，使苏联建筑气候分区达到了 16 个。1978 年，苏联建筑法规中的《居住建筑设计规范》引用了 1972 年的建筑气候分区方案，它对确定住宅类型要求共性的自然气候因素有如下规定：

Ⅰ区：冬季干燥和寒冷的时间长，标志着住宅需要做最好的保温，以及防止雪堆、风和靠海地区空气的高湿度。

Ⅱ区：冬季较温和，标志着住宅需要做必要的保温。

Ⅲ区：冬季有负温度和夏季炎热，确定住宅在冬季需做保温和在夏季要防止过热。

Ⅳ区：夏季长冬季短，标志着住宅在夏季需防止过热、冬季有相应的保温。

随后，由于轻薄型围护结构的出现和节能的要求，专家们不断研究新的建筑气候分区方法。考虑到保障人的舒适条件——生理卫生标准，对房间的热状况进行了研究，研究了地方气候特点对房间微气候的影响。进而提出苏联全国建筑气候分区的新方法：格尔布特—格依波雅奇和里次金维奇提出了空气温度、相对温度和风速的各种不同值相结合的综合分区方法。他们根据这些因素的组合和重复性，分出 7 种天气类型：炎热的、干旱的（炎热干燥的）、温暖的、舒适的、凉快的、寒冷的、严寒的。根据这个原则，考虑按上述天气类型确定的气象条件的重复性，采取重复性 17%，即相当于每年 60 天作为极限值，将苏联划分为 7 个大区和 20 个小区，其中 4 区分为 3 个小区、5 区分为 10 个小区、6 区分为 3 个小区。

2. 民主德国区划方案（1969～1985 年）

民主德国的《建筑保温规范》TGL 35424 以建筑热工设计要求为基础进行了编制。其中的建筑保温分区从 50 年（1901～1950 年）气象资料中选取最冷 5 天的空气平均温度作为指标，将全国分为 3 个区：Ⅰ区温度指标为 $-17℃$、Ⅱ区温度指标为 $-21℃$、Ⅲ区温度指标为 $-22℃$。Ⅰ区大部分是民主德国的平原地区；Ⅱ区在民主德国东部，受到较多的大陆性较冷气候影响，又是山脉的前部；Ⅲ区是山区气候所控制。热工设计计算温度规范取值为Ⅰ区 $-15℃$、Ⅱ区 $-20℃$、Ⅲ区 $-25℃$。

有关这个区划及指标实际上还有不少争议。分区图上的分区界线是不存在的，而是以 5.0km 为范围的过渡地带。设计者必须灵活地调整这个界限而使其设计不受严格限制。矛盾是有的，个别地区的分区归属需根据实际气候现象进行调整。也有许多地区没有气象台站，就必须自行测定。同时还应注意对气候特征作一些分析：当地的气候情况、空气的洁净度（SO_2 含量）、风向（2 个重要频率）、是否具有冷空气的沉积海等。

特别应该注意的是那些对室内人员舒适程度要求较高的建筑，如疗养院、医院、托儿所、幼儿园以及住宅建筑，对气候敏感的气候因素会对这些建筑有所影响。另外工业地区还应注意烟囱的排烟对环境保护的要求，一般可以影响 50km 的范围。

建筑中的防雨是大家关心的，所以另外还有以风雨指标进行分区的考虑。所谓风雨指标乃是年平均降雨量 N（1901～1950 年）乘以风速 v_m（1961～1970 年）除以 1000 而得（1000 是考虑指标不宜为太大的数值而采取的）。由此，民主德国定为三档：2.0、2.6 和 4.0，且有 4 个分区。有人认为用暴雨记录已可表明防雨的需要，但这有 2 个缺点：一是暴雨在每个地区都存在，二是不能反映雨量和风力的大小。这种风雨分区图的说服力是有限的，所以在《建筑保温规范》TGL 35424 中还有一张附表，用以配合分区图中的建筑材料防雨质量要求，但也还要注意建筑物除了屋顶以外尚有外墙也须注意防水问题，特别是装配式建筑的接缝处。

3. 联邦德国区划方案（1969～1985 年）

联邦德国没有专门的建筑气候分区规定，仅在《建筑保温规范》DIN 4108 中列有 3 个保温分区，即 WDGⅠ、WDGⅡ和 WDGⅢ，其相应的室外计算温度为 $-12℃$、$-15℃$ 和 $-20℃$。室外空气计算温度是累年最低日平均温度的平均值。能源危机后，为了增加保温,《建筑保温规范》DIN 4108 于 1969 年作了补充规定,将 WDG I 和 WDG II 合并,于 1974 年被正式采纳。1985 年《建筑保温规范》DIN 4108 重新修订时,完全取消建筑保温分区,一律以原来的 WDG II 作为全联邦德国统一的保温区并提出了几条要求。在 1985 年的《建筑保温规范》DIN 4108 中,为了防护墙体雨淋,又以三类雨水侵袭作用规定墙体防雨措施,这种作用是以年降水量的大小划分的,虽然没有确定分区的名称或编号,但已在联邦德国地图中给以表明。

4. 法国区划方案（1982～1984 年）

法国建筑气候分区是由法国建筑科技中心提出的。在 1982 年出版的《人、气候与建筑》所引《R. E. E. F 58》资料中,将全国分为高山区及严寒区、普通内地、大西洋海岸和地中海地区,气候区是按度天值划分的,临界温度取为 11℃。

1984 年,法国建筑气候分区按采暖度时值将法国划分为 3 个气候区。即东北部为 H_1 区、西南部为 H_2 区、南部为 H_3 区,其各区的采暖度时数分别是 H_1 区 63000（h·℃）、H_2 区 52000（h·℃）、H_3 区 37000（h·℃）。

法国建筑气候分区考虑到与行政区划相结合,一个省不跨两个区。在具体确定某地属于哪一个区时,还要考虑到海拔高度,当超过 800m 时,要降低一个区,即 H_2 按 H_1 区考虑、H_3 按 H_2 区考虑。

5. 奥地利区划方案（1980 年）

奥地利国家较小,但对建筑气候也有相应的规定,主要考虑 3 个方面因素的影响:年平均最低气温的规定、寒冷天的风力（风向及风速）、采暖度日数。这 3 个因素均由奥地利中央气象部门提供全国等值曲线,由设计单位根据设计对象插入使用,不再作分区。例如对建筑保温规定了各主要构件最低限热阻（外墙、屋顶等在不同室外设计温度下要求的最低限热阻,包括传热系数 K、热阻 R 以及冷却时间 Z）。不同的室外设计温度以奥地利气候特点从 -15℃ 到 -30℃ 每隔 3℃ 分档,最高取 -15℃、最低取 -30℃。例如建设地点在某地,在等值图上查得为 -20℃（指年平均最冷气候而言）,则取 -21℃ 一档为基本档,再查风力图,最后查采暖度日值图,然后按热工设计规范规定的条文确定究竟采用哪一档符合规范要求。举例如下:当建设地点在北部边界地区时,寒冷天有强风力,则降低 3℃,即由 -21℃ 降为 -24℃,实际上就是考虑风力大,增加对流散热而提高传热量;如果建设地点在南部边界、度日值超过 3600 时,降低 3℃;对于相互的建设高度不同,也规定要求降低 3℃;对于建筑物地处海拔高度超过 1500m 时,也要考虑降低 3℃,1500～2000m 为 -21℃、2000～2500m 为 -24℃、2500m 以上为 -27℃,而在山地隘口的建筑物则取最低档 -30℃。由此可见,奥地利对气候分区的规定很灵活,但很有科学性。

6. 意大利区划方案（1976 年）

编制组对意大利气候分区了解的较少,从资料中知道,意大利是以度日值划分建筑气候区的。全意大利划分为 6 个区,分区指标如表 2-6 所示。

1976 年意大利气候分区 表 2-6

气候区	A	B	C	D	E	F
度日值	600 以下	601～900	901～1400	1401～2100	2101～3000	3000 以上

7. 日本区划方案（1985 年）

日本的住宅节能标准按不同的度日值将日本划分为 5 个地区,并规定了相应的热损失系数和外墙绝缘材料（玻璃棉）的厚度，见表 2-7。可以看出，越是寒冷的地方，热损失系数越小，即越要加强保温，并具体规定了保温材料的厚度，这是日本气候分区的特点。同时，日本气候分区也结合了行政区划。

日本采用采暖度日值的区划指标　　　　　　表 2-7

分区		Ⅰ	Ⅱ	Ⅲ	Ⅳ	Ⅴ
采暖度日值		>3300	2900~3300	2000~2900	1400~2000	<1400
热损失系数	户建住宅	2.8	3.6	4.4	4.8	6.8
	共同住宅	2.3	3.2	3.8	4.4	5.7
外墙绝热玻璃棉厚度（mm）		50	35	35	20	0

五、标准主要技术内容

《建筑气候区划标准》GB 50178—93 共 3 章和 4 个附录：总则，建筑气候区划，建筑气候特征，建筑基本要求；附录一气候要素分布图，附录二全国主要城镇建筑气候参数表，附录三名词解释，附录四本标准用词说明。

建筑一般分为工业建筑与民用建筑两大类。民用建筑因等级不同，工业建筑因工艺要求不同，其室内温度、湿度等条件要求不同。建筑的室内环境不仅取决于室外条件，还取决于室内条件，只有建筑室内外条件相似的地区才能划归一个区。从国外的建筑气候区划资料中可以得出，建筑气候区划都是针对某一类建筑的。此标准是一个基础性的标准，不可能只针对某一类型建筑来进行区划，而是针对大量性的一般工业与民用建筑来进行区划，这些建筑的室内温、湿度大致相近。所以此标准的适用范围规定为一般工业与民用建筑的规划、设计和施工。

（一）区划的原则和分级

关于区划的原则，一般有主导因素原则、综合性原则及综合分析和主导因素相结合的原则三种。主导因素原则强调进行某一级分区时，必须采用统一的指标；综合性原则强调区内性质的相似性，而不必统一指标去划分某一级分区。两者各有优缺点。使用主导因素原则时，如果指标要素选择得当，区划时任意性比较少，但是由于决定分区的因素往往较多且互相影响，很难选出一两个指标要素就可以决定整个分区，因此只按主导因素的指标等值线确定的区界看起来科学、严谨，实际上由于没有考虑其他要素的影响仍具有相当的任意性。综合性原则强调保证分区内部性质的一致性而不拘泥于用什么指标来表征，如果各地建筑特色能反映当地建筑气候特点，使用综合性原则可以得到一个合乎实际的分区。但因为使用不同的指标要素确定同一级分区之间的分界或同一条区界的不同段落，造成同级分区或不同级分区之间的建筑气候意义不明确，缺乏具体的指导意义。

现在的区划工作中，使用较多的是综合分析和主导因素相结合的原则。即在综合考虑各种影响因素的作用后，从中挑选一些主导因素用于分区，而在使用主导因素确定区界时，又适当考虑其他因素的影响。在制订建筑气候区划时，也采用了综合分析和主导因素相结合的原则，即在综合分析建筑设计各方面和各气候要素相互关系的基础上，选取对建筑设计影响大，且地域分布差异大的若干气候要素用于分区，并适当考虑其他因素的影响。

建筑气候区划是基础性区划，主要用于宏观控制与指导，为使用方便，避免繁琐，分级不宜过多。在分析各气候要素对建筑影响的大小和气候要素在全国的分布状况后，决定按二级区划系统划分。至于更低级的区域划分，各省、市、地区可以根据上述原则，在所辖范围内进一步划分。

（二）区划系统

此建筑气候区划系统由 2 个等级组成，即一级区（建筑气候大区）和二级区。各级区划指标见表 2-8 和表 2-9。

《建筑气候区划标准》GB 50178—93 一级区指标　　　　　　　　表 2-8

区名	主要指标	辅助指标	各区辖行政区范围
Ⅰ	1 月平均气温≤−10℃，7 月平均气温≤25℃，7 月平均相对湿度≥50%	年降水量 200～800mm，年日平均气温≤5℃的日数≥145d	黑龙江、吉林全境；辽宁大部、内蒙中、北部及陕西、山西、河北、北京北部的部分地区
Ⅱ	1 月平均气温−10～0℃，7 月平均气温 18～28℃	年日平均气温≥25℃的日数<80d，年日平均气温≤5℃的日数 145～90d	天津、山东、宁夏全境；北京、河北、山西、陕西大部；辽宁南部；甘肃中东部以及河南、安徽、江苏北部的部分地区
Ⅲ	1 月平均气温 0～10℃，7 月平均气温 25～30℃	年日平均气温≥25℃的日数 40～110d，年日平均气温≤5℃的日数 90～0d	上海、浙江、江西、湖北、湖南全境；江苏、安徽、四川大部；陕西、河南南部；贵州东部；福建、广东、广西北部和甘肃南部的部分地区
Ⅳ	1 月平均气温>10℃，7 月平均气温 25～29℃	年日平均气温≥25℃的日数 100～200d	海南、台湾全境；福建南部；广东、广西大部以及云南西南部和元江河谷地区
Ⅴ	7 月平均气温 18～25℃，1 月平均气温 0～13℃	年日平均气温≤5℃的日数 0～90d	云南大部；贵州、四川西南部；西藏南部一小部分地区
Ⅵ	7 月平均气温<18℃，1 月平均气温 0～−22℃	年日平均气温≤5℃的日数 90～285d	青海全境；西藏大部；四川西部、甘肃西南部；新疆南部部分地区
Ⅶ	7 月平均气温≥18℃，1 月平均气温−5～−20℃，7 月平均相对湿度<50%	年降水量 10～600mm，年日平均气温≥25℃的日数<120d，年日平均气温≤5℃的日数 110～180d	新疆大部；甘肃北部；内蒙古西部

《建筑气候区划标准》GB 50178—93 二级区指标　　　　　　　　表 2-9

区名	指标		
	1 月平均气温	冻土性质	
ⅠA	≤−28℃	永冻土	
ⅠB	−28～−22℃	岛状冻土	
ⅠC	−22～−16℃	季节冻土	
ⅠD	−16～−10℃	季节冻土	
	7 月平均气温	7 月平均气温日较差	
ⅡA	≥25℃	<10℃	
ⅡB	<25℃	≥10℃	

区名	指标		
ⅢA ⅢB ⅢC	最大风速 ≥25m/s <25m/s <25m/s	7月平均气温日较差 26～29℃ ≥28℃ <28℃	
ⅣA ⅣB	最大风速 ≥25m/s <25m/s		
ⅤA ⅤB	1月平均气温 ≤5℃ >5℃		
ⅥA ⅥB ⅥC	7月平均气温 ≥10℃ <10℃ ≥10℃	1月平均气温 ≤−10℃ ≤−10℃ >−10℃	
ⅦA ⅦB ⅦC ⅦD	1月平均气温 ≤−10℃ ≤−10℃ ≤−10℃ >−10℃	7月平均气温 ≥25℃ <25℃ <25℃ ≥25℃	年降水量 <200mm 200～600mm 50～200mm 10～200mm

第一级区：划分大范围的建筑气候区域，反映冷、热、干、湿的建筑气候类型差异。第一级区包括第Ⅰ建筑气候区（严寒区）、第Ⅱ建筑气候区（寒冷区）、第Ⅲ建筑气候区（夏热冬冷区）、第Ⅳ建筑气候区（炎热区）、第Ⅴ建筑气候区（温和区）、第Ⅵ建筑气候区（高寒区）、第Ⅶ建筑气候区（干寒区）。

第二级区：通过对各一级区的进一步划分，反映各区内主要建筑气候特征的分布差异。二级区包括 20 个。

1. 一级区划指标

温度、湿度、降水对建筑影响最大，且在全国的分布差异最明显。《建筑气候区划标准》GB 50178—93 的一级区划以温度和湿度为主要指标，降水为辅助指标。另外，冬季采暖期天数和夏季日平均气温高于 25℃ 的天数也对建筑设计有较大的影响，也作为区划的辅助指标。

一级区划的 7 个一级区（大区）以 5 条温度线和 1 条湿度线为界，说明如下：

1）1月平均气温−10℃线

将 1 月平均气温−10℃线作为Ⅰ与Ⅱ区的分界线，也就是严寒地区与寒冷地区的分界线。

根据传统建筑的经验和热工设计理论，−10℃以北的地区外墙多用 2 砖至 3 砖，外窗多用双层至三层，地面多要保温，住房入口都设防风门斗等，按冬季保温要求设计的屋面和外墙都能保证夏季隔热的要求。−10℃以南的地区的建筑外墙多用 1 砖至 1 砖半，外窗多用单层，住房入口一般不设门斗，地面一般不保温，夏季要考虑防热问题。−10℃线以北地区，采暖期天数多在 145d 以上。所以确定区界时参考了采暖期天数 145d，将个别 1 月平均气温高于−10℃，但采暖期天数大于 145d 的地区也划归严寒区。−10℃线的走向大致与长城线一致，所以又称它为长城线。

2）1 月平均气温 0℃线

将 1 月平均气温 0℃线作为Ⅱ区与Ⅲ区的分界线，也即是寒冷区与夏热冬冷区的分界线。

0℃线以北地区，采暖期天数在 90d 以上，设置集中采暖比分散采暖效果好，节省燃料，有利于保护环境，系统的利用率较高，全面衡量是经济合理的。新中国成立以来，许多部门都已规定采暖期天数在 90d 以上的地区，一般的生产厂房和民用建筑都可设置集中采暖。所以采用 0℃线为指标划区是符合我国的经济水平的。另外，从冻融对建筑危害考虑，选取 0℃作为指标也是合适的。因为冬天气温低于 0℃，建筑围护结构易产生凝结水的冻结，一到气温高于 0℃的春天，凝结水融溶流出，对建筑产生危害。有此种冻融危害的地区就是月平均气温低于 0℃的地区，日本也是用月平均气温 0℃线来划分温暖与寒冷地区的。0℃线以北的建筑设计以防寒为主兼顾夏季防热；0℃线以南则以夏季防热为主兼顾冬季防寒。0℃线的走向，大致经过秦岭、淮河，是我国南北气候的重要分界线，所以又称为秦淮线。

3）1 月平均气温 10℃线

将 1 月平均气温 10℃线作为Ⅲ区与Ⅳ区的分界线，也即是夏热冬冷区与炎热区的分界线。这条线的确定，主要综合考虑了我国的经济水平、建筑的热特性和人体生理卫生的要求。这条线的建筑意义在于区分建筑物在冬季要不要防寒，而不能误认为是要不要设采暖。

根据国内卫生部门的研究结果，当人体衣着适宜，保暖量充分且处于安静状况时，室温 20℃比较舒适，18℃无冷感，15℃是产生明显冷感的温度界限，环境温度在 12℃以下时，冷影响非常明显，10℃时更甚，7℃时不仅严重影响手的功能，而且有导致生理机制损伤的危险。因此，有关标准规范规定民用建筑的采暖室内计算温度为 16~20℃，生产厂房工作地点的计算温度下限为 10~15℃，其中轻作业不低于 15℃，中作业不低于 12℃，重作业不低于 10℃。考虑到我国的经济水平比较低，室内自然温度只能是低水平，但一般不应低于 12℃，这相当于中作业的低限水平。一般建筑内的自然温度，由于人体散热和设备发热，太阳辐射热和建筑保温作用的影响，总比室外高一些。据国内外的观测资料表明，普通住宅的室内自然温度平均值比室外日平均温度高 2~3℃。所以，选取 1 月平均气温 10℃为指标，1 月平均气温高于 10℃的地区，室内自然温度在无防寒措施的条件下可以维持在 12℃以上，这是维持人的正常活动的最起码要求。即使这样，每年平均仍然有 15d 达不到这个要求；而 1 月平均气温低于或等于 10℃的地区的建筑则应采取防寒措施，以使室内温度达到 12℃以上。10℃线的走向，大致与南岭一致，所以又称为南岭线。

4）7 月平均气温 18℃线

这条线的确定主要考虑到青藏高原独特的气候特点。青藏高原海拔高度一般在 3000m 以上，常年气温低，长冬无夏，最热月平均气温低于 18℃。空气干燥，多大风。太阳辐射强烈，日照率高。在光气候区划中，这里是平均总照度最大的一个区。它与四周各区的最大差别是最热月平均气温低，所以用最热月平均气温 18℃为指标。

5）7 月平均气温 25℃线

7 月平均气温 25℃线作为 Ⅴ 区与 Ⅲ 区和 Ⅳ 区的分界线，也就是温和区与炎热区的分界线。

据国内外的研究可知，在夏季，人的舒适温度上限为 25℃，可接受的温度上限可达 28～29℃。在我国还提出室温高于或等于 29℃时为炎热地区设置遮阳的条件之一。在我国目前的经济条件下，一般建筑不设空调，主要靠自然通风来调节室内气候。据研究，在自然通风情况下，室内外气温接近相等。北京、南京、郑州、广州的实测表明，在自然通风良好的情况下，普通房间的室温平均值比室外气温平均值高出 0.3～0.5℃，而室温最高值比室外气温最高值低 0.6～3.0℃。因此，室外最高气温低于 28～30℃的地区，其室温最高也不会超过 28～29℃，就可看作是温和区。

为了用 7 月平均温度作指标，编制组对我国 7 月平均气温高于或等于 25℃的地方的日较差做过统计，绝大部分地区，尤其是东南沿海湿热地区，其 7 月平均气温日较差为 6～10℃。因此，当 7 月平均气温高于或等于 25℃时，其最高气温就可能在 28～30℃以上，如建筑不采取防热措施，室温就会超过夏季可接受的适宜温度。这样的地区应该叫作炎热区。

6）7 月平均相对湿度 50％线

将 7 月平均相对湿度 50％线作为 Ⅰ 区与 Ⅶ 的分界线，也就是严寒区与干寒区的分界线。

这条线的确定主要考虑到西北地区比东北地区降水量少，终年气候干燥，夏季气温偏高，太阳辐射强。反映在建筑上有许多不同之点：屋面防水、墙体防潮和城市排水设计要求低。建筑保温材料的保温性能与空气相对湿度有关，空气干燥，材料含水率低则材料导热系数小，保温性能好。湿度低时钢筋不易锈蚀，耐久性就好，但相对湿度过低会对施工造成困难，比如外装修粉刷等的干裂问题。西北地区的相对湿度是夏季比冬季还低，这也是西北干旱地区与东北地区很大的一个差别。因此，用 7 月平均相对湿度 50％为主要指标，参考 200mm 年降水量画线。

2. 二级区划指标

二级区划指标根据各大区的建筑气候特点拟定，各区不一样。

1）第 Ⅰ 建筑气候区（严寒区）

本区气候冬季漫长严寒，夏季凉爽短促，建筑上为单一冬季防寒型地区，参考《民用建筑节能设计标准（采暖居住建筑部分）》JGJ 26—86，采用采暖期度日数 7500、5500、4500℃·d 为区划指标，将 Ⅰ 区划分为 ⅠA、ⅠB、ⅠC 和 ⅠD 共 4 个二级区，以区分建筑围护结构保温性能、采暖能耗、防冻等建筑要求的不同。

2）第 Ⅱ 建筑气候区（寒冷区）

本区太行山以东的华北平原和以西的黄土高原，无论气候特点还是其他自然条件都是两个不同的单元，冬季西部较冷，夏季东部较炎热，用采暖期度日数 2500℃·d、7 月平均气温 25℃和 7 月平均气温日较差 10℃为区划指标，将本区划分为 ⅡA 和 ⅡB 共 2 个二级区，以区分建筑冬季保温、采暖能耗和夏季隔热等要求的不同。

3）第 Ⅲ 建筑气候区（夏热冬冷区）

本区气候夏热冬冷，沿海地区易受热带风暴和台风暴雨袭击，参照《采暖通风与空气调节设计规范》（报批稿）和《砌体结构设计规范》GBJ 3—88，以基本风压 0.4kPa 和 7 月平均气温 28℃ 为区划指标将本区划分为ⅢA、ⅢB 和ⅢC 共 3 个二级区。

4）第Ⅳ建筑气候区（炎热区）

本区气候冬季温暖，夏季炎热，大陆沿海及台湾、海南等岛屿易受台风暴雨袭击，为单一防热区，以基本风压 0.4kPa 为区划指标，将本区划分为ⅣA 和ⅣB 共 2 个二级区。

5）第Ⅴ建筑气候区（温和区）

本区气候温和，冬温夏凉，立体气候明显。室内气候与室外自然气候接近。以 1 月平均气温 5℃ 为区划指标，将本区划分为ⅤA 和ⅤB 共 2 个二级区，以区分建筑在防寒要求上的不同。

6）第Ⅵ建筑气候区（高寒区）

本区长冬无夏，气候干燥，日照丰富强烈，但全年气温偏低，建筑上为单一防寒型。用采暖期度日数 5500℃·d 和 1 月平均气温 -10℃ 为区划指标，将本区划分为ⅥA、ⅥB 和ⅥC 共 3 个二级区，以区分建筑保温和采暖能耗等要求的不同。

7）第Ⅶ建筑气候区（干寒区）

本区大部分地区冬季严寒、夏季炎热、常年干燥。气候受地形影响很大。区划基本上按自然单元划分。采用年降水量 200mm、1 月平均气温 -10℃、7 月平均气温 25℃ 为区划指标，将本区划分为ⅦA、ⅦB、ⅦC 和ⅦD 共 4 个二级区，以区分建筑防雨、保温和隔热等要求的不同。

（三）建筑气候特征和建筑基本要求

1. 一级区的建筑气候特征

一级区的建筑气候特征主要描述与建筑关系密切的气候要素的统计特征。为使用上的方便，各区气候特征采用统一的格式，分为 2 个部分；第一部分为气候特征的概述，第二部分按照温度、相对湿度和降水量、太阳辐射和日照、风、其他天气现象等 5 个方面作定量化的描述。

2. 二级区的建筑气候特征

二级区的建筑气候特征主要描述该二级区对建筑有特殊影响的气候特征，为建筑基本要求提供依据。

3. 建筑基本要求

建筑基本要求是根据一级区的建筑气候特征提出总的要求，然后再根据二级区的建筑气候特征提出该二级区的要求。

第一款是最基本的要求，对该区建筑是否采暖、防寒、防冻、防热等方面做出规定。第二款是对规划、设计、结构、地基、施工等方面提出的要考虑的问题，应采取相应的措施。其余各款是针对二级区提出的基本要求，如冻土地基的绝热、基础和地下管道的埋深、防冰雹、防风沙、防雷击、防台风暴雨等问题。

（四）气候要素分布图和建筑气候参数表

1. 建筑气候参数的统计年份

规定宜采用 1951～1985 年，共 35 年的整编资料，不足 35 年者，按实有年份采用，但不得少于 10 年，少于 10 年时，应对气象资料进行订正。

2. 统计方法

除采暖期、采暖期度日数规定用多年旬平均温度内插法统计确定外，其余均应按中央气象局 1979 年发布的《全国地面基本气候资料统计方法》中的有关规定统计确定。

3. 建筑气候参数的采用

建设地点与本标准附录二所列气象台站的地势、地形差异不大，水平距离在 50km 以内，海拔高度差在 100m 以内时，可直接引用，否则应与有关部门商量选用。

六、标准相关科研课题（专题）及论文汇总

（一）标准相关科研专题

为支撑《建筑气候区划标准》GB 50178—93 的编制，编制组针对标准制订的重点和难点进行了专题研究，主编、参编单位根据分工和自身研究方向进行了探讨，并形成了 7 项专题报告，具体见表 2-10。

编制《建筑气候区划标准》GB 50178—93 相关专题研究报告汇总　　　　表 2-10

序号	专题研究报告名称	作者	单位	时间	主要内容
1	国外建筑气候区划简介	谢守穆、王启欢、胡璘	中国建筑科学研究院建筑物理研究所	1990 年 3 月	国外建筑气候区划的研究开展的较早，已有不少研究成果。此报告介绍了苏联、法国、联邦德国、民主德国、日本、奥地利、意大利等国的有关建筑气候分区情况
2	我国建筑气候区划概述	谢守穆、胡璘	中国建筑科学研究院建筑物理研究所	1990 年 3 月	此报告介绍了我国从 1955 年开始的建筑气候区划沿革及概况，以及建筑热工设计分区、集中采暖地区的划分、光气候分区、村镇建筑综合自然区划、室外排水设计规范的气候分区等区划方案
3	建筑气候区划指标的确定	谢守穆	中国建筑科学研究院建筑物理研究所	1990 年 8 月	此次建筑气候区划采用综合分析和主导因素相结合的原则，划分为一级区和二级区
4	关于"建筑气候区划"的若干问题	周曙光、马天健	国家气象中心北京气象中心	1990 年 8 月	报告所涉及与此标准相关的问题包括：区划的目的、任务、原则、分级、方法、步骤、结果及指标，以及各区的基本建筑气候特征
5	建筑气候特征编写报告	周曙光	国家气象中心北京气象中心	1990 年 8 月	建筑气候特征报告是以与建筑关系密切的主要气候要素的统计特征量为基础，对一地气候背景情况的概况进行描述。此特征作为区划标准的组成部分，一是提供建筑气候区的气候背景情况，二是作为区划分区的基础条件
6	建筑基本要求概述	王昌本	中国建筑标准设计研究所	1990 年 8 月	从建筑气候因素与建筑各专业的关系分析、统计来看，与温度有关的专业最多，涉及相应的建筑技术措施与运用的设计参数也最多。其次是风，其余依次是湿度、雪、太阳辐射等。以上建筑与气候的关系及密切程度可以作为建筑基本要求提出的原则

续表

序号	专题研究报告名称	作者	单位	时间	主要内容
7	关于建筑气候参数及气候要素分布图的概述	刘崇颐	中南地区建筑标准设计协作办公室	1990年8月	气候资料选用35年（1950～1985年）的记录资料进行统计。在全国内共择取401个城镇，每一城镇制订出57项常用气候参数，同时为补充参数之不足，另拟出31幅气候要素分布图

（二）标准相关论文

1. 学术会议论文

如前所述，为了编好本标准，中国气象学会应用气候学委员会与中国建筑学会建筑物理学术委员会于1987年5月24日在安徽屯溪召开了"全国建筑气候分区学术讨论会"，共收到论文18篇，具体见表2-11。

"全国建筑气候分区学术讨论会"论文汇总　　　　表2-11

序号	论文名称	作者	单位
1	国外建筑气候分区情况简介	谢守穆、王启欢	中国建筑科学研究院建筑物理研究所
2	居住建筑气候分区的原则	谢守穆	中国建筑科学研究院建筑物理研究所
3	一九六四年国家科委颁布施行的《全国建筑气候分区草案（修订稿）》研究报告编制情况介绍	韩莉	中国建筑科学研究院建筑物理研究所
4	建筑气象参数标准 JGJ 35—87 内容简介	刘崇颐	《建筑气象参数标准》编制组
5	烟台地区气候条件下住宅建筑体型、朝向与节能的关系	高学峰	城乡建设环境保护部建筑设计院
6	城市气候学与城市规划	周淑贞	华东师范大学地理系城市气候研究室
7	关于我国建筑热气候区划指标问题的探讨	黎明、江玮	苏州城市建设环境保护学院
8	世界城市与建筑气候常设委员会的由来及活动	黎明	苏州城市建设环境保护学院
9	我国天然采光利用实数的计算及其他区分布	吴其勖	国家气象局气象科学研究院
10	建筑气候挂靠生物气候	陈启高、丁小中	重庆建筑工程学院
11	用生物气候分区方法进行建筑气候分区的几点粗浅认识	韦延年、王远谋	四川省建筑科学研究院
12	建筑气候分区与人体生理效应	胡汉升、王乃益	北京医科大学、安徽省卫生防疫站
13	气候设计——"用"与"防"相结合的原则	蔡君馥	清华大学建筑系
14	住宅建设中日照、用地与建筑体型、布局关系探讨	张守仪、唐益韶、郭文斌	清华大学建筑系
15	气候要素在给排水工程中的意义	洪嘉年	上海市政工程设计室《室外给排水设计规范》国家标准管理组
16	城市气候与城镇规划	刘继韩	北京大学
17	建筑热工设计与建筑气候分区	杨善勤	中国建筑科学研究院建筑物理研究所
18	舒适度指标及其在我国的应用	金一谔	南京大学

2. 期刊发表论文

在《建筑气候区划标准》GB 50178—93 编制过程中及发布后，主编单位在《建筑科学》期刊发表了 2 篇论文，具体见表 2-12。

与《建筑气候区划标准》GB 50178—93 相关发表期刊论文汇总　　表 2-12

序号	论文名称	作者	单位	发表信息
1	国外建筑气候分区情况简介	谢守穆、王启欢	中国建筑科学研究院建筑物理研究所	《建筑科学》，1988 年第 5 期
2	《建筑气候区划标准》GB 50178—93 介绍	谢守穆	中国建筑科学研究院建筑物理研究所	《建筑科学》，1994 年第 4 期

七、所获奖项

《建筑气候区划标准》GB 50178—93 自发布实施以来，在 1994 年获得了中国建筑科学研究院科技进步一等奖。

八、存在的问题

1）关于相对湿度、降水指标的确定，目前的研究成果比较少，有待进一步的研究。

2）第Ⅲ建筑气候区冬季防寒和夏季隔热问题是一个很复杂的问题，有待进一步研究解决。

3）本标准自 1994 年 2 月 1 日起实施以来，已经过去 23 年，这么多年以来，我国的经济发展很快，人民生活水平得到了很大的提高，特别是中西部地区得到国家的重视，发展更快。原标准的布点多偏于东部，为了适应当前及今后建设的需要，应适当补充中西部布点。

4）本标准使用 1951～1985 年的气象数据，现已过去 30 多年，气候数据有了较大变化，急需更新气候参数。

5）本标准实施 20 多年，在实施中遇到哪些问题，需要进行收集并提出修订建议，对本标准进行修订。

本章小结：专家问答

Q（编写组，下同）：气象数据怎么得到的？当时数据量应该还是比较庞大的，是哪边负责整理数据的呢？

A（谢守穆，下同）：当时参与编制的除了中国建筑科学研究院，还有国家气象中心气候资料室和中国建筑标准设计研究所，中南地区建筑标准设计协作办公室（中南标办）是以个人名义借到我们单位来的，所以实际上是 3 家单位编制此标准。当时气象数据是国家气象中心气候资料室按照我们的要求整理统计的，我们对数据再进行分析，确定参数。

Q：编制区划标准是否有一些可参考的其他标准？

A：中国建筑科学研究院在 20 世纪 50 年代就编了一个建筑气候区划标准，1964 年印刷，后来"文化大革命"开始就没有执行，这个标准是区划标准编制参考的基础。另外还有一本更早的区划草案，编制时间大概是 1955～1964 年，当时也参照了这个草案。

当时经过对各个专业的一些调查，包括建筑热工、暖通、结构等，决定基础标准应该只写共通的，具体到每个专业方向，再编制自己专业的一套标准。

Q：这本标准从 1993 年发布到现在一直就没有再修订过，您觉得如果要修订的话主要针对什么内容进行？

A：我觉得修订主要是针对气象数据，区划基本上不会有什么大的改动。那个时候说是用了从 1951 年到 1985 年近 30 年的数据，但实际上有的是五几年以后的，有的是六几年的，最短的只有 8 年左右。如果修订的话，气象参数方面最好还是邀请国家气象中心的专家参加，因为他们的数据现在都是计算机入库的，可以按照需求进行统计，不像我们那个时候好多还要手工处理。

Q：当时为什么想起做这么一本标准，主要是想给谁用的？

A：我的理解就是，因为当时的体制是计划经济，气候对建筑的影响特别大，把这个区划规定好以后，就能对各个地区的建筑有什么要求、需要什么投资有所了解，主管部门能做到心中有数，对投资、规划有帮助。中国建筑科学研究院 20 世纪 50 年代就在编气候区划方面的标准，胡璘胡工原来是参加五几年标准编写的。93 版的标准是他从部里牵头把任务接下来的，因为他年纪大了，主要起个参谋作用，我就负责这个标准的编制。这个标准当时就是想作为其他标准的基础，比方现在的夏热冬暖、夏热冬冷地区的居住建筑节能设计标准，就是根据这个标准定的具体区域。

Q：我看档案里，您当时做了许多前期研究，工作可以简单介绍一下吗？

A：当时针对国内和国外的气候区划，编制组做了很多前期调查和研究。国外的区划研究，大概包括了苏联、联邦德国、民主德国、奥地利、意大利、日本等七八个国家。国内有各种各样的划分指标，生物气候指标、采暖度日数等等；其他各个专业也都有相应的区划，如村镇建设区划、农业区划等。后期研究的主要内容是怎么确定指标，也分析了当时大家提出的一些意见。

Q：一级区划和二级区划具体是怎么确定的？

A：如果不分级，按每一个单项特征分，则会分得很多，所以肯定是按对建筑的影响程度分级。气候对建筑的影响因素，包括温度、降雨量、湿度，还有风雪荷载、风向、太阳辐射、采光等，这些因素加起来很多。参数表里有 21 项参数都对建筑有影响，后来经过分析，排除了对局部影响较大的指标，最终确定了以温度为主要指标，以 1 月平均温度和 7 月平均温度作为主要依据。一共 7 个一级区，第一条是−10℃线，东北和内蒙古冬天温度最低，以 1 月的−10℃作为主要指标进行划分，这个线和长城线比较吻合，所以叫长城线；第二条是 0℃线，基本上是和秦岭淮河这个地方重合，所以叫秦淮线；第三条是10℃线，和南岭走向基本上一致，又称南岭线。采用−10℃、0℃、10℃进行划分，是对建筑围护结构、冬季采暖等方面进行分析，经过专家论证后确认比较合适。除了上面提到的三条线以外，还有青藏高原的 18℃线和云贵高原的 25℃线，另外西边新疆和西北甘肃湿度比较小，Ⅰ区和Ⅶ区采用相对湿度 50％来划分。即使技术再发达，这个分区以后变化也不会太大。

Q：是不是因为当年采暖空调系统用得比较少，大部分都是靠建筑本身来解决隔热保温的问题，所以说气候对建筑的影响就很显著，但现在随着采暖空调系统的广泛使用，建筑从南到北越来越相近，几乎看不到气候特点的影响了？

A：不是，从节能角度考虑，气候区划很重要。原来采暖空调系统和建筑热工是分开研究的，采暖空调系统主要是从设备来解决问题，建筑热工主要是从围护结构来解决问题。北方为什么用那么厚的墙呢？就是因为建好了以后能耗会减少很多；南方隔热也是围护结构设计。这个标准应该对建筑热工设计作用更大，后来热工设计分区跟这个区划标准是一致的。另外，空调系统计算能耗跟区划也是有关的，可以了解哪个地区大概能耗是多少，区域不一样，能耗大小也不一样。

Q：当时标准编制大概花了多长时间？

A：大概花了 5 年吧，1986 年到 1990 年。1993 年发布，1994 年 2 月 1 日实施，从开始编制到实施，用了 8 年。

Q：当时是如何分工的？最大的困难是什么？

A：国家气象中心的周曙光、马天健负责气候分区的区划图，《关于"建筑气候区划"的若干问题》、《建筑气候特征编写报告》是他们负责写的；《国外建筑气候区划简介》、《我国建筑气候区划概述》、《建筑气候区划指标的确定》是我来写的；《关于建筑气候参数及气候要素分布图的概述》是刘崇颐写的；《建筑基本要求概述》是中国建筑标准设计研究所的王昌本写的。最后我统稿，胡璘把关，他比较有号召力。

当时最大的困难是 200 多个城市，照顾到密度，照顾到新开发城市，需要把几个原则定下来，把布点定下来，把每个点需要多少项参数定下来。也就是要确定需要哪些气象数据，如平均温度（1 月平均温度或 7 月平均温度）、相对湿度、风向、风速等。

居住建筑和公共建筑节能设计系列标准引言

1973年10月第四次中东战争爆发，石油输出国组织的阿拉伯成员国当年12月宣布收回石油标价权，并将原油价格从每桶3.01美元提高到10.65美元，使油价猛然上涨了2倍多，引发国际上第一次能源危机，从而触发了第二次世界大战之后最严重的全球经济危机。持续3年的石油危机对发达国家的经济造成了严重的冲击。为了应对能源危机，发达国家开始在建筑领域制订一系列的建筑节能标准，并开发相关产品。

20世纪80年代初中国改革开放后，我国开始规划并实施规模化的城市建设。受到世界能源危机和发达国家建筑节能工作的影响，我国认识到中国的建筑业即将有一个很大的发展，随之而来的建筑能耗必然迅速增长，建筑节能工作必须未雨绸缪。我国的建筑节能工作是从20世纪80年代初伴随着中国实行改革开放政策后开始，由建设部组织编制和发布建筑节能设计标准起步，当时建设部设计局张钦楠局长及科技局领导对于推进建筑节能工作起到了极其重要的作用。

我国房屋建筑划分为民用建筑和工业建筑。工业建筑是指用于工业生产的建筑，而民用建筑又分为居住建筑和公共建筑，其相关节能设计标准发展介绍如下：

居住建筑主要是指住宅建筑。我国居住建筑节能设计标准的起步要早于公共建筑，从1986年开始，我国第一部节能率为30%的《民用建筑节能设计标准（采暖居住建筑部分）》JGJ 26—86发布实施，随后的30年间，根据我国节能事业的发展，又陆续发布实施了节能率50%、节能率65%相关的标准和规范，并对已实施的标准在节能新技术不断涌现的基础上进行了修编。主要包括针对我国北方严寒和寒冷地区的《民用建筑节能设计标准（采暖居住建筑部分）》JGJ 26—95、《严寒和寒冷地区居住建筑节能设计标准》JGJ 26—2010；针对夏热冬冷地区的《夏热冬冷地区居住建筑节能设计标准》JGJ 134—2001和《夏热冬冷地区居住建筑节能设计标准》JGJ 134—2010；针对夏热冬暖地区的《夏热冬暖地区居住建筑节能设计标准》JGJ 75—2003和《夏热冬暖地区居住建筑节能设计标准》JGJ 75—2012；针对温和地区的《温和地区居住建筑节能设计标准》也列入了住建部2015年标准制修订计划，开始编制。以上标准实现了我国居住建筑节能设计标准全气候区的全面覆盖，为不断推进我国建筑节能事业的发展打下了坚实的理论基础。

公共建筑包括办公建筑（写字楼、政府部门办公楼等），商业建筑（商场、金融建筑等），旅游建筑（旅馆饭店、娱乐场所等），教科文卫建筑（文化、教育、科研、医疗、卫生、体育建筑等），通信建筑（邮电、通信、广播用房等）以及交通运输用房（机场、车站建筑等）等，相应的节能设计标准由1990年的《旅游旅馆节能设计暂行标准》发展到《旅游旅馆建筑热工与空气调节节能设计标准》GB 50189—93、《公共建筑节能设计标准》GB 50189—2005和《公共建筑节能设计标准》GB 50189—2015。随着节能减排的需要和节能技术的发展而不断修订，对指导我国公共建筑节能设计起到了重要作用。

第3章 居住建筑节能设计系列标准

第一部分：严寒和寒冷地区居住建筑节能设计系列标准

"严寒和寒冷地区居住建筑节能设计系列标准"发展历程

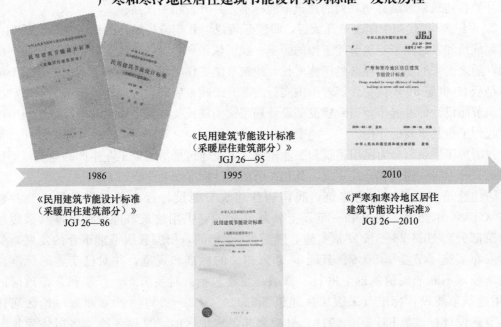

《民用建筑节能设计标准
（采暖居住建筑部分）》
JGJ 26—95

1986   1995   2010

《民用建筑节能设计标准
（采暖居住建筑部分）》
JGJ 26—86

《严寒和寒冷地区居住
建筑节能设计标准》
JGJ 26—2010

"严寒和寒冷地区居住建筑节能设计系列标准"
在节能标准时间轴中的具体位置

《严寒和寒冷地区居住建
筑节能设计标准》
JGJ 26—2010

《民用建筑节能
设计标准（采暖
居住建筑部分）》
JGJ 26—95

《旅游旅馆节能设计
暂行标准》

《夏热冬暖地区居住建
筑节能设计标准》
JGJ 75—2003

《夏热冬冷地区居住
筑节能设计标准》
JGJ 134—2010

《民用建筑热工
设计规范》
GB 50176—2016

1986 1990 1993 1995 2001 2003 2005 2010 2012 2015 2016

《民用建筑热工
设计规程》
JGJ 24—86

《旅游旅馆建筑热工与
空气调节节能设计标准》
GB 50189—93

《夏热冬冷地区居住
建筑节能设计标准》
JGJ 134—2001

《公共建筑节能
设计标准》
GB 50189—2005

《夏热冬暖地区
居住建筑节能
设计标准》
JGJ 75—2012

《公共建筑节能
设计标准》
GB 50189—2015

《民用建筑节能
设计标准（采暖居住
建筑部分）》
JGJ 26—86

《民用建筑热工设计规范》
GB 50176—93

《建筑气候区划标准》
GB 50178—93

第一阶段：《民用建筑节能设计标准（采暖居住建筑部分）》JGJ 26—86

一、主编和主要参编单位、人员

《民用建筑节能设计标准（采暖居住建筑部分）》JGJ 26—86 主编及参编单位：中国建筑科学研究院、中国建筑技术发展中心建筑经济研究所、南京大学大气科学系、哈尔滨建筑工程学院供热系、辽宁省建筑材料科学研究所、北京市建筑设计院研究所。

本标准主要起草人员：杨善勤、赫崇轩、汪训昌、黄鑫、李惠茹、李怀瑾、胡璘、王启欢、高锡九、谈恒玉、夏令操、龙斯玉、许文发、朱盈豹、朱文鹏。

二、编制背景及任务来源

1982 年，国家能源委员会委托国家基本建设委员会国家建筑工程总局（简称"国家建委建工总局"，国家建委后于 1982 年 5 月改为城乡建设环境保护部）下达了有关建筑节能方面的科研任务，首先组织开展了北方集中采暖地区（严寒、寒冷地区）居住建筑采暖能耗调查和建筑节能技术及标准研究。因为当时北方集中采暖地区房屋建筑的建筑面积约占全国房屋建筑面积的一半，而其中又以居住建筑为主体，每年有 3～6 个月的采暖期，量大面广，采暖能耗是该地区全社会建筑能耗的主体。国家建委建工总局下达的科研任务包括"采暖住宅建筑能耗现状的调查、实测、统计分析的研究"、"我国民用建筑金属外窗的能耗现状及其节能措施的研究"、"墙体保温性能的改进研究"和"建筑设计节能准则的研究"。科研项目"建筑设计节能准则的研究"是后续《民用建筑节能设计标准（采暖居住建筑部分）》标准编制的基础。

从 20 世纪 80 年代中期起，在建筑节能领域方面，建设部和中国建筑科学研究院开始与西方发达国家进行交流学习。80 年代中期，主要是与北欧国家（瑞典、丹麦、芬兰、法国和德国等）进行建筑节能技术交流；90 年代前后，与美国、加拿大等国家进行建筑节能技术交流，包括互访和在国内外进行学术交流会，详见"附录 2　中国建筑节能标准相关国际合作大事记"。

受国家能委科技局（后改为国家经委节能局）的委托，城乡建设环境保护部科技局和设计局于 1983 年下达了《民用建筑节能设计准则》的编制任务（（83）城设建字第 114 号）。中国建筑科学研究院任主编单位，会同中国建筑技术发展中心经济所等 5 个单位共同编制完成。

三、编制过程

（一）相关科研准备及论证工作（1983 年 6 月～1985 年 7 月）

1983 年 6 月 18 日，针对国家建委建工总局下达的科研任务"建筑设计节能准则的研究"，中国建筑科学研究院建筑物理研究所提出了《建筑物节能设计准则》建筑热工部分的草拟设想提纲（图 3-1-1），包括适用范围、相关的规范和标准、传热热损失的限制、缝隙通风热损失的限制、采暖地区的划分、建筑物结构类型、建筑物体型以及建筑节能设计阶段目标 8 个方面。

1983 年 6 月 26～30 日，城乡建设环境保护部科技局和设计局为了检查包括"建筑设

图 3-1-1　《建筑物节能设计准则》
建筑热工部分的草拟设想提纲

计节能准则的研究"在内的 4 个科研任务的进展情况，协调今后工作，在承德主持召开了"建筑设计节能科研课题检查与协调工作会议"。代表们经过仔细讨论后认为，制订一个适合我国现实情况的《建筑设计节能准则》十分必要。准则内容应简明扼要，对影响建筑节能的关键性技术指标应有明确规定，但可以分级，以衡量不同节能水平。准则主要考虑现实可能性，也应体现今后方向，不宜过分迁就现状，应对建筑节能工作有促进作用，争取能使"七五"期间的新设计收到节能的实效。

1984 年 12 月～1985 年 7 月，相关专家完成了一系列以标准内容为主题的科研论文（图 3-1-2），包括中国建筑科学研究院杨善勤研究员的《用有效传热系数法估算采暖耗热量及进行建筑节能设计》、汪训昌研究员的《供暖管网的经济保温厚度与经济评价》、夏令操教授级高工的《热水采暖系统评价指标——水输送系统》、黄鑫高工的《锅炉用鼓风机及引风机的合理配置》和《我国采暖用中、小型锅炉的现状及其提高运行效率的途径》、赫崇轩研究员的《关于热水采暖系统运行制度与节能的技术经济分析》；中国建筑技术发展中心经济研究所李惠茹等的《民用建筑节能设计经济评价》；南京大学大气科学系李怀瑾和龙斯玉的《度日计算方法及其分布特

图 3-1-2　以标准内容为主题的相关科研成果

征》。另外，中国建筑科学研究院空气调节研究所的测定小组于 1985 年 4 月完成了《中国建筑科学研究院热水采暖供热系统实测总结报告》；中国建筑科学研究院空气调节研究所和北京市房地产管理局共同协作对和平里七区和中国建筑科学研究院 1983～1984 年的冬季采暖系统进行了效果测定，完成了《北京和平里七区锅炉采暖系统测定和分析》。

（二）标准编制阶段（1985 年 1～6 月）

在以上测试和论证的基础上，1985 年 1 月 4 日，编制组初步形成了《建筑物节能设计准则》初稿，并于 1 月 14 日在北京组织专家进行了讨论。1985 年 4 月，《建筑物节能设计准则》编制组完成了《民用建筑节能设计准则（采暖居住建筑部分）》讨论稿，并于 5 月在北京组织专家进行了讨论。1985 年 6 月，《民用建筑节能设计准则（采暖居住建筑部分）》（送审稿）、编制说明（送审稿）（图 3-1-3）均已完成。

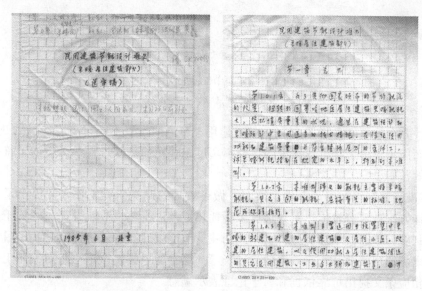

图 3-1-3 《民用建筑节能设计准则（采暖居住建筑部分）》（送审稿）手稿

（三）送审阶段（1985 年 8 月）

1985 年 8 月 21～25 日，城乡建设环境保护部设计局、科技局在山西省大同市联合召开 "民用建筑节能设计准则（采暖居住建筑部分）"、"采暖住宅建筑能耗现状的调查、实测与计算分析研究"、"我国民用建筑金属外窗的能耗现状及其节能措施的研究"、"墙体保温性能的改进研究" 和 "节能型空心砖产品研究" 5 个专题的审定、评议、鉴定会议（图 3-1-4）。华北、东北、西北采暖地区的省市建筑主管部门和各设计院的代表，有关高等院校、科研部门的代表、特邀的热工与暖通专家、国家经委、国家建材总局、国家气象局、本部建筑管理局的代表和课题研究组的主要成员共 46 个单位、87 人参加了会议。会上提出了研究成果（51 本资料和报告），由专题负责人向大会介绍，然后按专题分成 4 个组由特邀主审人主持进行审定、评议或鉴定。审定小组一致认为本准则编制内容是适用的，标准是恰当的，质量是好的，对今后实现采暖居住建筑节能目标和指导采暖居住建筑节能设计将起到重要作用，审定意见具体如下：

1）本准则的基本目标确定为 "在保证使用功能的前提下，通过在建筑物围护结构和采暖供热系统设计中采用适当的技术措施，将居住建筑采暖能耗指标从 1980～1981 年住

图 3-1-4　"关于印发民用建筑节能准则等五个专题审定、评议、
鉴定会会议纪要的通知"（（85）城设技字第 118 号）

宅通用设计方案的基础上降低 30%，且土建用于节能的投资不超过工程造价的 5%，为节约吨标煤而用于改善采暖供热系统的投资不超过 500 元"是经过科学分析的，符合国家利益，综合效益明显。

2）本准则编制组在编写文件的同时，做了大量的调查研究工作，并提出了"采暖期度日数统计方法"、"有效传热系数估算采暖耗热量及进行建筑节能设计"、"关于热水采暖系统运行制度与节能技术经济分析"、"民用建筑节能设计经济评价"及"我国目前采暖用中、小型锅炉的现状及其运行效率的途径"等 9 篇专题报告。审定小组对编制工作能严密地为制订相应条文提出可靠依据和科学论证表示满意。

3）本准则在"采暖期度日数"、"有效传热系数估算采暖耗热量"、"围护结构保温性能"、"采暖节能"、"集中供热系统关键设备的选择"、"建筑节能经济评价"等方面体现了编制水平和节能特点。

审定小组在肯定成绩的同时，也指出了一些不足，提出了建议和修改意见，希望在这次审定会之后，抓紧修改，完善后上报，争取上级早日批准、发布和应用。

（四）发布阶段（1986 年 3 月）

1985 年 10 月《民用建筑节能设计准则（采暖居住建筑部分）》（报批稿）正式形成，并提交主管部门。在报批稿审核过程中，标准名称中"准则"二字改为了"标准"。1986 年 3 月 3 日，城乡建设环境保护部印发"关于批准《民用建筑节能设计标准（采暖居住建筑部分）》（试行）为部标准的通知"（（86）城设字第 95 号），编号为 JGJ 26—86，并于 1986 年 8 月 1 日试行。

四、标准主要技术内容

《民用建筑节能设计标准（采暖居住建筑部分）》JGJ 26—86 是为了贯彻国家发布的节

约能源政策，扭转我国寒冷地区居住建筑采暖能耗大，热环境条件差的状况而编制的我国第一部建筑节能法规性文件。

《民用建筑节能设计标准（采暖居住建筑部分）》JGJ 26—86 主要适用于设置集中采暖的新建和扩建居住建筑及居住区供热系统的节能设计。改建的居住建筑，以及使用功能与居住建筑相近的其他民用建筑、工业企业辅助建筑等，可参考使用。本标准不适用于临时性建筑和地下建筑。本标准共 6 章和 8 个附录：总则，采暖期度日数及室内计算温度，建筑物耗热量指标及采暖能耗的估算，建筑热工设计，采暖设计，经济评价；附录一全国主要城镇采暖期度日数，附录二围护结构传热系数的修正系数 ε_i 值，附录三满足图 2 平均传热系数要求的采暖居住建筑各部分围护结构传热系数建议值，附录四关于面积和体积的计算，附录五关于经济计算，附录六名词解释，附录七单位换算，附录八本标准用词说明。这些条文和附录是在大量调查研究、总结国内外经验的基础上制订的。本标准在采暖期度日数的统计、有效传热系数法估算采暖能耗、采暖供热系统的设计、锅炉设备的选型、管道最小保温厚度的确定、水输送系数的提出，以及建筑经济限值和定量评价方法等方面都有我国自己的特色。本标准在内容的科学性、系统性和适用性方面与国外同类法规或标准相比，水平是接近的，但在节能技术措施方面，限于我国当时的技术经济水平，与国外先进水平相比，还有较大差距。

按计划，本标准在 1990 年以前，将在我国三北地区分期分批试行；1990 年以后，将在采暖居住建筑中全面实施。预计 1990～2000 年的 10 年间累计可节约 8000 万 t 左右标准煤，而且能保证居室温度普遍达到 18℃左右，从而大大改善室内热环境条件，但节能投资不超过土建工程造价的 5%，这些投资 10～15 年即可回收。因此，本标准的节能、经济和社会效益都是十分明显的。

（一）标准适用范围

《民用建筑节能设计标准（采暖居住建筑部分）》JGJ 26—86 的适用地区明确为严寒和寒冷地区。在《民用建筑热工设计规程》JGJ 24—86 中列出了严寒和寒冷地区的分区指标，即严寒地区：累年最冷月平均温度≤−10℃的地区；寒冷地区：累年最冷月平均温度 0～−10℃的地区。

（二）主要技术内容

1）确定将 1980～1981 年各地通用住宅设计作为居住建筑的"基础建筑"（Baseline），也就是说，采用该年代的典型居住建筑的围护结构热工参数构成的建筑、采用那个年代采暖设备的能效，在保持合理室内热环境参数情况下，计算全年采暖的能耗并认作为 100%，通过改善围护结构保温、隔热性能以及提高供暖设备能效，达到降低能耗的目标。

2）确定 20 世纪 80 年代初北方采暖居住建筑的采暖能耗值。通过采暖季的实测与计算，得出华北、东北及西北集中采暖地区 8 个城市（西安、北京、兰州、沈阳、呼和浩特、乌鲁木齐、长春和哈尔滨）的单位采暖建筑面积的能耗值。

3）确定节能目标（节能率）。将采暖能耗从当地 1980～1981 年住宅通用设计的基础上节能 30%，其中建筑物约承担 20%、采暖系统约承担 10%。

国际上确定节能目标的思路大致如下：建筑节能开始于第一次世界性能源危机的 1973 年，建筑节能率的百分比也自此时开始。对于采暖负荷占较大比例的欧洲国家，即以某时期的较为通用的建筑单位面积能耗作为基数，以此后节能量多少算出节能率。如法国即以能源危机前的住宅建筑能耗为基数，第一次规定降低25%，以后又在已降低数的基础上两次分别再降低25%，后来又按照不同建筑降低25%及40%。我国采暖地区居住建筑先是节能30%，后来再在此基础上再节能30%。即（100－30）×30%＝21%，21%＋30%＝50%（约数），即在原先的基础上节能50%，以及第三个30%时，提出节能65%。

4）定义了"采暖期天数"，即累年日平均温度≤5℃的天数。规定了居住房间室内设计温度为18℃，用于估算采暖能耗的全部房间的平均室内计算温度按16℃采用。

5）规定了居住建筑换气次数为0.5次/h。经实测统计，单位建筑面积、单位时间建筑物内部得热量取3.8W/m²。

6）通过调查实测研究确定供暖系统低效高能耗的主要问题是：采暖水系统水力失调和热力工况不平衡；锅炉运行负荷率和运行效率低、排烟热损失大，室外管网输送效率低。根据调查实测，采取节能措施前锅炉运行效率取55%，采取节能措施后锅炉运行效率取60%；室外管网输送效率，采取节能措施前取85%，采取节能措施后取90%。同时，研发了适合不同地区，不同燃煤、热效率较高的供暖用热水锅炉和选型原则；规定了锅炉和采暖系统进行监督与计量的要求，以及锅炉房和每个独立建筑宜分别设置总输出和输入热量的计量装置；对于采暖供热管网保温厚度提出了规定值；规定了热水采暖供热系统的水泵功率消耗应符合规定的要求。

7）确定经济评价指标，规定了节能投资回收期。比如按静态法计算时，对于多层住宅建筑为9年，对于高层住宅建筑为14年。

8）经过调查分析，发现不能达标的主要原因是水力失调。由此，进行了解决采暖水系统水力失调的关键设备——平衡阀及其智能仪表的研究开发。

1986年，平衡阀开发研制组申请获得国家经委下达的项目"平衡阀研制"，并于1989年12月完成，由建设部组织鉴定。同时专利"平衡阀及其专用智能仪表"（88203650.5）获得1989年中国专利发明创造优秀奖（图3-1-5）；1990年获建设部科技进步三等奖。

图3-1-5　"平衡阀及其专用智能仪表"1989年中国专利发明创造优秀奖

五、标准相关科研课题（专题）及论文汇总

（一）标准相关科研专题

在《民用建筑节能设计标准（采暖居住建筑部分）》JGJ 26—86编制过程中，编制组针对标准制订的重点和难点内容进行了专题研究，具体见表3-1-1。此外，主编单位还立项了相关科研课题进行研究，具体见表3-1-2。

编制《民用建筑节能设计标准（采暖居住建筑部分）》JGJ 26—86 相关专题研究报告汇总

表 3-1-1

序号	专题研究报告名称	作者	单位	主要内容
1	用有效传热系数法估算采暖耗热量及进行建筑节能设计	杨善勤	中国建筑科学研究院建筑物理研究所	本报告根据传热原理提出了有效传热系数的计算公式，并为设计人员提供一种用有效传热系数估算采暖耗热量和进行建筑节能设计的方法
2	供暖管网的经济保温厚度与经济评价	汪训昌	中国建筑科学研究院空气调节研究所	本报告分析了当前我国经济条件下采暖供热管网的经济保温厚度，提出了水泥膨胀珍珠岩管瓦和岩棉保温管壳新的最低经济保温厚度表，并利用加权系数算出了供暖管网各个技术经济评价指标，为本准则中供暖管道保温要求提供评价依据
3	热水采暖系统评价指标——水输送系统	夏令操	北京市建筑设计院研究所	本报告通过 10 个热水采暖、供热系统的统计计算和分析对比，在设计计算基础上提出了系统理论水输送系数，并按合理选用水泵铭牌轴功率计算得出了水输送系数，并对既有的热水采暖、供热系统中已配用水泵进行了调查与实测，给出了水输送系统的最低限度值
4	锅炉用鼓风机及引风机的合理配置	黄鑫	中国建筑科学研究院空气调节研究所	本报告对锅炉鼓风机和引风机合理配置的意义、选择计算、配置的控制指标进行了讨论
5	我国采暖用中、小型锅炉的现状及其提高运行效率的途径	黄鑫	中国建筑科学研究院空气调节研究所	本报告对锅炉运行效率的实质、我国目前中小型采暖锅炉运行效率的现状及存在问题、提高锅炉运行效率的途径进行了讨论
6	关于热水采暖系统运行制度与节能的技术经济分析	赫崇轩	中国建筑科学研究院空气调节研究所	本报告在分析我国集中采暖小区存在问题的基础上，指出在采暖系统的设计和运行中，不仅要注意保证采暖质量，也要注意节能。同时指出采暖运行制度是设计的前提条件，分析了水力失调和热力工况不平衡的原因
7	民用建筑节能设计经济评价	李惠茹	中国建筑技术发展中心经济研究所	本报告在国内外情况介绍的基础上，对节能设计经济评价的可比条件、评价指标、经济指标计算依据、确定评价指标的限值进行了介绍，并给出了实现节能设计的几点意见
8	度日计算方法及其分布特征	李怀瑾、龙斯玉	南京大学大气科学系	在采暖能耗的估算方法中，以稳定传热为基础的度日法最为简便，本报告讨论了度日的确定方法和我国现行采暖期的度日分布规律
9	中国建筑科学研究院热水采暖供热系统实测总结报告	测定小组	中国建筑科学研究院空气调节研究所	本报告根据本准则采暖居住建筑部分的编制任务，通过现有科研成果、成熟的技术资料收集、必要且具有代表性的住宅建筑小区实测获得了相关资料，并形成了总结报告
10	北京和平里七区锅炉采暖系统测定和分析	测定小组	中国建筑科学研究院空气调节研究所、北京市房地产管理局	本报告通过现有技术的有效应用，有针对性地开展科学研究工作，本着达到合理利用能力、逐渐降低能耗的指导思想对目前采用的采暖方式进行了现场调研和测定，为本准则提供科学依据

《民用建筑节能设计标准（采暖居住建筑部分）》JGJ 26—86 相关课题研究　表 3-1-2

序号	课题来源	课题名称	单位及负责人	主要内容
1	中国建筑科学研究院研究课题	控制我国居住建筑能耗增长的基本途径	中国建筑科学研究院空气调节研究所 郎四维	本课题在近年来居住建筑采暖能耗实测、调查的基础上，考虑到《民用建筑节能设计准则（采暖居住建筑部分）》所提出的节能要求，预测按现有能耗及建设速度，采暖住宅建筑今后对能耗增长的需要与供应之间的矛盾，并建立了工程经济模型，用计算机进行分析，计算各种因素对能耗增长的影响程度，提出了控制能耗增长的一些基本措施
2	城乡建设环境保护部研究课题	民用建筑能耗现状的调查、实测与分析研究（采暖部分）	中国建筑科学研究院空气调节研究所 陈蒂蒂	本课题通过3年的调查与实测，摸清了北京市住宅建筑能耗的基本情况，对采暖系统耗热量测试方法也进行了探讨，并提出了包括配用仪表在内的整套方法。同时探讨了适合微机的、简便可行的，又具有一定准确度的、通用的采暖热耗计算方法。所选择的计算依据为变基准温度的度日法，编制了计算机程序，并以实测值进行校核，其误差在10%左右
3	中国建筑科学研究院研究课题	平衡阀研制	中国建筑科学研究院空气调节研究所 郎四维	本课题研发了一种平衡阀及其智能仪表，可用以解决管网系统的水力失调、提高供热（冷）品质，实现水力平衡，大幅度节能。同时阐述了平衡调试原理及应用，可供有关人员设计、使用时参考

（二）标准相关论文

在《民用建筑节能设计标准（采暖居住建筑部分）》JGJ 26—86 编制过程中及发布后，主编单位在相关期刊发表了21篇论文，具体见表 3-1-3。

与《民用建筑节能设计标准（采暖居住建筑部分）》JGJ 26—86 相关发表期刊论文汇总
表 3-1-3

序号	论文名称	作者	单位	发表信息
1	住宅建筑采暖能耗计算方法及节能措施初步探讨	郎四维	中国建筑科学研究院空气调节研究所	《建筑科学》，1985年1期
2	用有效传热系数法估算采暖耗热量及进行建筑节能设计	杨善勤	中国建筑科学研究院建筑物理研究所	《建筑科学》，1986年2期
3	我国《民用建筑节能设计标准（采暖居住建筑部分）》（试行）简介	杨善勤	中国建筑科学研究院建筑物理研究所	《建筑学报》，1986年6期
4	新型建材与建筑节能	周景德	中国建筑科学研究院建筑物理研究所	《中国建材》，1986年6期
5	赴瑞典建筑节能技术考察简介	郎四维	中国建筑科学研究院空气调节研究所	《建筑科学》，1987年1期
6	新编《民用建筑节能设计标准》内容介绍	胡璘、杨善勤	中国建筑科学研究院建筑物理研究所	《建筑技术通讯（暖通空调）》，1987年2期
7	关于用有效传热系数法估算采暖耗热量的几个问题	杨善勤	中国建筑科学研究院建筑物理研究所	《建筑技术通讯（暖通空调）》，1988年1期
8	实现节能及提高供热（冷）品质的设备——平衡阀	郎四维、冯铁栓	中国建筑科学研究院空气调节研究所	《建筑技术》，1988年6期
9	《民用建筑节能设计标准（采暖居住建筑部分）简介》	杨善勤	中国建筑科学研究院建筑物理研究所	《建筑技术》，1988年6期

续表

序号	论文名称	作者	单位	发表信息
10	空调采暖系统水力平衡设备——平衡阀的研制	郎四维、廖传善等	中国建筑科学研究院空气调节研究所	《建筑技术通讯（暖通空调）》，1990年1期
11	《民用建筑节能设计标准（采暖居住建筑部分）》介绍（一）	杨善勤	中国建筑科学研究院建筑物理研究所	《建筑知识》，1990年1期
12	《民用建筑节能设计标准（采暖居住建筑部分）》介绍（二）建筑节能基本知识	杨善勤	中国建筑科学研究院建筑物理研究所	《建筑知识》，1990年2期
13	《民用建筑节能设计标准（采暖居住建筑部分）》介绍（三）采暖度日数及室内计算温度	杨善勤	中国建筑科学研究院建筑物理研究所	《建筑知识》，1990年3期
14	《民用建筑节能设计标准（采暖居住建筑部分）》介绍（四）建筑物耗热量指标及采暖耗能的估算	杨善勤	中国建筑科学研究院建筑物理研究所	《建筑知识》，1990年4期
15	《民用建筑节能设计标准（采暖居住建筑部分）》介绍（五）建筑物耗热量指标及采暖耗煤量指标计算例题	杨善勤	中国建筑科学研究院建筑物理研究所	《建筑知识》，1990年5期
16	《民用建筑节能设计标准（采暖居住建筑部分）》介绍（六）住宅建筑多样化与节约采暖能耗	杨善勤	中国建筑科学研究院建筑物理研究所	《建筑知识》，1990年6期
17	《民用建筑节能设计标准（采暖居住建筑部分）》介绍（七）楼梯间、屋顶、门窗的保温要求	杨善勤	中国建筑科学研究院建筑物理研究所	《建筑知识》，1991年1期
18	《民用建筑节能设计标准（采暖居住建筑部分）》介绍（八）	杨善勤	中国建筑科学研究院建筑物理研究所	《建筑知识》，1991年2期
19	《民用建筑节能设计标准（采暖居住建筑部分）》介绍（九）关于围护结构平均传热系数限值的规定	杨善勤	中国建筑科学研究院建筑物理研究所	《建筑知识》，1991年3期
20	《民用建筑节能设计标准（采暖居住建筑部分）》介绍（十）关于各部分围护结构传热系数的建议值	杨善勤	中国建筑科学研究院建筑物理研究所	《建筑知识》，1991年4期
21	《民用建筑节能设计标准（采暖居住建筑部分）》介绍（十一）采暖设计及经济评价要点	杨善勤	中国建筑科学研究院建筑物理研究所	《建筑知识》，1991年5期

六、获奖情况

《民用建筑节能设计标准（采暖居住建筑部分）》JGJ 26—86 自发布实施以来，1987年获建设部科技进步一等奖（图 3-1-6）。

图 3-1-6　《民用建筑节能设计标准（采暖居住建筑部分）》JGJ 26—86
获 1987 年建设部科技进步一等奖

七、存在的问题

　　《民用建筑节能设计标准（采暖居住建筑部分）》JGJ 26—86 是我国第一部建筑节能法规性文件，对改善我国北方地区冬季采暖能耗大、热环境条件差的状况不无裨益，但是受制于编制时期各方面条件的限制，此标准还是存在一些问题，主要包括：1）根据不同地区采暖居住建筑围护结构平均传热系数限值来确定建筑物耗热量指标有一定困难。耗热量指标不仅与围护结构的平均传热系数有关，而且与建筑物的体形系数及朝向等因素有关，情况比较复杂。2）本标准规定建筑物耗热量指标过大，即围护结构的保温水平过低，远远赶不上我国建筑业快速发展的需要。3）经济评价在实施中很难执行。4）采暖期度日数的统计方法须统一规定。以上问题需要在今后标准修订时重点考虑。

第二阶段：《民用建筑节能设计标准（采暖居住建筑部分）》JGJ 26—95

一、主编和主要参编单位、人员

《民用建筑节能设计标准（采暖居住建筑部分）》JGJ 26—95 主编及参编单位：中国建筑科学研究院、中国建筑技术研究所、北京市建筑设计研究院、哈尔滨建筑大学、辽宁省建筑材料科学研究所。

本标准主要起草人员：杨善勤、郎四维、李惠茹、朱文鹏、许文发、朱盈豹、欧阳坤泽、黄鑫、谢守穆。

二、编制背景及任务来源

1986 年，城乡建设环境保护部发布了《民用建筑节能设计标准（采暖居住建筑部分）》JGJ 26—86 后。1987 年，城乡建设环境保护部、国家计委、国家经委和国家建材局又联合印发了"关于实施《民用建筑节能设计标准（采暖居住建筑部分）》的通知"，要求北方各省市（区）抓紧编制实施细则。至 1991 年前后，已编制了细则并发布的有北京市、黑龙江省（及哈尔滨市）、吉林省、辽宁省、内蒙古自治区、陕西省和甘肃省、天津市、河北省和新疆维吾尔自治区。同时，根据当地气候和资源、技术条件，北京等少数城市建造了共约 10 万 m² 节能试点住宅，其中哈尔滨市嵩山节能住宅小区是我国建成的第一个建筑节能试点小区。但是，该标准执行的成效与要求相差甚远，仅少数地方进行了试点，许多地方尚无行动。当时的形势是建设速度快，而我国建筑节能设计标准规定的指标又远低于发达国家制订的标准，因此迫切需要出台相关政策，对《民用建筑节能设计标准（采暖居住建筑部分》JGJ 26—86 进行修编，并推动技术进步。

1991 年前后我国社会城乡建设发展及建筑节能标准状况具体如下：

1）建设速度快、能耗高

改革开放后，我国城乡建设发展十分迅速，房屋建筑规模日益扩大。20 世纪 80 年代初期，全国每年建成建筑面积 7 亿～8 亿 m²；到 90 年代初期，每年建成 10 亿 m² 左右；到 1990 年底，北方严寒和寒冷地区城镇共有房屋建筑面积 30.7 亿 m²，其中住宅建筑 16.5 亿 m²，占 53.8%。

据 20 世纪 80 年代末调研资料可知，每年城镇建筑仅采暖一项需要耗能 1.3 亿吨标准煤，占当时全国能源消费总量的 11.5% 左右，占采暖地区全社会能源消费的 20% 以上。在一些严寒地区，城镇建筑能耗高达当地社会能源消费的 50% 左右。

2）与国外标准内容的比较

《民用建筑节能设计标准（采暖居住建筑部分）》JGJ 26—86 规定的建筑围护结构热工性能大幅度低于发达国家相关标准。比如：英国相关标准中外墙传热系数值在 1963 年为 1.6W/(m²·℃)（相当于我国北京 20 世纪 80 年代初的水平），世界能源危机后，1974～1975 年降至 1.0W/(m²·℃)，到 1982～1983 年又降为 0.6W/(m²·℃)；1988 年再降为

0.45W/(m² · ℃)。而北欧国家对于建筑保温本来就比较重视，原来丹麦的建筑法规规定，外墙按其自重不同，传热系数值不得大于 0.60W/(m² · ℃) 和 1.0W/(m² · ℃)，到 1977 年和 1985 年，又先后作了两次修改，已分别降到 0.30W/(m² · ℃) 和 0.35W/(m² · ℃)。表 3-1-4 以北京和哈尔滨为例，对国内外标准中的建筑外围护结构传热系数进行了比较。

国内外建筑节能标准中外围护结构传热系数的比较 [W/(m² · ℃)]　　　表 3-1-4

国家/城市			外墙	外窗	屋顶
中国	北京	1980～1981 年通用住宅设计	1.57	6.40	1.26
		《民用建筑节能设计标准（采暖居住建筑部分)》JGJ 26—86	1.28	6.40	0.91
	哈尔滨	1980～1981 年通用住宅设计	1.28	3.26	0.77
		《民用建筑节能设计标准（采暖居住建筑部分)》JGJ 26—86	0.73	3.26	0.64
瑞典南部地区（包括斯德哥尔摩)			0.17	2.00	0.12
加拿大	相当于北京采暖度日数地区		0.36	2.86	0.23（可燃的);0.40（不燃的)
	相当于哈尔滨采暖度日数地区		0.27	2.22	0.17（可燃的);0.31（不燃的)
丹麦			0.30（重量＜100kg/m²);0.35（重量＞100kg/m²)	2.90	0.20
英国			0.45	双玻窗	0.45

由表 3-1-4 可以看出，我国建筑围护结构保温性能已经大大落后，《民用建筑节能设计标准（采暖居住建筑部分)》JGJ 26—86 与气候条件接近的发达国家相关标准规定值比较，外墙传热系数相差 2.7～3.6 倍、外窗传热系数相差 1.5～2.2 倍、门窗的气密性相差 3～6 倍。当然，发达国家居住建筑以独户住宅居多，建筑体形系数比我国居住建筑大。不过，粗略估计我国单位建筑面积采暖能耗要比同条件发达国家高 2 倍。

1991 年，根据建设部"关于印发《一九九一年工程建设行业标准制订、修订项目计划》的通知"（建标 [1991] 718 号）的要求，《民用建筑节能设计标准（采暖居住建筑部分》JGJ 26 列入修订计划（图 3-1-7)。由中国建筑科学研究院负责修编，具体由中国建筑科学研究院建筑物理研究所、空气调节研究所，会同中国建筑技术研究院，北京市建筑设计研究院、哈尔滨建筑工程学院、辽宁省建筑材料科学研究所等单位共同完成。

三、编制过程

(一) 启动及标准初稿编制阶段（1992 年 9 月～1993 年 6 月）

1. 编制组成立会议

根据"关于邀请参加《采暖居住建筑节能设计标准》修订工作暨编制组成立会议的函"（(92) 建院物字第 04 号）的要求，1992 年 9 月 25 日，此标准在北京召开了修订编制组成立会，与会专家就本标准的节能目标、修订原则、内容、分工和进度等进行了讨论，并取得了以下共识：

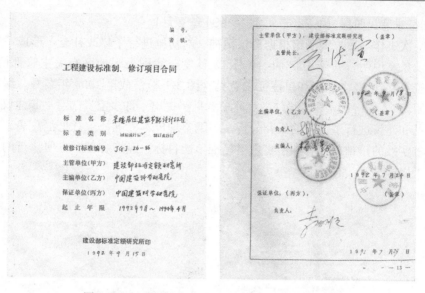

图 3-1-7 《采暖居住建筑节能设计标准》修订合同

1) 本标准对实现我国第二阶段建筑节能目标具有重要作用，是一项必不可少的关键性标准。目前工作中虽然存在着修订工作量大、时间紧、经费少等困难，但编制组成员意识到这项工作的重大意义，决心发扬艰苦奋斗、团结协作的精神，积极主动，努力圆满完成编制任务。

2) 本标准在原部标基础上修订而成。原部标自 1986 年发布以来，在我国三北地区已做了大量贯彻实施工作。有关工程技术和管理人员对本标准的内容和方法已比较熟悉。实践证明，原标准在总体上是符合国情、切实可行的。因此，在修订原标准时，要考虑到工作的延续性，在吸取国内外经验和好的建议的同时，要尽量保持原标准的技术体系和表达方式，以便于将来顺利贯彻实施。

3) 本标准修订的节能目标是：在 1980～1981 年住宅通用设计能耗水平基础上节能 50%，但节能投资不超过土建工程造价的 10%，节能投资回收期不超过 10 年，节约吨标煤的投资不超过开发吨标煤的投资。修订工作主要针对这一目标进行，同时尽量吸取国内外实践经验，努力做到经济合理、切实可行、使用方便。

4) 本标准修订和补充的主要内容有：建筑热工方面，修订建筑物耗热量指标、围护结构平均传热系数限值、体形系数、窗墙面积比、窗户保温和气密性等规定，补充热桥部位保温处理及对传热的影响等；采暖设计方面，修订锅炉房及热力站量化管理、水力平衡技术措施、鼓引风机的匹配、水输送系数、管道保温与埋设方法等规定，补充采暖设计热负荷指标与建筑物耗热量指标的关系；经济评价方面，修订节能投资计算方法、贷款年利率取值、煤炭价格或热价取值等内容，对第二阶段节能目标的考核指标进行验证等。

会后形成了"寄送《采暖居住建筑节能设计标准》修订工作及编制组成立会会议纪要函"（（92）建物科第 3 号），会议圆满结束。

2. 第一次工作会议

1993 年 6 月 25～30 日，编制组在丹东市召开了第一次编制工作会议，对本标准的初稿进行了讨论，并提出了修改补充意见。

（二）征求意见阶段（1993 年 10 月～1994 年 2 月）

在第一次工作会后，编制组根据会议精神，对初稿进行了修改补充，形成了本标准征求意见稿及条文说明，并于 1993 年 10 月 10 日发至我国采暖地区有关主管部门及设计、科研、高校等共计 50 个部门和单位征求意见（图 3-1-8）。截至 1994 年 2 月，编制组陆续收到各地回函 26 件（回函率 52%），对征求意见稿提出了许多宝贵的意见和建议。编制组对这些意见和建议进行了认真的研究分析，归纳整理成本标准征求意见汇总表。本着实事求是、尊重实践的精神，凡有利于实现本标准节能目标、经济合理、方便执行的意见和建议，尽量予以采纳。

图 3-1-8　左图为 "关于发送行标《采暖居住建筑节能设计标准》（征求意见稿）的通知"
（（93）建物科字第 9 号）；右图为《采暖居住建筑节能设计标准》（征求意见稿）

（三）送审阶段（1994 年 12 月）

编制组围绕本标准的节能目标，对修订和新增内容，以及本标准的技术经济效果，进行反复论证分析，并在吸取国内实践经验和国外同类标准优点的基础上，与 1994 年 10 月完成了本标准送审稿及条文说明，连同有关文件一并提交会议审查。

本标准的审查会于 1994 年 12 月 14～16 日在北京召开。审查委员会的审查意见如下：

1）送审稿较广泛地总结和吸收了《民用建筑节能设计标准（采暖居住建筑部分）》JGJ 26—86 自 1986 年实施以来所收集的各地实践经验和意见，并吸收和借鉴了部分国外标准的先进经验；

2）与原标准相比，本标准的内容更加完整充实、简明扼要、便于执行，并具有我国自己的特色；送审稿依据可靠，论证比较充分；

3）本标准在体系的严密性、方法的科学性、操作的可行性等方面，与国外同类先进标准的水平是接近的。

4）本标准的全面实施将使我国居住建筑的采暖能耗有较大幅度的降低，并将大大促进我国建材业和建筑业的发展，其经济和社会效益将是显著的。

审查委员一致同意此标准送审稿通过审查，同时对送审稿提出了修改意见，请编制组认真研究、修改和补充；而后按国家编制标准规范的统一要求，进行全面校核和修改，尽快完成报批稿，报送上级主管部门审批。

（四）发布阶段（1995 年 12 月）

编制组于 1995 年 5 月 3 日填写了标准报批报告单进行报批。1995 年 12 月 7 日，建设部印发"关于发布行业标准《民用建筑节能设计标准（采暖居住建筑部分）》的通知"（建标［1995］708 号）（图 3-1-9），标准编号为 JGJ 26—95，自 1996 年 7 月 1 日起实施。原部标准《民用建筑节能设计标准（采暖居住建筑部分）》JGJ 26—86 同时废止。

图 3-1-9　建设部"关于发布行业标准《民用建筑节能设计标准（采暖居住建筑部分）》
的通知"（建标［1995］708 号）

四、标准主要技术内容

《民用建筑节能设计标准（采暖居住建筑部分）》JGJ 26—95 适用于严寒和寒冷地区设置集中采暖的新建和扩建居住建筑热工与采暖节能设计。暂无条件设置集中采暖的居住建筑，其围护结构宜按本标准执行。本标准共 5 章和 5 个附录：总则，术语、符号，建筑物耗热量指标和采暖耗煤量指标，建筑热工设计，采暖设计；附录 A 全国主要城镇采暖期有关参数及建筑物耗热量、采暖耗煤量指标，附录 B 围护结构传热系数的修正系数 ε_i 值，附录 C 外墙平均传热系数的计算，附录 D 关于面积和体积的计算，附录 E 本标准用词说明。

（一）主要技术内容

为了实现节能 50％这一目标，建筑物节能率应达到 35％，供热系统节能率应达到 23.6％。若在总节能率 50％中按比例分配，则建筑物约承担 30％，供热系统约承担 20％。首先，根据建筑物耗热量指标应降低 35％这一要求，制订新的耗热量指标，并据此提出不同地区采暖居住建筑各部分围护结构传热系数限值。同时，为使能耗估算尽量接近实际，使建筑物达到预期的节能效果，外墙的传热系数考虑了周边热桥的影响。其次，根据供热季节系统节能率应达到 23.6% 这一要求，锅炉运行效率从 1980～1981 年的 0.55 提高到 0.68，并据此对供热系统中的锅炉、管网、水力平衡、监测等方面做出一些新的规定。具体说明如下：

1. 确定了应用稳态计算方法计算建筑物耗热量指标

北方采暖地区冬季建筑内外的传热方向较为单一，由于 20 世纪 80 年代中期计算机运算速度及各城市逐时气象资料收集有一定的困难，一直采用稳态方法进行建筑物耗热量指标计算。为了比较稳态计算方法结果与逐时动态模拟计算方法结果，90 年代初主编单位曾应用美国劳伦斯·伯克利国家实验室（LBNL）开发的 DOE-2 动态模拟计算软件对北京地区居住建筑采暖能耗进行逐时动态计算，其结果与稳态计算值相差在 7.4% 以内，佐证了稳态计算是可行的。

2. 供热热源的规定

根据国务院国发［1986］22 号文件精神，大力发展集中供热是我国城市供热的基本方针，规定我国居住建筑的采暖供热应以热电厂和区域锅炉房为主要热源。除了有计划逐步发展热电联产外，配合城市住宅区的建设应建立以集中锅炉房为热源的供热系统。本标准从集中供热的规模要求出发，规定了集中锅炉房的最小单台容量和最小供热面积。

3. 采暖热媒和供热方式的规定

调研实测分析研究证明，居住建筑不宜采用蒸汽采暖和间歇采暖方式，标准中规定了新建住宅建筑的采暖供热系统应按热水连续采暖进行设计。在"国务院关于节约工业锅炉用煤的指令（节能指令第四号）"中明确规定"新建采暖系统采用热水采暖"，并在实践中取得了显著的经济效益。

4. 采暖供热系统和水力平衡等问题

1）确定了采暖供热系统的规模和供热作用半径等参数、对系统达到水力平衡应采取措施的规定，以及对锅炉选型和热力站的技术要求的规定。

2）确定了室内采暖系统合理设计的原则性要求。

3）确定了控制输送单位热量的动力电耗的规定和管道敷设与保温的规定。

5. 供热采暖系统达标的技术环节

1）热源部分：热源（锅炉房或热力站）总装机容量应与采暖计算热负荷相符，锅炉（或热力站）要有运行量化管理措施。

2）管网部分：管网系统要有水力平衡设备，循环水泵选型应符合水输送系数规定值，管道保温符合规定值。

3）用户部分：室温能由用户自行调节及设定，采暖耗热计量收费。

除了以上技术内容的确认外，根据国内外的实践经验，认为经济评价一般只在标准制订阶段论证其技术经济合理性和可行性时才做，在标准实施阶段，对各个具体的设计对象，一般不进行经济评价。因此，本标准中取消了这方面的内容。

（二）与国外相关标准的比对

尽管《民用建筑节能设计标准（采暖居住建筑部分）》JGJ 26—95 对于围护结构的保温与气密性指标已比基础建筑有较大的改善，但是与世界发达国家的相关节能标准相比，还有相当的差距。表 3-1-5 列出了本标准与北欧、北美、日本节能标准中所规定的围护结构传热系数的比较。

国内外建筑节能标准中围护结构传热系数比较［W/(m² · K)］   表 3-1-5

国家	外墙	外窗	屋顶
中国《民用建筑节能设计标准（采暖居住建筑部分）》JGJ 26—95	1.16（体形系数小于 0.3）； 0.82（体形系数大于 0.3）	4.00	0.80（体形系数大于 0.3）； 0.60（体形系数小于 0.3）
瑞典南部地区（含斯德哥尔摩）	0.17	2.00	0.12
丹麦	0.30（重量≤100kg/m²）； 0.35（重量＞100kg/m²）	2.90	0.20
英国	0.45	双玻窗	0.45
德国	0.50	1.50	0.22
美国（度日数相当于北京地区）	0.32（内保温）； 0.45（外保温）	2.04	0.19
加拿大（度日数相当于北京地区）	0.36	2.86	0.23（可燃的）；0.40（不燃的）
日本北海道	0.42	2.33	0.23

注：瑞典、加拿大、丹麦、英国资料取自建设部《建筑节能技术政策大纲背景材料》（1992 年 9 月）；日本资料取自日本《住宅新节能标准与指南》（1992 年 2 月）；德国资料取自德国《新节能规范》（1995 年 1 月）。

从表 3-1-5 可以看出，《民用建筑节能设计标准（采暖居住建筑部分）》JGJ 26—95 与国外相比有相当大的差距。粗略的概念是，我国标准的传热系数和国外标准相比，外墙高2.6～3.2 倍、外窗高 1.4～2.0 倍、屋顶高 2.6～3.5 倍；空气气密性高 3～6 倍。也就是说，即使按《民用建筑节能设计标准（采暖居住建筑部分）》JGJ 26—95 进行设计，建成后的居住建筑的采暖能耗还要比发达国家高 1 倍。

在供热采暖系统方面，与北欧国家也有相当大的差距。北欧国家普遍以集中供热为主要方式，锅炉年运行效率高（80％以上）；集中供热系统的调节与控制技术先进；室内采暖系统采用双管系统并安装散热器恒温阀，室内热环境质量好。而我国燃煤锅炉年运行效率低（1980～1981 年为 55％；《民用建筑节能设计标准（采暖居住建筑部分）》JGJ 26—95 中取值 68％），集中供热系统的调节与控制技术较落后；室内采暖系统采用单管系统无温控，水力、热力工况失调情况比较严重。

五、标准相关科研课题（专题）及论文汇总

（一）标准相关科研专题

在《民用建筑节能设计标准（采暖居住建筑部分）》JGJ 26—95 编制过程中，编制组针对标准修订的重点和难点内容进行了专题研究，具体见表 3-1-6。此外，主编单位还立项了中国建筑科学研究院相关科研课题进行研究，具体见表 3-1-7。

编制《民用建筑节能设计标准（采暖居住建筑部分）》JGJ 26—95 相关专题研究报告汇总   表 3-1-6

序号	专题研究报告名称	作者	单位	主要内容
1	本标准中有关建筑热工设计等几个主要问题的说明	杨善勤	中国建筑科学研究院建筑物理研究所	本报告针对标准名称的确定、建筑物耗热量指标的修订、各部分围护结构传热系数限值的规定、周边热桥对外墙传热系数的影响等方面进行了分析，同时给出了本标准的考核目标

续表

序号	专题研究报告名称	作者	单位	主要内容
2	水力系统平衡是实现《采暖居住建筑节能设计标准》的关键技术之一	郎四维	中国建筑科学研究院空气调节研究所	标准50%的节能目标应由二部分来分担,一是提高围护结构保温性能、改善门窗密闭性,二是提高供热系统锅炉运行效率及管网输送效率。供热系统要达到节能及提高供热品质的首要问题是解决系统的水力平衡问题,本报告结合工程实例,对此问题进行了深入分析
3	《采暖居住建筑节能设计标准》经济评价	李惠茹	中国建筑技术发展研究中心	本报告结合《采暖居住建筑节能设计标准》,对建筑节能设计的技术经济性进行了分析,包括可比条件、评价指标;对建筑节能的社会、经济和环境效益进行了讨论
4	热桥对建筑能耗的影响分析	谢守穆	中国建筑科学研究院建筑物理研究所	热桥可使建筑能耗加大,在建筑能耗计算中必须考虑热桥的影响。为了标准修编的需要,作者应用二维温度场计算软件,对不同围护结构中热桥对能耗的影响进行了计算分析
5	《居住建筑热工及采暖节能设计标准》采暖设计部分几个主要问题的说明	欧阳坤泽	中国建筑科学研究院空气调节研究所	本报告对修订依据、耗煤量指标、集中锅炉房单台容量、规模与运行效率、系统的水力热力平衡、输送单位热量的耗电量、采暖供热管道最小保温厚度等问题进行了分析

《民用建筑节能设计标准（采暖居住建筑部分)》JGJ 26—95 相关课题研究　表 3-1-7

序号	课题来源	课题名称	负责人及单位	主要内容
1	中国建筑科学研究院研究课题	建筑节能经济技术政策研究（采暖设计部分）	中国建筑科学研究院空气调节研究所 郎四维	本课题的研究目的是通过建筑能耗调查分析以及研究,实现《民用建筑节能设计标准（采暖居住建筑部分)》中采暖系统节能目标的技术经济措施。研究结论认为:供热系统达标的关键技术为水力平衡,保障措施为量化管理,以工程实例分析实现标准中采暖设计部分节能目标是可能的

（二）标准相关论文

在《民用建筑节能设计标准（采暖居住建筑部分)》JGJ 26—95 编制过程中及发布后,主编单位在相关期刊发表了 8 篇论文,具体见表 3-1-8。

与《民用建筑节能设计标准（采暖居住建筑部分)》JGJ 26—95 相关发表期刊论文汇总　表 3-1-8

序号	论文名称	作者	单位	发表信息
1	保温、隔热、节能与墙体革新	杨善勤	中国建筑科学研究院建筑物理研究所	《新型建筑材料》,1996 年 2 期
2	《民用建筑节能设计标准（采暖居住建筑部分)》简介	杨善勤	中国建筑科学研究院建筑物理研究所	《工程建设标准化》,1996 年 3 期
3	《民用建筑节能设计标准（采暖居住建筑部分)》JGJ 26—95 简介	杨善勤	中国建筑科学研究院建筑物理研究所	《建筑科学》,1996 年 4 期
4	供热采暖节能技术研究	郎四维	中国建筑科学研究院空气调节研究所	《建筑技术》,1996 年 11 期
5	《民用建筑节能设计标准（采暖居住建筑部分)》JGJ 26—95 问答	杨善勤	中国建筑科学研究院建筑物理研究所	《建筑知识》,1997 年 5 期

续表

序号	论文名称	作者	单位	发表信息
6	《民用建筑节能设计标准（采暖居住建筑部分）》JGJ 26—95 问答	杨善勤	中国建筑科学研究院建筑物理研究所	《建筑知识》，1997 年 6 期
7	《民用建筑节能设计标准（采暖居住建筑部分）》JGJ 26—95 问答	杨善勤	中国建筑科学研究院建筑物理研究所	《建筑知识》，1998 年 1 期
8	集中采暖地区按热量计费的供热采暖技术研究	郎四维、徐伟、邹瑜、刘向东、黄维	中国建筑科学研究院空气调节研究所	《区域供热》，1998 年 6 期

六、存在的问题

《民用建筑节能设计标准（采暖居住建筑部分）》JGJ 26—95 在实施后，从各方面反馈的主要问题包括：1）能够实现节能目标的（即节能 50％的）节能型围护结构（外墙、外窗和屋顶等）和采暖系统、新材料、新技术、新方法跟不上建筑业建筑规模迅速发展的需要，加上节能观念淡薄，政策措施不力，导致本标准的实施面过小，实际效果欠佳。2）能够控制空气渗透耗热量（即通风能耗）的技术措施没有跟上。3）能够实现分户调节、计量的采暖系统未能付诸实施。

第三阶段：《严寒和寒冷地区居住建筑节能设计标准》JGJ 26—2010

一、主编和主要参编单位、人员

《严寒和寒冷地区居住建筑节能设计标准》JGJ 26—2010 主编及参编单位：中国建筑科学研究院、中国建筑业协会建筑节能专业委员会、哈尔滨工业大学、中国建筑西北设计研究院、中国建筑设计研究院、中国建筑东北设计研究院有限责任公司、吉林省建筑设计院有限责任公司、北京市建筑设计研究院、西安建筑科技大学、哈尔滨天硕建材工业有限公司、北京振利高新技术有限公司、BASF（中国）有限公司、欧文斯科宁（中国）投资有限公司、中国南玻集团股份有限公司、秦皇岛耀华玻璃股份有限公司、乐意涂料（上海）有限公司。

本标准主要起草人员：林海燕、郎四维、涂逢祥、方修睦、陆耀庆、潘云钢、金丽娜、吴雪岭、卜一秋、闫增峰、周辉、董宏、朱清宇、康玉范、林燕成、王稚、许武毅、李西平、邓威。

二、编制背景及任务来源

2005 年 3 月，根据建设部"关于印发《2005 年工程建设城建、建工行业标准制订、修订计划（第一批）》的通知"（建标函［2005］84 号），《民用建筑节能设计标准（采暖居住建筑部分）》JGJ 26—95 将全面修订，并更名为《严寒和寒冷地区居住建筑节能设计标准》。中国建筑科学研究院为主编单位，会同其他参编单位共同完成修订。

三、编制过程

（一）启动及标准初稿编制阶段（2005 年 7 月～2008 年 3 月）

1. 编制组成立暨第一次工作会议

2005 年 7 月 25～26 日，工程建设国家标准《居住建筑节能设计标准》制订、《民用建筑节能设计标准（采暖居住建筑部分）》JGJ 26—95 和《夏热冬冷地区居住建筑节能设计标准》JGJ 134—2001 修订编制组成立暨第一次工作会议在北京召开。与会代表围绕对标准的总则、节能目标、确定围护结构热工性能限值的思路，室内节能设计参数以及暖通空调节能设计等大的方向性问题提出了各自的观点和建议，并对标准修编、制订中一些具体的细节（如是否要考虑高层、多层、低层能耗的差异、采暖度日数和空调度日（或度时）数范围、围护结构热工性能参数的划分；不同地区采暖空调能耗的计算方法等内容）进行了充分的讨论和发言，并对下一步的工作做了初步的分工。经过讨论，标准编制组在下述技术问题上取得了统一：

1）在标准中不以节能率的形式明确提出节能目标。

2）依据采暖度日数和空调度日（或度时）数的范围采取不同的方法计算能耗，并确定建筑围护结构热工性能限值。采暖度日数高于某一数值的地区用静态方法计算采暖能耗；空调度日数高于某一数值的地区用动态方法计算空调能耗；采暖度日数和空调度日数界于上述两数值之间的地区用动态方法计算采暖能耗和空调能耗。

3）不同采暖度日数和空调度日（或度时）数的范围，分高层、多层、低层建筑分别制订出建筑围护结构热工性能限值的详细表格，便于建筑师直接使用。

4）在建筑围护结构热工计算中应考虑轻质墙（屋面）和重质墙（屋面）的差异、热桥效应、建筑遮阳的计算等。

5）采暖室内计算温度调整到18℃；结合北方"热改"，对集中采暖（空调）系统提出可调控室温的要求。

6）标准中增加促进可再生能源使用方面的内容。

2. 第二次工作会议

2005 年 11 月 18～19 日，编制组在深圳召开上述 3 项标准第二次工作会议。本次会议讨论的主要技术内容包括：根据典型气象年数据统计采暖和空调度日数并依次确定建筑能耗计算分区，确定住宅采暖、空调能耗计算模式（各类房间的作息时间和内热源的确定、自然通风等），确定围护结构热工限定值及权衡法的原则，确定遮阳和自然通风的影响。经过讨论，标准编制组在以下方面取得了共识：

1）计算各地区所能达到的节能率时应有所区别。北方供热地区节能率可以适当提高些，采暖室内计算温度调整到18℃。

2）在 206 个城市典型气象年数据的基础上，按采暖度日数和空调度日数的范围进行气候分区，标准中围护结构热工性能限值表格的分区不应多于 8 个。

3）按高层、多层、别墅和小高层区分建筑类型：别墅 1～3 层；多层 6～7 层；小高层 8～12 层；高层 12 层以上。根据计算结果，可适当调整分类。

4）在夏热冬冷地区和夏热冬暖地区标准中增加活动遮阳的内容，其对外窗的影响应反映到围护结构热工性能限值中。另外，居住建筑标准与公共建筑标准中遮阳的简化计算方法应做统一规定。

5）围护结构热工性能限值的表格形式应尽量遵循原来的形式，不应有本质区别，便于各地实际操作。

6）窗墙面积比、体形系数、度日数等概念及计算方法应统一。

7）夏热冬冷地区和夏热冬暖地区能耗计算时应考虑自然通风的影响。

8）自然通风换气次数和活动遮阳对全年能耗的影响应作敏感度分析。

9）标准中适当考虑围护结构性能提高后的经济效益成本分析。

3. 第三次工作会议

2006 年 3 月 30～31 日，编制组在福州召开上述 3 项标准第三次工作会议。讨论的重点主要围绕以下几方面展开：总则和室内热环境设计指标，气象数据与度日数对能耗计算分区的影响，围护结构热工分区限定值的确定，平均传热系数和热桥线传热系数计算方法，标准中能耗计算方法及计算软件的认证。工作会议决定 5 月底完成《居住建筑节能设计标准》的征求意见稿。

4. 第四次工作会议

2006 年 9 月 9～10 日，编制组在杭州召开上述 3 项标准第四次工作会议。会上得到以下统一认识：

1）夏热冬冷地区和夏热冬暖地区节能50％的要求确实应该稳定一段时期，新标准不会大幅提高夏热冬冷地区的节能要求，少数的变化将通过下一阶段的工作进一步认证是否必要，并在条文说明和送审报告中做出详尽的解释。

2）本次气候区的调整以近10年300余个城市的气象数据为依据，5个气候区的划分和名称没有发生变化，每个气候区根据需要细分1～3个子区，更有利于建筑节能工作的开展。较大的调整出现在原夏热冬暖地区，原夏热冬暖地区的北区由于冬季有采暖的需求，本征求意见稿将其调整到夏热冬冷地区，这样调整的好处是夏热冬暖地区的名称名副其实了。

3）《居住建筑节能设计标准》（征求意见稿）确实有与《公共建筑节能设计标准》GB 50189—2005不协调的地方，例如居住建筑的气候区作了一些调整，此问题是否可以通过《公共建筑节能设计标准》GB 50189—2005的局部修订解决？

4）本次工作会议结束后，编制组按照反馈意见的讨论结果修改文本，新的文本将专门征求江苏、福建、湖南等意见比较大的省份有关领导和技术人员的意见。

工作会议随后对分类整理后的反馈意见展开了逐条讨论，讨论的重点主要围绕以下几方面展开：气候区的调整和细分；围护结构热工性能限定值；窗的传热计算方法；平均传热系数和热桥线传热系数计算方法；夏热冬冷地区采暖空调能耗计算方法；配合"热改"，对于严寒、寒冷地区集中采暖系统讨论了合理的热计量（分摊）方法；水系统的输送效率。

5. 新第一次工作会议

2006年9月工程建设国家标准《居住建筑节能设计标准》编制组第四次工作会议以后，根据建设部标准定额司的指示，暂时放缓《居住建筑节能设计标准》的制订工作，将工作重点转至《民用建筑节能设计标准（采暖居住建筑部分）》JGJ 26—95和《夏热冬暖地区居住建筑节能设计标准》JGJ 134—2001的修订。

2007年3月24～25日，在中国建筑科学研究院召开《民用建筑节能设计标准（采暖居住建筑部分）》JGJ 26—95和《夏热冬冷地区居住建筑节能设计标准》JGJ 134—2001修订编制组第一次工作会议。在这次工作会议上正式将原国标《居住建筑节能设计标准》编制组分成这两个行业标准的修编组，并在《居住建筑节能设计标准》征求意见稿的基础上形成了2个行业标准的草稿。会上建设部标准定额研究所领导要求编制组在已有的基础上，加快行业标准的修订工作。经过讨论，标准编制组取得了以下一致意见：

1）严寒、寒冷地区采暖居住建筑能耗计算用的气象数据依据我国气象台站标准的1日4次记录值来统计，便于各省市编制地方标准时增补扩充。

2）严寒、寒冷地区标准增加封闭式阳台的专门条款。

3）进一步核实和调整严寒、寒冷地区采暖居住建筑围护结构热工性能限定值。夏热冬冷地区原行标的限定值基本不变。

4）窗的传热计算、热桥的计算、地面传热的计算在规定复杂、准确的计算方法的同时，要提供简化的处理方法。

5）鉴于在节能大检查中发现的夏热冬冷地区空调采暖能耗计算比较混乱的现象，修订的夏热冬冷地区标准将规定计算空调采暖能耗时，只允许窗和墙之间调整，其他的细节固定在控制的范围内。

6. 新第一次工作会议后续工作

编制组于 2007 年 4～7 月完成了各地标准背景资料的调研、整理与分析，并制订了各地典型年气候参数，为编制整个地区节能标准的指导思想、标准所要规定的水平定位提供了依据。2007 年 10～12 月，编制组完成了各地典型建筑耗热量指标的制订。2008 年 3～4 月，编制组内部对标准中的重点、难点及存在争议的问题进行了讨论，并达成共识。

（二）征求意见阶段（2008 年 3～7 月）

1. 征求意见

2008 年 3 月，编制组完成了《严寒和寒冷地区居住建筑节能设计标准》征求意见稿，并于 3 月 26 日在国家工程标准化信息网（www. ccsn. gov. cn）发布，开始向全社会公开征求意见；同时定向发出征求意见稿 100 份。征求意见结束后，收到反馈意见表 39 份，各类问题汇总共计 290 条。征求意见单位涵盖设计院、科研院所、大专院校及生产厂家等。

2. 新第二次工作会议

2008 年 7 月 29～30 日，编制组于北京召开了新第二次工作会，对汇总分类后的征求意见进行逐条讨论，形成了比较一致的处理意见。本次会议后，编制组将根据此次讨论的结果，尽快起草送审稿。

（三）送审阶段（2008 年 12 月）

2008 年 12 月 9 日，由建设部建筑工程标准技术归口单位在北京组织召开了行业标准《严寒和寒冷地区居住建筑节能设计标准》（送审稿）审查会（图 3-1-10）。会议由审查委员会主任委员吴德绳教授级高工、许文发教授主持。编制组代表对本标准修编的背景、工作情况、修编原则、主要内容以及提请审查的重点作了简要介绍。会议听取了编制组代表的介绍，审查委员会对标准展开了逐章逐条的审查，并突出了审查重点。通过审查和讨论，审查委员形成以下审查意见：

1）标准及其条文说明，资料齐全、内容完整、数据可信，符合标准审查的要求。标准与现行相关标准、规范协调一致。

图 3-1-10 "关于召开行业标准《严寒和寒冷地区居住建筑设计标准》送审稿审查会议的函"（建工标函［2008］36 号）

2）《民用建筑节能设计标准（采暖居住建筑部分）》JGJ 26—95 对推动我国的建筑节能事业发挥过巨大的作用。随着建筑节能工作全面深入开展，标准的修订是必要的，对进一步推动我国采暖居住建筑的节能工作具有重要的现实意义。

3）根据国家对节能减排的要求，在总结采暖地区实施《民用建筑节能设计标准（采暖居住建筑部分）》JGJ 26—95 的经验和遇到的问题的基础上，借鉴建筑节能先进国家的经验，标准在以下几方面作了重大的修订：将采暖居住建筑的节能目标提高到 65% 左右；细分了严寒和寒冷地区的节能设计子气候区；根据建筑的不同层数，提出了体形系数、建筑围护结构传热系数和耗热量指标的限值；调整了窗墙面积比限值，提高了窗的热工性能要求；采用了基于二维传热计算的附加线传热系数方法计算外墙平均传热系数；补充和修改了建筑物耗热量指标计算方法；增加了与供热计量有关的技术内容；增加了通风、空调内容和系统冷源能效限值的规定。

4）标准能适应节能减排的形势，符合我国国情，并吸收了发达国家建筑节能的经验及先进成果，具有科学性、先进性和可操作性，总体上达到了国际先进水平。

审查委员一致通过了标准送审稿的审查，并提出了主要修改意见和建议，建议编制组对送审稿进行进一步的修改和完善，形成报批稿，尽快上报。

（四）发布阶段（2010 年 3 月）

审查会议后，主编单位根据审查委员会的修改意见和建议又对该标准进行了逐条检查和修改，最终完成了该标准的报批稿，正式向标准主管部门报批。

2010 年 3 月 19 日，住房和城乡建设部印发"关于发布行业标准《严寒和寒冷地区居住建筑节能设计标准》的公告"（第 522 号）（图 3-1-11），标准编号为 JGJ 26—2010，自 2010 年 8 月 1 日起实施。原《民用建筑节能设计标准（采暖居住建筑部分）》JGJ 26—95 同时废止。

图 3-1-11　住房和城乡建设部"关于发布行业标准《严寒和寒冷地区居住建筑节能设计标准》的公告"（第 522 号）

（五）宣贯培训（2010 年 8 月）

2010 年 8 月 12～13 日，主编单位中国建筑科学研究院在北京圆山宾馆举办了《严寒和寒冷地区居住建筑节能设计标准》JGJ 26—2010 和《夏热冬冷地区居住建筑节能设计标准》JGJ 134—2010 的联合宣贯培训会，两本标准的主要参编专家针对标准主要修订内容、重点章节进行了讲解。

四、标准主要技术内容

《严寒和寒冷地区居住建筑节能设计标准》JGJ 26—2010 适用于严寒和寒冷地区新建、改建和扩建居住建筑的建筑节能设计。本标准共 5 章和 7 个附录：总则，术语，严寒和寒冷地区气候子区及室内热环境计算参数，建筑与围护结构热工设计，采暖通风和空气调节节能设计；附录 A 主要城市的气候区属、气象参数、耗热量指标，附录 B 平均传热和热桥线传热系数计算，附录 C 地面传热系数计算，附录 D 外遮阳系数的简化计算，附录 E 围护结构传热系数的修正系数 ε 和封闭阳台温差修正系数 ξ，附录 F 关于面积和体积的计算，附录 G 采暖管道最小保温层厚度。

（一）主要技术内容

1. 第 3～5 章主要技术内容

第 3 章"严寒和寒冷地区气候子区及室内热环境计算参数"按采暖度日数细分了我国北方地区的气候子区。室内热环境计算参数规定了冬季采暖室内计算温度和计算换气次数。

第 4 章"建筑与围护结构热工设计"规定了建筑体形系数和窗墙面积比限值，并按新分的气候子区规定了围护结构热工参数限值，规定了围护结构热工性能的权衡判断的方法和要求。

第 5 章"采暖、通风和空气调节节能设计"提出在节能率 65% 要求下，热源、热力站及热力网、采暖系统、通风与空气系统设计的基本规定，并与当前我国北方城市的供热改革相结合，提供相应的指导原则和技术措施。

2. 标准修订的原则和特点

《严寒和寒冷地区居住建筑节能设计标准》JGJ 26—2010 修订的原则与特点如下：

1）适应建筑节能形势的需要，在原标准的基础上，大幅提高了建筑围护结构的热工性能要求，对采暖系统提出了更严格的技术措施，将采暖居住建筑的节能目标提高到65%。

以北京地区为例，分析节能率为 65% 时围护结构与供热系统各自承担的节能率。在供热采暖系统方面，根据技术进步和调研实测，计算锅炉年平均运行效率取值 70%，供热系统室外管网输送效率取值 92%，由此可知，供热采暖系统分摊 65% 节能率中的 23%，其余的 42% 则由围护结构来承担。围护结构各部分承担比例的计算依据及步骤为：以《严寒和寒冷地区居住建筑节能设计标准》JGJ 26—2010 中北京地区多层建筑模型计算 20 世纪80 年代初基础建筑"80 住-2"的耗热量指标；单独按《严寒和寒冷地区居住建筑节能设计标准》JGJ 26—2010 取用外窗、外墙、屋顶、地面的传热系数，并分别计算耗热量指标；得到因外窗、外墙、屋顶、地面保温性能提高所减少的耗热量指标；最后，按照各自的比例分摊围护结构所承担的总节能率，得到外窗、外墙、屋顶、地面保温性能的改善各自对 65% 的节能率的贡献率。具体数据如表 3-1-9 所示。

围护结构热工性能改善、供热系统效率提高相应的节能率 表 3-1-9

	围护结构传热系数［W/(m²·K)］					供热系统	
	外窗	外墙	屋面	地面		锅炉年平均运行效率 η_2	管网输送效率 η_1
				周边	非周边		
20世纪80年代基础建筑（北京80住-2）	6.4	1.7	1.26	0.52	0.3	0.55	0.85
《严寒和寒冷地区居住建筑节能设计标准》JGJ 26—2010	2.8	0.6	0.45	0.2	0.1	0.70	0.92
提高量	3.6	1.1	0.81	0.32	0.2	0.15	0.07
节能贡献率（%）	20.9	14.2	5.5	1.4		23	
	42						
总节能率（%）	65						

表 3-1-10 汇总了《民用建筑节能设计标准（采暖居住建筑部分）》JGJ 26—86、《民用建筑节能设计标准（采暖居住建筑部分）》JGJ 26—95 以及《严寒和寒冷地区居住建筑节能设计标准》JGJ 26—2010 不同节能目标（30%、50% 及 65%）时，围护结构及供热系统主要参数。

严寒和寒冷地区居住建筑节能设计系列标准不同节能目标时的主要指标值（以北京地区为例）
表 3-1-10

	耗热量指标 Q_H(W/m²)	锅炉年平均运行效率 η_2	管网输送效率 η_1	采暖期室外平均温度（℃）	采暖室内计算温度（℃）	耗煤量指标 q_c(kg/m²)
基础值（1980~1981）能耗计100%	31.7	0.55	0.85	−1.6	16	25.2
JGJ 26—86 节能率30%	25.3	0.60	0.90	−1.6	16	17.5
JGJ 26—95 节能率50%	20.6	0.68	0.90	−1.6	16	12.4
JGJ 26—2010 节能率65%	15.0	0.70	0.92	0.1	18	8.8

注：考虑到采暖期室外平均温度、采暖室内计算温度的不同，将《严寒和寒冷地区居住建筑节能设计标准》JGJ 26—2010 中要求的耗热量指标折算成采暖期室外平均温度为−1.6℃、采暖室内计算温度为16℃下的耗热量指标。

2）根据采暖度日数指标，将我国的严寒和寒冷气候区进一步细分为 5 个气候小区，按照这 5 个气候小区分别确定居住建筑的围护结构热工性能要求，针对性更强。具体内容如下：

Ⅰ区（严寒地区）：冬季严寒，细分为Ⅰ(A)区：6000≤HDD18（冬季异常寒冷、夏季凉爽）；Ⅰ(B)区：5000≤HDD18<6000（冬季非常寒冷、夏季凉爽）；Ⅰ(C)区：3800≤HDD18<5000（冬季很寒冷、夏季凉爽）。

Ⅱ区（寒冷地区）：冬季寒冷，细分为Ⅱ(A)区：2000≤HDD18<3800，CDD26≤90（冬季寒冷，夏季凉爽）；Ⅱ(B)区：2000≤HDD18<3800，CDD26>90（冬季寒冷，

夏季热）。

3）规定性指标方面，按层数细分了围护结构热工性能的指标要求，按不同城市不同建筑层数规定了耗热量指标限值。计算方法上采用考虑热桥附加传热的线传热系数法计算外墙的平均传热系数，将通过透光围护结构的传热分为温差传热和辐射传热分别计算，采用二维非稳态方法计算了不同地面构造的传热系数值。

4）提出了规定性指标设计方法和性能化的设计方法。

5）增加了与供热计量有关的技术内容，如按需供热、热计量方法等。比如规定了"锅炉房和热力站的总管上，应设置计量总供热量的热量表（热量计量装置）。集中采暖系统中建筑物的热力入口处，必须设置楼前热量表，作为该建筑物采暖耗热量的热量结算点"；以及"集中采暖（集中空调）系统，必须设置住户分室（户）温度调节、控制装置及分户热计量（分户热分摊）的装置或设施"等。

6）增加了通风、空调内容和系统冷源能效限值的规定。随着生活水平的提高，我国严寒和寒冷地区，特别是寒冷地区的夏季，往往需要一段时间进行空调降温。大部分居民自行采用分散式房间空调器，也有少量住宅采用集中式空调方式。为了降低空调能耗，对于住宅建筑设计时采用的分散式房间空调器，以及集中式空调系统的主机能效值，均在标准中规定了最低值。

7）鼓励使用可再生能源，如地源热泵的应用。

（二）与国外标准的比对

将《严寒和寒冷地区居住建筑节能设计标准》JGJ 26—2010 的围护结构热工性能限值与美国标准中气候条件相近地区规定的限值相比较，选择 2 个城市作为比较对象，严寒地区以哈尔滨为例（严寒（B）区）、寒冷地区以北京（寒冷（B）区）为例。根据哈尔滨和北京地区的气候特征，分别选择 ASHRAE Standard 90.1—2007 中表 5.5-7 和表 5.5-5 规定值进行比较。需要说明的是，我国标准中窗户遮挡太阳辐射热的能力采用遮阳系数 SC（shading coefficient）来表示，其定义为："在给定条件下，太阳辐射透过窗玻璃所形成的室内得热量，与相同条件下的标准窗所形成的太阳辐射得热量之比"。美国标准应用太阳得热因子 $SHGC$（solar heat gain coefficient）来表示，其定义为："the ratio of the solar heat gain entering the space through the fenestration area to the incident solar radiation"，即通过窗户进入室内的太阳得热量与太阳入射辐射量之比。此两者的关系为：$SC=1.15 \times SHGC$，在如下描述中，将 $SHGC$ 换算为 SC 进行比较。

在 ASHRAE Standard 90.1—2007 之前，ASHRAE Standard 90.1 还有 2004 年版和 2001 年版等。对于外窗的规定，2004 年版和 2001 年版是按照窗墙面积比分档确定不同窗墙面积比下的传热系数限值，但是从 2007 年版开始，在规定窗墙面积比小于 40% 的前提下，以窗的类型和用途作为规定传热系数 K 和遮阳系数 SC 的依据。

表 3-1-11 和表 3-1-12 分别为中美标准严寒（B）区限值和寒冷（B）区限值的比较。从表 3-1-11 可以看出，我国标准在规定严寒地区居住建筑的外墙和屋面的传热系数限值上与美国标准有一点差距。从表 3-1-12 可以看出，我国标准在规定寒冷地区居住建筑的外墙和屋面的传热系数限值上与美国标准有较大差距。在遮阳系数的规定上，同样美国标准更严一些。

中美标准严寒（B）区围护结构传热系数 *K* 和遮阳系数 *SC* 比较　　表 3-1-11

	外墙 *K* [W/(m²·K)]	屋面 *K* [W/(m²·K)]	外窗		
			窗墙面积比	*K* [W/(m²·K)]	*SC* (由 *SHGC* 换算)
《严寒和寒冷地区居住 建筑节能设计标准》 JGJ 26—2010 （4~8层）	0.45	0.30	≤0.2	2.5	无规定
			0.20~0.30	2.2	无规定
			0.30~0.40	1.9	无规定
			0.40~0.50	1.7	无规定
ASHRAE Standard 90.1—2007 （表 5.5-7）	0.40 （重质墙）	0.27 （无阁楼）	0~ 0.40	非金属窗框 1.99	无规定
				金属窗框（玻璃 幕墙，铺面）； 2.27	无规定
				金属窗框 （入口大门） 4.54	无规定
				金属窗框（固定窗，可开 启窗，非入口的玻璃门） 2.56	无规定

中美标准寒冷（B）区围护结构传热系数 *K* 和遮阳系数 *SC* 比较　　表 3-1-12

	外墙 *K* [W/(m²·K)]	屋面 *K* [W/(m²·K)]	外窗		
			窗墙面积比	*K* [W/(m²·K)]	*SC* （由 *SHGC* 换算）
《严寒和寒冷地区居住 建筑节能设计标准》 JGJ 26—2010 （4~8层）	0.60	0.45	≤0.2	3.1	东西/南北：-/-
			0.20~0.30	2.8	东西/南北：-/-
			0.30~0.40	2.5	东西/南北：0.45/-
			0.40~0.50	2.0	东西/南北：0.35/-
ASHRAE Standard 90.1—2007 （表 5.5-5）	0.45 （重质墙）	0.27 （无阁楼）	0~ 0.40	非金属窗框 1.99	所有方向：0.46
				金属窗框（玻璃 幕墙，铺面） 2.56	所有方向：0.46
				金属窗框 （入口大门） 4.54	所有方向：0.46
				金属窗框（固定窗， 可开启窗，非入口 的玻璃门） 3.12	所有方向：0.46

此外，中美标准还有一些不同之处：

1）尽管中美标准对围护结构传热系数的限值都要求的是平均传热系数，例如对于外墙都要求的是包含外墙主体和热桥部位的平均传热系数，但中美标准对这些数据的要求来源不同。在《严寒和寒冷地区居住建筑节能设计标准》JGJ 26—2010 给出了平均传热系数的通用计算方法，没有给出针对具体构造类型的具体数值；ASHRAE Standard 90.1—2007 没有直接给出平均传热系数计算方法，只提出围护结构应设置连续保温，将热工的计算任务交给保温材料厂家，由厂家针对所给出的不同材料构造类型提供具体热工数据。换句话说，ASHRAE Standard 90.1—2007 在一定程度上兼顾了标准图集的功能。

2）在《严寒和寒冷地区居住建筑节能设计标准》JGJ 26—2010 中，外墙、屋面等非透明围护结构热工性能限值是按建筑体形系数（楼层数）变化来确定的，尽可能考虑不同类型建筑的保温隔热要求。例如，非透明围护结构热工性能限值按层数分为 4 类，而在 ASHRAE Standard 90.1--2007 中没有分得这么细。究其原因，是因为两国居住建筑的建筑形式和单体建筑规模存在很大差异，美国人的住宅大多为独栋或联排别墅，而在中国多为 4～8 层的多层住宅，且 2010 年前后大城市新建的小高层和高层住宅居多。因此，这种建筑形式上的差异导致建筑节能设计标准对热工性能参数限值的确定原则不可能完全相同。

3）在 ASHRAE Standard 90.1—2007 中，围护结构热工性能是与所选用的构造类型直接相关的，对外墙、屋面等非透明围护结构热工性能限值要求既给出了传热系数（U-factor），同时也给出最小热阻（Min R-Value）。在附录 A 中明确给出了美国当时市场上可以采用的建筑保温材料和围护结构构件，这一部分是由美国材料测试协会（ASTM）、美国建筑制造商协会（AAMA）认定的，并经过联邦或州的能源委员会（如加州能源委员会 CEC）批准的合规软件进行计算的数值。而在中国标准体系中，节能设计标准只负责到设计参数，材料、构造的性能参数是由相关的产品标准或外保温的工程设计标准、标准图集来确认的。

4）在 ASHRAE Standard 90.1—2007 中，对建筑气密性的要求比《严寒和寒冷地区居住建筑节能设计标准》JGJ 26—2010 要严格。后者只对门窗的气密性做出强制性要求，而在 ASHRAE Standard 90.1—2007 标准中，除 5.5.2 对门窗的气密性提出强制性要求外，在 5.5.3 中还规定，为使得建筑空气渗透最小，应保证如下部位的密闭和连接：外窗、门与框的周围接缝部位；墙与地面基础、建筑转角墙、墙与结构楼板搭接部位、女儿墙檐口部位、屋面板拼接部位；管道穿过屋面、外墙和楼板部位；穿越隔气层的接缝处；所有围护结构的穿孔处等。

五、标准相关科研课题（专题）及论文汇总

（一）标准相关科研专题

在《严寒和寒冷地区居住建筑节能设计标准》JGJ 26—2010 编制过程中，编制组针对标准修订的重点和难点内容进行了专题研究，具体见表 3-1-13。

编制《严寒和寒冷地区居住建筑节能设计标准》JGJ 26—2010 相关专题研究报告汇总　表 3-1-13

序号	专题研究报告名称	作者	单位	主要内容
1	严寒和寒冷地区气候分区及参数计算及确定	周辉、董宏、林海燕	中国建筑科学研究院	严寒和寒冷地区二级区划的划分和室外计算参数的确定
2	严寒和寒冷地区居住建筑耗热量指标计算及围护结构热工性能权衡判断	周辉、丁子虎、董宏、林海燕、方修睦	中国建筑科学研究院、哈尔滨工业大学	标准耗热量指标的确定和权衡判断方法研究
3	平均传热系数和线传热系数的概念与计算方法	林海燕、董宏、周辉、闫增峰	中国建筑科学研究院、西安建筑科技大学建筑学院	平均传热系数的计算方法研究

续表

序号	专题研究报告名称	作者	单位	主要内容
4	新节能标准中热桥计算问题的解决途径	董宏、林海燕	中国建筑科学研究院	热桥控制和设计方法研究
5	建筑围护结构中热桥稳态传热计算研究及比对验证分析	闫增峰、孙立新、谭伟、林海燕、刘月莉、董宏、周辉	西安建筑科技大学建筑学院、中国建筑科学研究院	热桥计算和实验分析研究
6	建筑地面传热系数计算方法	周辉、林海燕、董宏	中国建筑科学研究院	地面传热系数计算方法研究
7	墙体保温技术的应用	林海燕、董宏、周辉	中国建筑科学研究院	墙体保温技术及其适宜性选择
8	线传热系数法在工程中的应用	林海燕、董宏、周辉	中国建筑科学研究院	线传热系数法在实际工程中的应用研究
9	多彩石饰面 EPS 薄抹灰外墙外保温系统的性能特点和应用价值	邓威	乐意涂料（上海）有限公司	介绍了一种外保温系统的特点和使用方法
10	集中热水供暖系统循环水泵耗电输热比（EHR）的修编情况介绍和实施要点	潘云钢、寿炜炜	中国建筑设计研究院、上海建筑设计研究院有限公司	EHR 的计算方法研究
11	供热采暖管路保温层厚度的经济性分析	方修睦	哈尔滨工业大学	管路保温经济厚度的确定方法研究
12	地面辐射供暖系统的室温调控及混水调节	陆耀庆	中国建筑西北设计研究院	辐射供暖系统设计研究
13	热水采暖系统的水质要求及防腐设计	陆耀庆	中国建筑西北设计研究院	提出了采暖系统水质要求
14	北方住宅小区采暖供热热源及管网节能	方修睦	哈尔滨工业大学	集中供暖系统节能设计研究
15	严寒和寒冷地区居住建筑第三阶段节能设计标准 JGJ 26—2010 与第二阶段节能设计标准 JGJ 26—95 的对比	方修睦	哈尔滨工业大学	新旧标准比较研究
16	围护结构热工性能与采暖空调设备能效参数与美国相关节能设计标准的比较	郎四维、周辉	中国建筑科学研究院建筑环境与节能研究院	中美标准比较研究

（二）标准相关论文

在《严寒和寒冷地区居住建筑节能设计标准》JGJ 26—2010 编制过程中及发布后，主编单位在相关期刊发表了 7 篇论文，具体见表 3-1-14。

与《严寒和寒冷地区居住建筑节能设计标准》JGJ 26—2010 相关发表期刊论文汇总　　表 3-1-14

序号	论文名称	作者	单位	发表信息
1	标准瞄住 65%—修订北方居住建筑节能设计标准的思考	郎四维	中国建筑科学研究院建筑空气调节研究所	《建筑科技》，2003 年 8 期
2	居住建筑节能设计标准修编信息	郎四维	中国建筑科学研究院建筑空气调节研究所	《首届中国制冷空调工程节能应用新技术研讨会论文集》，2006 年
3	北方供暖地区既有居住建筑节能改造技术支撑	周辉、林海燕	中国建筑科学研究院	《暖通空调》，2007 年 9 期
4	用 PTDA 计算程序模拟混凝土空心砌块墙体的热桥与结露问题研究	林海燕、董宏	中国建筑科学研究院	《混凝土砌块生产与应用》，2010 年 1 期
5	线传热系数法在工程中的应用	董宏、周辉、林海燕	中国建筑科学研究院	《2010 年建筑环境科学与技术国际学术会议论文集》，2010 年
6	北方供暖地区既有居住建筑节能改造要点	周辉	中国建筑科学研究院建筑环境与节能研究院	《住宅产业》，2012 年 8 月
7	2012 年"华夏建设科学技术奖"获奖项目（二等奖）《严寒和寒冷地区居住建筑节能设计标准》JGJ 26—2010 标准编制	林海燕、郎四维、方修睦、潘云钢、周辉、董宏，等	中国建筑科学研究院，等	《建设科技》，2013 年 z1 期

（三）标准相关著作

为配合《严寒和寒冷地区居住建筑节能设计标准》JGJ 26—2010 的宣贯、实施和监督，住房和城乡建设部标准定额司组织标准的主要编制成员编制了此标准的宣贯辅导教材——《居住建筑节能设计标准宣贯辅导教材——严寒和寒冷及夏热冬冷地区》（图 3-1-12），由中国建筑工业出版社出版。主要包括 4 部分内容：编制概况；标准内容释义，逐条对标准内容进行讲解，内容全面，是贯彻、理解、实施这本标准的关键；专题论述，就标准编制过程中的部分技术指标、参数的确定作了介绍；相关法律、法规和政策介绍。

图 3-1-12 《居住建筑节能设计标准宣贯辅导教材——严寒和寒冷及夏热冬冷地区》封面和封底

六、获奖情况

《严寒和寒冷地区居住建筑节能设计标准》JGJ 26—2010 自发布实施以来，获得 2012 年 "中国城市规划设计研究院 CAUPD 杯" 华夏建设科学技术二等奖（图 3-1-13）。

图 3-1-13　《严寒和寒冷地区居住建筑节能设计标准》JGJ 26—2010 获 2012 年华夏建设科学技术二等奖

七、存在的问题

长期以来，标准编制的前期科研准备工作一直未得到足够的经费支持，居住建筑基础情况调查研究不够充分，气象数据的收集也不够全面，居住建筑关键性节能技术措施的研究也相对较少，因此本标准的某些规定在一定程度上存在着不尽科学合理的现象，这种现象暂时无法彻底避免。今后，随着国家和行业应用基础研究方面资金投入的增长，随着我国建筑节能工作的深入，标准中存在的一些不足之处也会逐步得到完善。

本部分小结：严寒和寒冷地区居住建筑节能设计系列标准内容比对

《民用建筑节能设计标准（采暖居住建筑部分）》JGJ 26—86、《民用建筑节能设计标准（采暖居住建筑部分）》JGJ 26—95 和《严寒和寒冷地区居住建筑节能设计标准》JGJ 26—2010 具体内容的比对见表 3-1-15。

严寒和寒冷地区居住建筑节能设计系列标准内容比对 表 3-1-15

标准名称		民用建筑节能设计标准（采暖居住建筑部分）	民用建筑节能设计标准（采暖居住建筑部分）	严寒和寒冷地区居住建筑节能设计标准
标准号		JGJ 26—86	JGJ 26—95	JGJ 26—2010
发布日期		1986 年 3 月 3 日	1995 年 12 月 7 日	2010 年 3 月 18 日
实施日期		1986 年 8 月 1 日	1996 年 7 月 1 日	2010 年 8 月 1 日
章节设置	正文	6 章	5 章	5 章
	附录	8 个	5 个	7 个
	条文说明	有	有	有
适用范围	适用	设置集中采暖的新建和扩建居住建筑及居住区供热系统的节能设计。改建的居住建筑以及使用功能与居住建筑相近的其他民用建筑工业企业辅助建筑等可以参考使用	严寒和寒冷地区设置集中采暖的新建和扩建居住建筑建筑热工与采暖节能设计。暂无条件设置集中采暖的居住建筑，其围护结构宜按本标准执行	严寒和寒冷地区新建、改建和扩建居住建筑的节能设计
	不适用	不适用于临时性建筑和地下建筑	—	—
给出室外计算参数的城市数量	采暖期起止日期	106 城市	—	—
	采暖期天数	106 城市	110 城市	210 城市
	平均温度	106 城市	110 城市	210 城市
	度日数	106 城市，全国 HDD 分布图	110 城市	210 城市
	太阳辐射	—	—	210 城市（水平和 4 朝向）
室内计算参数	室内计算温度	一般居住建筑的居住房间包括卧室起居室等室内设计温度为 18℃，包括辅助房间在内的用于估算采暖能耗的全部室内计算温度按 16℃采用	16℃	18℃
	换气次数	—	—	0.5 次/h
性能性指标	指标	建筑耗热量指标、采暖耗煤量指标	建筑耗热量指标、采暖耗煤量指标	建筑耗热量指标
	限值	按照采暖期度日数进行规定，以图表的形式给出 HDD18 从 1600 到 5600 的限值曲线	给出 110 个城市的限值	给出 210 个城市的限值，按层数分为 4 档

续表

标准名称		民用建筑节能设计标准（采暖居住建筑部分）	民用建筑节能设计标准（采暖居住建筑部分）	严寒和寒冷地区居住建筑节能设计标准
规定性指标	体形系数	0.3	0.3	按层数分为4档，从0.25到0.52
	屋顶	较《民用建筑热工设计规程》要求的最小总热值的基础上至少增加20%	按体形系数分2档，传热系数限值从0.25到0.80W/(m²·K)	5个气候子区，按层数分为3档，传热系数限值从0.20到0.45W/(m²·K)
	外墙	按照体形系数分为3档	按体形系数分为2档，传热系数限值从0.40到1.40W/(m²·K)	5个气候子区，按层数分为3档，传热系数限值从0.25到0.70W/(m²·K)
	外窗	按照 HDD18 分为5档，传热系数限值从2.09到6.4W/(m²·K)	传热系数限值从2.0到4.7W/(m²·K)	5个气候子区，按层数分为3档，按窗墙面积比分为4档，传热系数限值从1.5到3.1W/(m²·K)
	窗墙面积比	北向：0.2；东西向：0.3；南向：0.35	北向：0.25；东西向：0.30；南向：0.35	北向：0.25（0.30）；东西向：0.30（0.35）；南向：0.45（0.50）
	窗户气密性	低层、多层：≤2.5m³/(m·h)；高层、中高层：≤1.5m³/(m·h)	1～6层：≤2.5m³/(m·h)；7层及以上：≤1.5m³/(m·h)	严寒地区：≤1.5m³/(m·h)；寒冷地区1～6层：≤2.5m³/(m·h)；7层及以上：≤1.5m³/(m·h)
	遮阳系数	—	—	寒冷B区，东西向外窗0.35/0.45
	阳台门	传热系数限值单层：0.25(m²·K)/W；双层：0.74(m²·K)/W	传热系数限值从1.35到1.70W/(m²·K)	传热系数限值从1.2到1.7W/(m²·K)
	隔墙	—	传热系数限值从0.94到1.83W/(m²·K)	传热系数限值从1.2到1.5W/(m²·K)
	户门	—	传热系数限值从1.5到2.7W/(m²·K)	传热系数限值从1.5到2.0W/(m²·K)
	地板	—	传热系数限值从0.25到0.85W/(m²·K)	传热系数限值从0.3到0.6W/(m²·K)
	地面	—	传热系数限值从0.30到0.52W/(m²·K)	热阻限值从1.7到0.56(m²·K)/W
	地下室外墙	—	—	热阻限值从1.8到0.61(m²·K)/W
	热桥部位	采取保温措施	包括热桥在内的墙体，平均传热系数符合限值要求；热桥部位不结露	热桥部位不结露
采暖系统	能源	以煤为主，充分利用工业余热和废热，积极开发地热、太阳能和电力	应以热电厂和区域锅炉房为主要热源。在工厂区附近，应充分利用工业余热和废热。在当地没有热电联产和工业余热，废热可资利用的情况下，应建以集中锅炉房为热源的供热系统	以热电厂和区域锅炉房为主要热源，应优先利用工业余热和废热，积极利用可再生能源，除特殊情况外不应设计直接电热采暖

续表

规范名称		民用建筑节能设计标准（采暖居住建筑部分）	民用建筑节能设计标准（采暖居住建筑部分）	严寒和寒冷地区居住建筑节能设计标准
采暖系统	负荷计算	散热器面积应按采暖设计热负荷计算值采用	应详细进行热负荷的调查和计算	必须对每一个房间进行热负荷和逐项逐时的冷负荷计算
	水力平衡	进行水力平衡计算，并对施工质量提出明确要求；施工中必须按设计要求进行系统的调整与平衡后的验收	应进行水力平衡计算，应安装平衡阀或其他水力平衡元件，并进行水力平衡调试	应进行严格的水力平衡计算。当室外管网通过阀门截流来进行阻力平衡时，各并联环路之间的压力损失差值不应大于15%。当室外管网水力平衡计算达不到上述要求时，应在热力站和建筑物热力入口处设置静态水力平衡阀
	控制与计量	应设置自动或手动调节装置	应考虑按户热表计量和分室控制温度的可能性	应设置计量总供热量的热量表（热量计量装置）。集中采暖系统中建筑物的热力入口处，必须设置楼前热量表。集中采暖（集中空调）系统，必须设置住户分室（户）温度调节、控制装置及分户热计量（分户热分摊）的装置或设施
	锅炉效率	按锅炉容量分为4档	按锅炉容量分为5档	按锅炉容量分为7档
	运行监控	应考虑监测与计量的要求	应提出对锅炉房、热力站和建筑物入口进行参数监测与计量的要求	采用自动监测与控制的运行方式；对于未采用计算机进行自动监测与控制的锅炉房和换热站，应设置供热量控制装置
	管道保温	按经济厚度设置	按经济厚度设置	设置最小厚度要求
空调系统	分散空调能效	—	—	能效等级2级
	蒸气压缩循环冷水（热泵）机组和单元式空气调节机	—	—	不应低于现行国家标准《公共建筑节能设计标准》GB 50189中的规定值
	多联式空调（热泵）机组	—	—	制冷综合性能系数不应低于第3级
经济评价	比对标准	当地1980~1981年通用设计采暖能耗		
	指标	节能投资回收期		
标准的主要特点		提出了北方采暖地区围护结构热工性能的要求，对耗热量及耗煤量指标进行了规定；研发不同燃煤高效率热水锅炉，并提供了选项原则；规定了锅炉、采暖系统计量方式；研发了平衡阀；规定了管网保温厚度	对建筑物的体形系数进行了规定，不同的体形系数对围护结构的热工性能有所不同；对建筑物各朝向窗墙面积比进行了规定；规定采暖供热应以热电厂、区域锅炉房为主要热源，不宜采用蒸汽间歇供暖，应热水连续供暖；确定供热规模及半径	气候区近一步细化，对严寒及寒冷地区采用度日数规定了气候子区；提出了围护结构热工性能权衡计算；对供热量进行了计量，并对分户热计量进行了规定；对建筑物的气密要求进一步提高，分气候区对窗户气密性等级进行了规定；对供热系数水力平衡进行了严格的规定

针对《民用建筑节能设计标准（采暖居住建筑部分）》JGJ 26—86、《民用建筑节能设计标准（采暖居住建筑部分）》JGJ 26—95 和《严寒和寒冷地区居住建筑节能设计标准》JGJ 26—2010，选取严寒地区的北京和寒冷地区的哈尔滨的多层住宅进行具体指标的比对，见表3-1-16。

严寒和寒冷地区居住建筑节能设计系列标准具体指标比对（以北京和哈尔滨为例）

表 3-1-16

对比内容及指标		JGJ 26—1986		JGJ 26—1995		JGJ 26—2010	
		北京（寒冷）	哈尔滨（严寒）	北京（寒冷）	哈尔滨（严寒）	北京（寒冷）	哈尔滨（严寒）
围护结构	外墙传热系数 $[W/(m^2 \cdot K)]$	1.61	0.84	0.90	0.52	0.60	0.45
	外窗传热系数 $[W/(m^2 \cdot K)]$	6.4	3.26	4.7	2.5	2.0～3.1	1.7～2.5
	户门传热系数 $[W/(m^2 \cdot K)]$	2.91	无要求	2.0	无要求	2.0	1.5
	屋顶传热系数 $[W/(m^2 \cdot K)]$	0.91	0.64	0.8	0.5	0.45	0.30
	耗热量指标 (W/m^2)	25.3	27.2	20.6	21.9	15.0	20.0
	体形系数	宜控制在 0.3 以下		大于 0.3 时，对围护结构有不同要求		根据楼层对体形系数有限值要求	
	门窗气密性	低层、多层：2.5m³/(m·h)；高层、中高层：1.5m³/(m·h)		1～6 层：≤2.5m³/(m·h)；7层以上：≤1.5m³/(m·h)		1～6 层不低于 4 级，7 层以上不低于 6 级	
	缝隙处理	无要求		无要求		有要求	
暖通空调	负荷计算	散热器面积应按采暖设计热负荷计算值采用		应详细进行热负荷的调查和计算		要求对每一个房间进行热负荷和逐项逐时冷负荷计算	
	锅炉效率（%）	62～78		72～82		73～90	
	锅炉容量	无要求		不宜小于 4.2MW		不宜小于 4.2MW	
	电采暖	无要求		无要求		不应设计直接电热采暖	
	采暖总管及干管	干管散入房间的热量应作为散热器的散热量考虑		干管散入房间的热量应作为散热器的散热量考虑		应设置热计量表	
	水力平衡	进行水力平衡计算，并对施工质量提出明确要求；施工中必须按设计要求进行系统的调整与平衡后验收		应进行水力平衡计算，应安装平衡阀或其他水力平衡元件，并进行水力平衡调试		应进行严格水力平衡计算	
	分户计量	无要求		应考虑按户热表计量和分室控制温度的可能性		应设置分户热计量装置	
	制冷机组效率	无要求		无要求		应满足相关国家标准规定值	
	地源、水源等热泵	积极开发地热		无要求		要求禁止破坏、污染地下资源	

第二部分：夏热冬冷地区居住建筑节能设计系列标准

"夏热冬冷地区居住建筑节能设计系列标准"发展历程

《夏热冬冷地区居住
建筑节能设计标准》
JGJ 134—2010

2001　　　　　　　　　　　　2010

《夏热冬冷地区居住
建筑节能设计标准》
JGJ 134—2001

"夏热冬冷地区居住建筑节能设计系列标准"
在节能标准时间轴中的具体位置

《旅游旅馆节能设计　　　《民用建筑节能设计标准　　　《夏热冬暖地区居住建　　　《严寒和寒冷地区居住建
暂行标准》　　　　　（采暖居住建筑部分）》　　　筑节能设计标准》　　　　筑节能设计标准》
　　　　　　　　　　　JGJ 26—95　　　　　　JGJ 75—2003　　　　　　JGJ 26—2010

　　　　　　　　　　　　　　　　　　　　　　　　　　　　《夏热冬冷地区居住
　　　　　　　　　　　　　　　　　　　　　　　　　　　建筑节能设计标准》
　　　　　　　　　　　　　　　　　　　　　　　　　　　　JGJ 134—2010　　　　　　《民用建筑热工
　　　设计规范》
　　　　　　　　　　　　　　　　　　　　　　　　　　　　　　　　　　　　　　GB 50176—2016

1986　1990　1993　1995　　2001　2003　　2005　　　2010　2012　　2015　2016

《民用建筑热工　　　　　　　　　　　　　《夏热冬冷地区　　　《公共建筑节能　　　《夏热冬暖地区　　　《公共建筑节能
设计规程》　　　　　　　　　　　　　　居住建筑节能　　　设计标准》　　　　居住建筑节能　　　设计标准》
JGJ 24—86　　　　　　　　　　　　　设计标准》　　　　GB 50189—2005　　设计标准》　　　　GB 50189—2015
　　　　　　　《旅游旅馆建筑热工与　　JGJ 134—2001　　　　　　　　　　JGJ 75—2012
　　　　　　　空气调节节能设计标准》
　　　　　　　GB 50189—93

《民用建筑节能　　《民用建筑热工设计规范》
设计标准（采暖居住　GB 50176—93
建筑部分）》
JGJ 26—86　　　　《建筑气候区划标准》
　　　　　　　　　GB 50178—93

第一阶段：《夏热冬冷地区居住建筑节能设计标准》JGJ 134—2001

一、主编和主要参编单位、人员

《夏热冬冷地区居住建筑节能设计标准》JGJ 134—2001 主编及参编单位：中国建筑科学研究院、重庆大学、中国建筑业协会建筑节能专业委员会、上海市建筑科学研究院、同济大学、江苏省建筑科学研究院、东南大学、中国西南建筑设计研究院、成都市墙体改革和建筑节能办公室、武汉市建工科研设计院、武汉市建筑节能办公室、重庆市建筑技术发展中心、北京中建建筑科学技术研究院、欧文斯科宁公司上海科技中心、北京振利高新技术公司、爱迪士（上海）室内空气技术有限公司。

本标准主要起草人员：郎四维、付祥钊、林海燕、涂逢祥、刘明明、蒋太珍、冯雅、许锦峰、林成高、杨维菊、徐吉浣、彭家惠、鲁向东、段恺、孙克光、黄振利、王一丁。

二、编制背景及任务来源

从 2000 年起，建设部开始组织相关单位制订我国中部（夏热冬冷地区）及南方（夏热冬暖地区）居住建筑节能设计标准。

夏热冬冷地区的范围大致为陇海线以南、南岭以北、四川盆地以东，也可以大体上说是长江中下游地区（图 3-2-1）。该地区包括上海、重庆二直辖市，湖北、湖南、江西、安徽、浙江五省全部，四川、贵州二省东半部，江苏、河南二省南半部，福建省北半部，陕西、甘肃二省南端，广东、广西二省区北端，亦即涉及 16 个省、市、自治区。在此地区

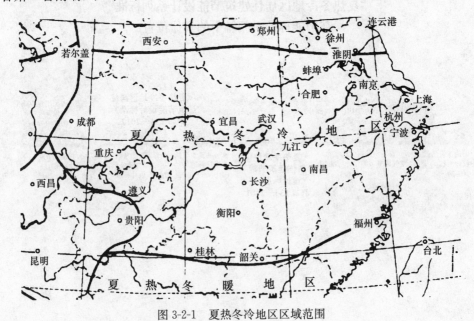

图 3-2-1 夏热冬冷地区区域范围

（地图摘自《夏热冬冷地区居住建筑节能设计标准》JGJ 134—2010）

居住的城乡人口约有 5.5 亿，国内生产总值约占全国的 48％。由此可见，这个地区是我国人口最密集、经济文化较为发达的地区，其政治、经济地位极为重要。

夏热冬冷地区的建筑气候特征表现为夏季闷热、冬季湿冷，气温的日较差小，年降水量大，日照偏少。长期以来，夏热冬冷地区建筑的隔热保温状况基本上没有改善：1）多层建筑的外墙主要沿用 240mm 实心黏土砖墙，即使采用其他墙体材料，也以 240mm 砖墙作为参照对象。不少地方改用 190mm 厚混凝土空心砌块，但砌块的保温隔热性能更差。2）普遍采用单层玻璃窗，窗墙面积比有增大趋势。3）建筑外遮阳较少，门窗气密性不好，冷空气渗透严重。4）屋顶以平屋顶为主，架空屋面对夏季隔热有一定效果，采用较多。在气候十分严酷、建筑保温隔热又很差的条件下，室内热环境条件极差。随着我国经济的高速增长，该地区的城镇居民纷纷采取措施，自行解决住宅冬夏季的室内热环境问题，夏季空调、冬季采暖成了一种很普遍的现象。大部分家庭冬季采用的采暖器有电红外线取暖器、电散热器，并逐渐增加应用热泵型（冷暖型）分体空调器；夏季则由使用电风扇转变到应用分体空调器。由于住宅建筑围护结构的热工性能普遍很差，目前空调采暖的能耗高、浪费很大。所以，无论是改善居民室内热环境条件，还是节能（节电），减少燃煤量，减少 CO_2 排放量，保护环境，制订该地区的建筑节能标准已是刻不容缓。

根据建设部《建筑节能"九五"计划和 2010 年规划》所提出的"夏热冬冷地区新建民用建筑 2000 年开始执行建筑热环境和节能标准"的要求，以及建设部"关于印发《一九九九年工程建设城建、建工行业标准制订、修订计划》的通知"（建标［1999］309 号）的要求，强制性行业标准《夏热冬冷地区居住建筑节能设计标准》列入了编制计划，主编单位为中国建筑科学研究院、重庆大学（原重庆建筑大学）。

三、编制过程

（一）启动及标准初稿编制阶段（2000 年 1～12 月）

1. 编制组成立暨第一次工作会议

2000 年 1 月，建设部建筑工程标准技术归口单位印发《关于转发〈一九九九年工程建设城建、建工行业标准制订、修订计划〉的通知》（［2000］建标字第 1 号），要求主编单位填写合同并认真做好开题准备，落实参编单位参编人，提出编制大纲。

经建设部标准定额研究所及建设部建筑工程标准技术归口单位主管领导批准，《夏热冬冷地区居住建筑节能设计标准》编制组成立会暨第一次工作会议于 2000 年 3 月 10 日在北京召开。会议讨论了如下三项任务：研讨本标准中的关键技术问题及解决的途径，讨论编制大纲，落实编制组成员的分工及编制工作进度。标准的参编单位包括夏热冬冷地区的科研院所和大专院校，同时该标准的编制还得到了美国能源基金会中国可持续能源项目和美国劳伦斯·伯克利国家实验室（LBNL）的技术支持。由于夏热冬冷地区气候的特殊性，冬夏季采暖空调居住建筑的传热为不稳定过程。通过认真讨论，编制组全体成员一致认为应采用动态计算软件作为标准主要参数计算工具。

根据工作计划及分工，2000 年 4～7 月，各参编单位完成了标准背景资料的调研、整理与分析，为编制整个地区节能标准的指导思想、标准所要规定的水平定位提供了依据。2000 年 5 月及 7 月，编制组分别派出两位专家赴美国劳伦斯·伯克利国家实验室

（LBNL）学习动态模拟计算软件，掌握了计算软件的应用，并对在我国夏热冬冷地区居住建筑中的应用作了可行性分析。

2. 第二次工作会议

2000 年 8 月 8～13 日，编制组在成都召开了第二次工作会议。由两位专家对全体编制组成员进行动态模拟计算软件培训，各地成员学会了编写当地典型居住建筑描述程序以及计算出所需的结果。根据各地的计算结果，主编单位编写出了标准及条文说明初稿。

3. 第三次工作会议

2000 年 12 月 11～12 日，编制组在武汉召开了第三次工作会议。会上逐字逐句讨论了标准征求意见稿初稿，在听取了大家的意见后，主编单位编写完成了标准及征求意见稿条文说明。

（二）征求意见阶段（2000 年 12 月～2001 年 2 月）

1. 征求意见

2000 年 12 月，主编单位发出了《关于寄送行业标准〈夏热冬冷地区居住建筑节能设计标准〉征求意见的函》（建院科字［2000］第 108 号），并向夏热冬冷地区有关专家发出50 余份征求意见稿。截至 2001 年 2 月中旬，共收到 34 位专家的 33 份反馈意见，其中建筑设计研究院或建筑科学研究院 23 人、高等院校 8 人、建筑节能办公室和标准办公室等 3人。90％以上的回复专家是高级技术职称，不少人是总工程师、总建筑师、主任工程师、建筑节能学术学科带头人。经整理，各方面专家共提出意见 162 条。同时，美国自然资源保护委员会（NRDC）和美国劳伦斯·伯克利国家实验室（LBNL）提交了一份长达 29 页的书面意见。

2. 第四次工作会议

2001 年 2 月 26～27 日，编制组在南京召开了第四次工作会议，根据征求意见汇总表及主编单位提供的讨论稿，编制组逐字逐句地讨论了标准条文，经过 2 天的充分讨论，形成了送审稿的基本内容，并请主编单位进行文字修改、补充及整理。

（三）送审阶段（2001 年 4 月）

《夏热冬冷地区居住建筑节能设计标准》送审稿于 2001 年 3 月完成。2001 年 4 月 9～10日，根据建设部建筑工程标准技术归口单位《关于召开行业标准〈夏热冬冷地区居住建筑节能设计标准〉送审稿审查会的函》（建标字［2001］第 11 号）的要求，编制组在上海召开了标准送审稿审查会。会议由建设部标准定额研究所主持，出席会议的有建设部科学技术司、建设部科技发展促进中心、建设部建筑工程标准技术归口单位、上海市、重庆市、江苏省、浙江省、江西省、湖北省、湖南省、安徽省、四川省、贵州省、河南省建设主管部门负责建筑节能的领导和设计、科研、大专院校的专家。美国能源基金会中国可持续能源项目、美国劳伦斯·伯克利国家实验室（LBNL）、美国自然资源保护委员会（NRDC）的专家也参加了会议，共有 61 位代表。会议成立了领导小组和由 20 名专家组成的审查委员会。会议听取了编制组对标准编制背景、编制工作情况主要内容及其特点的全面介绍，审查会委员对标准送审稿进行了深入细致、认真的审查，对本标准作出如下评价：

1) 所提交的标准送审稿及其条文说明，以及 6 篇相关的研究专题和技术支持报告，内容完整、齐全，结构严谨，条理清晰，符合标准审查的要求。

2) 标准规定的室内热环境和能耗指标比较完整合理，符合夏热冬冷地区的气候特点，适合该地区社会经济技术发展的要求，便于执行。

3）标准中的规定性指标与性能性指标相结合，既有严格规定，又便于灵活使用，有利于节能建筑的多样化。

4）采暖空调和通风设计的规定适合夏热冬冷地区居住建筑采暖空调的特点，符合相关标准，有利于新能源和新技术的开发利用。

5）本标准填补了夏热冬冷地区建筑节能设计的空白，经修改后可达到国际水平。

审查委员一致同意此标准送审稿通过审查，并提出了修改意见和建议，要求编制组进行进一步的修改和完善，形成报批稿尽快上报建设部审批、发布，同时希望抓紧做好标准实施的政策和技术准备工作，以满足夏热冬冷地区建筑节能工作发展的需要，造福于该地区广大人民群众。

（四）发布阶段（2001 年 7 月）

2001 年 7 月 5 日，建设部印发"关于发布行业标准《夏热冬冷地区居住建筑节能设计标准》的通知"（建标［2001］139 号），标准编号为 JGJ 134—2001，自 2001 年 10 月 1 日起实施。

2001 年 11 月 20 日，建设部、国家计委、国家经贸委、财政部共同印发"关于实施《夏热冬冷地区居住建筑节能设计标准》的通知"（建科［2001］239 号）（图 3-2-2）。

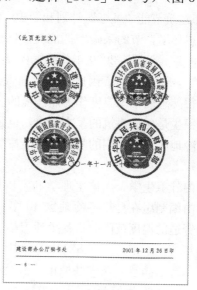

图 3-2-2 "关于实施《夏热冬冷地区居住建筑节能设计标准》的通知"（建科［2001］239 号）

（五）宣贯培训（2001 年 10 月～2002 年 4 月）

《夏热冬冷地区居住建筑节能设计标准》JGJ 134—2001 正式发布后，为了保证标准的顺利实施，根据《建设部 2001 年科学技术项目计划》（建科［2001］152 号）的安排，2001 年 10 月，由中国建筑业协会建筑节能专业委员会负责主持了《推进夏热冬冷地区居住建筑节能设计标准实施的研究》项目，并取得了美国能源基金会中国可持续能源项目的支持。此项工作要求夏热冬冷地区各省市采取切实有效的措施加强标准的实施，各省市负责建筑节能有关管理人员积极参与，总结经验，互相促进。

2002 年 3～4 月，主编单位中国建筑科学研究院组织编制组专家分别在成都、武汉和上海举办了 3 场《夏热冬冷地区居住建筑节能设计标准》JGJ 134—2001 宣贯培训会。宣贯培训会上，主编专家不但对标准重点章节的条文进行了详细讲解，同时还结合实际应用，介绍了"节能综合指标"计算软件的应用。在此基础上，展示了新技术及相关产品，并组织学员参观了节能工程。

四、标准主要技术内容

《夏热冬冷地区居住建筑节能设计标准》JGJ 134—2001 适用于夏热冬冷地区新建、改建和扩建居住建筑的建筑节能设计。本标准共 6 章和 2 个附录：总则，术语，室内热环境和建筑节能设计指标，建筑和建筑热工节能设计，建筑物的节能综合指标，采暖、空调和通风节能设计；附录 A 外墙平均传热系数的计算，附录 B 建筑面积和体积的计算。

（一）技术内容

1. 室内热环境主要设计指标

《夏热冬冷地区居住建筑节能设计标准》JGJ 134—2001 规定卧室、起居室室内设计温度，冬季采暖时为 16～18℃、夏季空调时为 26～28℃。采暖、空调时的换气次数为 1.0 次/h。

《建设部建筑节能"九五"计划和 2010 年规划》明确了夏热冬冷地区建筑节能的目标为改善建筑热环境，节约采暖空调能耗。ISO 7730 采用 PMV-PPD 作为表征建筑热环境质量的指标体系。但是，2000 年前后工程界还不熟悉这套指标体系，且检测 PMV 的热舒适仪价格昂贵，尚未国产。因此，本标准暂未采用 PMV-PPD 指标，而是采用我国工程界和社会都很熟悉的干球温度作为热环境的主要指标。

舒适、卫生是居住建筑的基本要求，也是从质的方面表现居住条件的改善。住宅热舒适是夏热冬冷地区人民长期的梦想。标准按热舒适确定干球温度值，按卫生要求确定换气次数。

根据国内外卫生学、人体生理学和室内微气候学的研究成果，热舒适的温度范围为 18～26℃。由编制组在夏热冬冷地区 40 多个城市长期进行的住宅热环境质量调查可知，人们感到热舒适的温度范围明显受生活习惯、经济水平的影响。20 世纪 90 年代初，实测居室温度的年变化范围为 2～38℃，当室内温度在冬季大于 12℃、夏季小于 30℃范围内，居住者即表示舒适满意；在一些城市，甚至有冬季大于 10℃、夏季小于 32℃的室温，居住者也表示满意。20 世纪 90 年代中期以后，热舒适的温度范围开始缩小，一般为冬季大于 16℃、夏季小于 26℃；有的进一步要求冬季大于 20℃、夏季小于 24℃。通常，年轻人的热舒适温度范围要比中老年人窄，来自北方的人的舒适温度范围比夏热冬冷地区土生土长的人窄，要冬季大于 20℃、夏季小于 24℃才感到舒适的往往是年轻人或在夏热冬冷地区居住的北方人。综上所述，随着社会经济发展和生活水平的提高，人们对热舒适水平要求的提高是基本趋势。节能标准应兼顾社会、经济、技术发展水平，兼顾舒适与节能、环保。考虑到夏热冬冷地区内部发展不平衡，本标准给出的居室冬季采暖设计温度范围为 16～18℃、夏季空调设计温度范围为 26～28℃。

节能绝对不能损害室内空气质量。夏热冬冷地区温度高、湿度大、室内细菌繁殖快。另外，该地区人民长期形成了加强房间通风，保持室内空气新鲜的良好卫生习惯。如果采暖、空调时关闭门窗，换气量过少，室内空气不新鲜，居住者必然开窗，造成大量的冷（热）风入侵能耗。因此，夏热冬冷地区换气量应适当高于北方。《旅游旅馆建筑热工与空气调节节能设计标准》GB 50189—93 中规定了不同等级旅游旅馆客房每人的换气量为：一级客房 50m³/h、二级客房 40m³/h、三级客房 30m³/h。美国 ASHRAE Standard 62-1989 推荐的住宅居室换气量为每人 45.5m³/h。住宅建筑净高按 2.5m 计，当人均居住面积为 15m² 时，人均新风量 37.5m³/h，相当于 1 次/h 的换气量，接近二级客房水平。综上所述，本标准规定采暖、空调时，换气量为 1 次/h。

2. 建筑热工设计规定

建筑热工设计规定是对围护结构各部分平均传热系数 K [W/(m²·K)] 和热惰性指标 D 的规定。条文 4.0.8 明确提出了下列规定：

屋顶：$K \leqslant 1.0$、$D \geqslant 3.0$ 或 $K \leqslant 0.8$、$D \geqslant 2.5$；

外墙：$K \leqslant 1.5$、$D \geqslant 3.0$ 或 $K \leqslant 1.0$、$D \geqslant 2.5$；

窗户：根据朝向和窗墙面积比的不同，分别选取 $K \leqslant 4.7$、$K \leqslant 3.2$ 和 $K \leqslant 2.5$；

分户墙和楼板：$K \leqslant 2.0$；

底部自然通风的架空楼板：$K \leqslant 1.5$；

户门：$K \leqslant 3.0$。

夏热冬冷地区无锡、重庆、成都等地几个节能居住建筑试点工程的实测数据和通过用国内计算机程序或美国 DOE-2 程序进行能耗分析都表明，这一地区围护结构随着传热系数 K 的减小，能耗的降低并非按线性规律变化。当传统重型墙体（$D \geqslant 3.0$）K 从 2.0W/(m²·K) 减少到 1.5W/(m²·K) 时，能耗下降减慢，但墙体造价的增加幅度加大。类似地，当重型屋顶 K 从 1.0W/(m²·K) 再减少时，能耗下降减慢，造价增幅加大。总结得出，新型墙体（$D \geqslant 2.5$）的 K 为 1.0W/(m²·K) 较恰当，屋顶 K 为 0.8W/(m²·K) 较恰当。

本标准对窗的性能根据不同的使用情况提出了不同的要求：单框单玻 PVC 塑料窗可满足规定的传热系数 $K \leqslant 4.7$W/(m²·K) 的要求；单框（PVC 塑料和断热铝合金等）双玻窗可满足规定的 $K \leqslant 3.2$W/(m²·K) 的要求；单框（PVC 塑料）双层 Low-E 玻璃窗或双层窗可满足规定的 $K \leqslant 2.5$W/(m²·K) 的要求。使用双玻窗是一种发展的方向，因为窗是围护结构各部分中热工性能最差的部分，是改善居室热环境和降低能耗的关键，节能投资效益也最显著。当前普遍使用的单玻铝合金窗的冷热能耗是相同面积 240mm 砖墙的 3.6 倍，是节能墙体的 4 倍以上。采用单框双玻塑钢窗，将传热系数 K 值由 6.4W/(m²·K) 降到 3.1W/(m²·K)，每平方米窗减少空调负荷 72W，全年采暖空调用电量减少 25.75kWh，可减少空调设备费 72 元，每年减少电费 10 元，而每平方米窗增加的费用为 100 元左右，摊到建筑上，每平方米建筑面积只增加造价 10 元，同时还有良好的隔声效果。但是夏热冬冷地区区域很大，各地的经济和技术发展不平衡，考虑到将对窗的要求一下子提到双玻窗以上，许多地方可能不接受，最终会影响本标准的可行性，所以在窗墙面积比不大的条件下，还允许使用传热系数为 4.7W/(m²·K) 的单框单玻窗。在建筑节能工作开展得比较早、经济和技术条件比较好的城市和地区，应该鼓励使用高性能的窗。

3. 建筑物的节能综合指标

本标准提供了2条途径来使居住建筑的设计满足节能50%的要求。第一条途径是执行第4章的建筑热工设计规定（规定性指标），如果某居住建筑的设计完全遵循第4章的建筑热工设计规定，即可以达到节能50%的目标；第二条途径就是核算第5章的建筑物节能综合指标（性能性指标），如果某居住建筑的设计不能完全遵循第4章的规定，例如体形系数过大或窗墙面积比过大，那么可以按照第5.0.4条规定的标准计算条件，用动态计算方法计算出该建筑的采暖年耗电量、空调年耗电量，基于建筑物所在地的采暖度日数 $HDD18$ 和空调度日数 $CDD26$，在表5.0.5中查出对应的采暖年耗电量和空调年耗电量限值，并将计算结果与两个耗电量限值作比较。如果计算得出的采暖年耗电量加空调年耗电量小于采暖年耗电量限值加空调年耗电量限值，该建筑的设计就满足节能50%的要求，反之，该建筑就不能满足节能50%的要求，必须修改建筑设计，重新计算，最终使其能满足节能50%的要求。

建筑物节能综合指标的提出给建筑师提供了一种更加灵活的节能达标方法，但同时也给节能设计的审查工作提出了更高的要求。

夏热冬冷地区室内外温差比较小，一天之内温度波动对围护结构传热的影响比较大，尤其是夏季，白天热量通过围护结构从室外传入室内，夜里室外温度下降比室内温度快，热量有可能通过围护结构从室内传向室外。由于这个原因，为了能够比较准确地计算采暖、空调负荷，需要采用动态的计算方法。

动态的计算方法有很多，《暖通空调系统设计手册》的冷负荷计算法就是一种常用的动态计算方法。本标准采用反应系数计算方法，使用美国劳伦斯·伯克利国家实验室（LBNL）开发的 DOE-2 软件作为计算工具。

（二）编制主要原则

1. 基础住宅能耗值的确定

根据调查，夏热冬冷地区普通砖混结构住宅外墙为240mm砖墙（包括黏土实心砖和多孔砖），传热系数 K 为 $2.0W/(m^2 \cdot K)$；外窗采用单层窗，K 为 $6.4W/(m^2 \cdot K)$；屋面为钢筋混凝土屋面板及简单保温隔热措施，K 为 $1.5W/(m^2 \cdot K)$；换气次数考虑 1.5 次/h。在保证主要居室冬天18℃、夏天26℃的条件下，冬季用电暖器采暖，夏季用空调器降温，计算出一个全年采暖空调能耗，将这个采暖空调能耗作为基础住宅能耗值。

2. 节能目标为50%

即在上述基础能耗值基础上节能50%。由提高围护结构保温隔热和气密性指标，以及改善采暖空调（设备）系统能效比来实现，并控制采用节能措施后增加的建筑造价在10%左右。

3. 两种指标来控制节能设计

《夏热冬冷地区居住建筑节能设计标准》JGJ 134—2001中有两种指标来控制节能设计。一种为规定性指标，即规定该地区居住建筑围护结构传热系数限值和采暖空调设备最低能效比值；另一种为节能综合指标（或称性能性指标），即规定居住建筑每平方米建筑面积允许的采暖空调设备能耗指标。规定性指标操作容易、简便；性能性指标则给设计者更多、更灵活的余地。

4. 采暖等度日数线和空调等度日数线

由于夏热冬冷地区地域广阔，气候也有一定的差异，本标准以采暖等度日数线和空调等度日数线为纽带，各地可以查取当地的采暖等度日数线和空调等度日数线，以确定其规定性指标值和性能性指标值。

5. 传热系数及建筑能耗计算方法

夏热冬冷地区的建筑围护结构处于不稳定传热过程，为了获得围护结构合理、准确的传热系数及建筑能耗计算结果，本标准采用了反应系数计算方法，并采用美国劳伦斯·伯克利国家实验室（LBNL）开发的 DOE-2 软件作为计算工具。

6. 室内热环境指标

室内热环境质量指标体系包括温度、湿度、风速、壁面温度等。《夏热冬冷地区居住建筑节能设计标准》JGJ 134—2001 只规定了温度和换气指标，原因是考虑到一般住宅极少控制湿度、风速等参数，而换气则是从人体卫生角度考虑，为必不可少的指标。本标准规定居室温度夏季控制在 26～28℃，冬季控制在 16～18℃；冬夏季换气次数取 1.0 次/h。和该地区原来恶劣的室内热环境相比，要求是比较高的，基本达到了热舒适的水平，与目前该地区住宅的夏热冬冷状况相比，提高幅度比较大，实现了跨越式的发展。

换气次数是室内热环境的另外一个重要的设计指标，冬、夏季室外的新鲜空气进入室内，一方面有利于确保室内的卫生条件，但另一方面又要消耗大量的能量，因此要确定一个合理的换气次数。目前住宅建筑的层高约为 2.5m，按人均居住面积 15m² 计算，1 小时换气 1 次，人均占有新风 37.5m³。接近《旅游旅馆建筑热工与空气调节节能设计标准》GB 50189—93 中二级客房的水平，这是本标准取 1.0 次/h 的参考依据。潮湿是夏热冬冷地区气候的一大特点。在室内热环境主要设计指标中，尽管没有明确提出相对湿度设计指标，但实际上，在空调机运行的状态下，室内潮湿情况会得以明显改善。

7. 建筑围护结构传热系数限值确定原则

根据对该地区主要城市应用 DOE-2 进行敏感性分析后，认为 50% 节能目标中，由提高围护结构保温隔热及气密性指标和改善采暖空调（设备）系统能效比各承担 25% 左右较为合理。目前居住建筑采暖空调设备（系统）主要由用户（或开发商）自行选定，敏感性分析时，采暖设备的额定能效比取 1.9，主要是考虑冬季采暖设备部分使用家用冷暖型（风冷热泵）空调器，部分仍使用电热型采暖器；夏季空调设备额定能效比取 2.3，主要是考虑家用空调器国家标准规定的最低能效比。由此确定外窗传热系数限值及围护结构各部分传热系数限值。

一般而言，窗户（包括阳台门的透明部分）的传热能力比外墙强很多，而且夏季白天太阳辐射热还通过窗户直接进入室内，所以窗墙面积比越大，则采暖和空调的能耗也越大。从节能的角度出发，必须限制窗墙面积比。在一般情况下，应以满足室内采光要求作为窗墙面积比的确定原则。

近年来，居住建筑的窗墙面积比有越来越大的趋势，这是因为商品住宅的购买者大都希望自己的住宅更加通透明亮。考虑到临街建筑立面美观的需要，适当地增大窗墙面积比是可以的，但应同时考虑减小窗户的传热系数，并加强夏季活动遮阳。

在夏热冬冷地区，人们无论是在过渡季节还是冬、夏两季，普遍有开窗加强房间通风的习惯。一是自然通风改善了室内空气品质；二是夏季在两个连晴高温期间的阴雨降温过程或降雨后连晴高温开始升温过程的夜间，室外气候凉爽宜人，加强房间通风能带走室内余热和积蓄冷量，可以减少空调运行时的能耗。这都需要较大的开窗面积。与采暖地区的居住建筑节能标准相比，本标准的窗墙面积比比较大，但窗的传热系数比较小。

在放宽窗墙面积比限值的情况下，必须提高对外窗热工性能的要求，才能真正做到住宅的节能。技术经济分析也表明，提高外窗热工性能，所需资金不多，每平方米建筑面积为 10～20 元，比提高外墙热工性能的资金效益高 3 倍以上。同时，放宽窗墙面积比，提高外窗热工性能，给建筑师和开发商提供了更大的灵活性，以满足这一地区人们提高居住建筑水平的要求。

夏季透过窗户进入室内的太阳辐射热构成了空调负荷的主要部分，设置外遮阳是减少太阳辐射热进入室内的一个有效措施。冬季透过窗户进入室内的太阳辐射热可以减小采暖负荷，所以设置活动式外遮阳是比较合理的。

夏热冬冷地区夏季外围护结构严重地受到不稳定温度波的作用，例如夏季实测得到的屋面外表面最高温度可达 60℃以上，而夜间则可降至 25℃左右。对处于这种温度波幅很高的非稳态传热条件下的建筑围护结构来说，只采用传热系数这个指标不能全面地评价围护结构的热工性能。传热系数只是代表了围护结构传热能力的一个量，它主要是作为评价建筑围护结构在稳态传热条件下的指标。在非稳态传热条件下，除了用传热系数之外，还应该同时使用抵抗温度波和热流波在建筑围护结构中传播能力的热惰性指标 D 来评价围护结构的热工性能。因此本标准在表 4.0.8 中对外墙和屋顶同时提出了传热系数和热惰性指标的要求。

8. 建筑物的节能综合指标

建筑物的节能综合指标主要是采暖年耗电量和空调年耗电量，本标准中对应于不同的采暖度日数和空调度日数给出了每平方米建筑面积采暖年耗电量和空调年耗电量的最大限值。对于一栋具体的居住建筑，按照标准严格规定的统一计算条件，计算出它的采暖年耗电量和空调年耗电量，如果这两者之和不超过标准中给出的相应最大限值之和，这栋建筑就是节能建筑，反之就不符合节能要求，应该在设计上进行调整。

夏热冬冷地区的气候特性是：室内外温差比较小，一天之内温度波动对围护结构传热的影响比较大，尤其是夏季，白天室外气温很高，又有很强的太阳辐射，热量通过围护结构从室外传入室内；夜里室外温度的下降比室内温度快，热量有可能通过围护结构从室内传向室外。由于这个原因，为了比较准确地计算采暖、空调负荷，并与《采暖通风与空气调节设计规范》GBJ 19—87 保持一致，需要采用动态计算方法。

动态的计算方法有很多，本标准采用了反应系数计算方法，使用美国劳伦斯·伯克利国家实验室（LBNL）开发的 DOE-2 软件，对居住建筑的热过程进行全年 8760h 的动态模拟，根据模拟结果计算出采暖年耗电量和空调年耗电量。

为了在不同的建筑之间建立一个公平合理的可比性，标准中特意规定了统一的采暖年耗电量和空调年耗电量的计算条件。统一的计算条件包括室内计算温度设定、采暖设备和空调设备的能效比取值以及内负荷的确定等。

9. 采暖、空调和通风节能设计

该地区不属于以往称之为的集中采暖地区，所以一般居住建筑很少采用集中采暖系统。随着经济发展及生活水平的提高，采用何种采暖空调方式由用户或开发商来确定。本标准主要是强调居住建筑采暖空调方式，同时其设备的选择应考虑当地资源情况和用户对设备及运行费用的承担能力，经技术经济分析综合考虑后确定。标准引导选用能效比高的采暖空调设备（系统），比如一般情况下，居住建筑宜采用电驱动的风冷或水源热泵型空调器（机组），或燃气（油）、蒸汽或热水驱动的吸收式冷（热）水机组，或采用燃气（油、其他燃料）的采暖炉采暖等；而不宜采用直接电热式采暖设备。同时，规定如果采用集中采暖空调方式以及选用采暖空调设备时，其能效比必须符合国家现行有关标准中的规定值。

10. 动态模拟计算的气象资料

逐时气象资料是应用动态模拟计算软件进行建筑室内热环境及全年采暖空调能耗最主要的条件，对于这类模拟计算，至少需要逐小时温度、湿度、风速以及太阳总辐射量和直接辐射量。此外，为了避免逐年气候的随机变化，应用一种典型气象年的气象资料要比直接应用某一年实际气象资料更为合理。典型气象年（TMY，Typical Meteorological Year）是以近几十年的月平均值为依据，选取各月接近多年的平均值组成典型气象年。由于选取的月平均值在不同的年份，资料不连续，还需要进行月间平滑处理。但是，2000 年前后，我国只有极少数城市的典型气象年资料得到了开发，这是因为除了极少数气象台站外，绝大多数台站的气象资料都不是逐时的，而是 3h 或 6h 间隔的记录值，以及每日最大/最小值，部分气象台站还测量每日太阳直射和散射辐射总量。这样就出现了两个问题，为了组成典型气象年，首先需要不同城市几十年气象资料；其次，得到典型气象年后，还要由 3h 或 6h 时间间隔记录产生出逐小时典型气象年资料。如果从我国气象局去抄录购买各城市多年的气象资料，其工作量及费用都是可观的。我们通过美国劳伦斯·伯克利国家实验室（LBNL）从美国国家气象资料服务中心得到了我国的气象资料，这些资料是依据该城市当地气象台站的气象广播、由美国军事卫星记录下来的 16 年（1982～1997 年）的资料。尽管数据库是从美国政府组织获得的，但气象资料本身符合当地记录。这些资料包含的参数为按 3h 的时间间隔记录的干球温度、露点温度、大气压力、风速和风向、不同高度的云层量。编制组要做的研究工作是，由不同高度的云层量获得太阳辐射资料，由 3h 间隔记录获得逐时资料。通过研究，编制组提出了计算水平面上太阳辐射量的模型，并以国内实测的逐日太阳辐射量验证了计算值的可靠性；同时提出了插补干球温度计算方法，白天采用傅里叶级数原理，而夜间采用线性回归法，这一方法已成功地应用于对 3h 时间间隔的测量值进行插补。基于以上模型和方法，编制组开发了 26 个中国城市的典型气象年资料，并继续开发其他城市的典型气象年资料，以用于动态模拟计算。

11. 围护结构节能设计增加的造价

一般情况下，节能率 50% 住宅的节能投资增长率可控制在 10% 左右。

（三）关于节能目标值的理解

这里需要对"节能目标值"加以说明。回顾一下针对严寒和寒冷地区的《民用建筑节能设计标准（采暖居住建筑部分）》JGJ 26—86，其中定义了基础建筑（Baseline），即采取 1980～1981 年当地通用住宅设计为基准建筑。基础能耗（计算采暖能耗）则是在调研基础上进行约定，以北京为例，基础建筑"80 住-2"的基础能耗根据围护结构热工参数、采暖系统效率（锅炉 55%、管网 85%）、住宅单元内全部房间平均室温 16℃、换气次数 0.5 次/h 确定为 25kg 标准煤/(年·m²)。以节能目标值为 50% 的《民用建筑节能设计标准（采暖居住建筑部分）》JGJ 26—95 为例：供热系统方面，随着技术发展，锅炉采暖期运行效率约定为 68％、管网输送效率 90％、室内参数仍然为平均室温 16℃ 和换气次数 0.5 次/h。可以看出，采暖系统效率从 20 世纪 80 年代到 90 年代有了提高，大致可以负担 50％ 目标中的 15％，也就是说，围护结构通过加强保温应该解决 35％。通过计算，在控制总能耗 12.5kg 标准煤/(年·m²) 情况下，提高外墙、窗、屋面保温性能，直到达到节能 50％ 时为止，由此确定《民用建筑节能设计标准（采暖居住建筑部分）》JGJ 26—95 围护结构热工性能表。需要强调的是严寒和寒冷地区基础能耗在 20 世纪 80 年代一直存在，所以根据标准建造的建筑节能量也是实实在在的。但是，夏热冬冷、夏热冬暖地区的情况完全不同，基础建筑仍然约定取用 20 世纪 80 年代初的典型居住建筑，但不同的是中部夏热冬冷地区和南方夏热冬暖地区在 20 世纪 80 年代初，由于经济和生活水平原因，尤其居住建筑普遍没有采暖和空调设施，冬季有些烤火设施，夏季则有些电风扇通风，实际上基础建筑采暖空调能耗近于为零，当然，不能认为该地区无需采暖空调能耗。标准中基础能耗计算原则为：在基础建筑中保证主要居室冬天 18℃、夏天 26℃ 的条件下，冬季用电暖器采暖，夏季用空调器降温，计算出全年采暖、空调能耗值。比如，《夏热冬冷地区居住建筑节能设计标准》JGJ 134—2001 将基础能耗的 50％ 值（标准中称之为"建筑物节能综合指标的限值"）作为规定围护结构热工性能值的依据。室内参数（温度、换气次数）与基础建筑一致；采暖、空调设备为家用风冷热泵空调器，根据当时情况，空调额定能效比取 2.3、采暖额定能效比取 1.9。由此得到标准中围护结构热工性能规定值。

五、标准相关科研课题（专题）及论文汇总

（一）标准相关科研专题

在《夏热冬冷地区居住建筑节能设计标准》JGJ 134—2001 编制过程中，编制组针对标准制订的重点和难点内容进行了专题研究，具体见表 3-2-1。

编制《夏热冬冷地区居住建筑节能设计标准》JGJ 134—2001 相关专题研究报告汇总　　表 3-2-1

序号	专题研究报告名称	作者	单位	主要内容
1	《夏热冬冷地区居住建筑节能设计标准》编制背景	涂逢祥	中国建筑业协会建筑节能专业委员会	本报告对夏热冬冷地区的范围、气候特点、区域建筑热环境进行了介绍，分析了制订本标准的必要性和紧迫性，并简述了实施本标准的节能及环境效益分析
2	夏热冬冷地区节能居住建筑外围护结构热惰性指标 D 的取值研究	许锦峰	江苏省建筑科学研究院	本报告讨论了夏热冬冷地区节能建筑外围护结构的热惰性指标 D 的取值原则和现状；通过计算并对照节能建筑试点工程的实测数据，分析比较了该地区 D 的取值范围；结合目前常用的材料与构造措施，讨论了夏热冬冷地区节能建筑设计标准中的热惰性指标 D 的合理性
3	夏热冬冷地区节能居住建筑窗墙面积比的确定	冯雅	中国建筑西南设计研究院	本报告给出了确定夏热冬冷地区窗墙面积比的基本原则，对该地区东、西部气候条件下室外气象参数的变化规律进行了确定（太阳辐射），在此基础上给出了不同朝向的窗墙面积比和窗的传热系数
4	用 DOE-2 程序分析建筑能耗的可靠性研究	付祥钊	重庆大学城建学院	本报告经过分析计算得出：在进行全年耗电量分析时，用 DOE-2 程序计算出的结果与我国暖通界常用的方法计算结果是一致的，用 DOE-2 程序分析我国建筑物的采暖空调耗电量是完全可行的，较之传统方法，更适用于大规模的全年能耗分析。同时指出：DOE-2 的计算结果丰富，用 DOE-2 程序的结果进行实际工程设计时应慎重

序号	专题研究报告名称	作者	单位	主要内容
5	应用 DOE-2 程序分析计算建筑能耗	林海燕	中国建筑科学研究院建筑物理研究所	本标准在编制过程中，使用 DOE-2 程序来计算分析建筑能耗。本报告介绍了标准编制过程中如何利用 DOE-2，利用 DOE-2 程序做了哪些计算分析、还存在什么问题以及解决这些问题还要开展的工作
6	用于建筑能耗计算的中国气象资料开发	黄昱、郎四维（翻译）	美国劳伦斯·伯克利国家实验室、中国建筑科学研究院空气调节研究所	为了编制本标准时应用动态模拟计算软件，作者开发了 26 个中国城市的典型气象年资料；提出了计算水平面上太阳辐射量的模型，并以测量的逐日太阳辐射量验证了计算值的可靠性；根据已有的气象资料记录年代，提出了选择典型气象月的方法，并应用于 ISWO 数据库中 70 个中国城市的气象资料；提出了插补干球温度的计算方法，已成功应用于对 3h 时间间隔的测量值进行插补

（二）标准相关论文

在《夏热冬冷地区居住建筑节能设计标准》JGJ 134—2001 编制过程中及发布后，主编单位在相关期刊发表了 3 篇论文，具体见表 3-2-2。

与《夏热冬冷地区居住建筑节能设计标准》JGJ 134—2001 相关发表期刊论文汇总　　表 3-2-2

序号	论文名称	作者	单位	发表信息
1	《夏热冬冷地区居住建筑节能设计标准》简介	郎四维、林海燕、付祥钊、涂逢祥	中国建筑科学研究院，等	《暖通空调》，2001 年 4 期
2	理解标准宣传标准执行标准——访《夏热冬冷地区居住建筑节能设计标准》编制组负责人郎四维	《建设科技》编辑部	《建设科技》编辑部	《建设科技》，2002 年 1 期
3	建筑能耗分析逐时气象资料的开发研究	郎四维	中国建筑科学研究院	《暖通空调》，2002 年 4 期

六、所获奖项

《夏热冬冷地区居住建筑节能设计标准》JGJ 134—2001 自发布实施以来，先后获得如下奖项：中国建筑科学研究院 2002 年度院科技进步二等奖（图 3-2-3）、2003 年全国工程建设标准定额优秀标准奖（图 3-2-4）和 2005 年"中联重科杯"华夏建设科学技术三等奖（图 3-2-5）。

图 3-2-3 《夏热冬冷地区居住建筑节能设计标准》JGJ 134—2001 获中国建筑科学研究院 2002 年度院科技进步二等奖

图 3-2-4 《夏热冬冷地区居住建筑节能设计标准》JGJ 134—2001 获 2003 年全国工程建设标准定额优秀标准奖

图 3-2-5 《夏热冬冷地区居住建筑节能设计标准》JGJ 134—2001 获 2004 年
"中联重科杯"华夏建设科学技术三等奖

第二阶段：《夏热冬冷地区居住建筑节能设计标准》JGJ 134—2010

一、主编和主要参编单位、人员

《夏热冬冷地区居住建筑节能设计标准》JGJ 134—2010 主编及参编单位：中国建筑科学研究院、重庆大学、中国建筑西南设计研究院有限公司、中国建筑业协会建筑节能专业委员会、上海市建筑科学研究院（集团）有限公司、江苏省建筑科学研究院有限公司、福建省建筑科学研究院、中南建筑设计研究院、重庆市建设技术发展中心、北京振利高新技术有限公司、巴斯夫（中国）有限公司、欧文斯科宁（中国）投资有限公司、哈尔滨天硕建材工业有限公司、中国南玻集团股份有限公司、秦皇岛耀华玻璃钢股份有限公司、乐意涂料（上海）有限公司。

本标准主要起草人员：郎四维、林海燕、付祥钊、冯雅、涂逢祥、刘明明、许锦峰、赵士怀、刘安平、周辉、董宏、姜涵、林燕成、王稚、康玉范、许武毅、李西平、邓威。

二、编制背景及任务来源

夏热冬冷地区夏季炎热、冬季寒冷。2005 年前后，随着我国经济的高速增长，该地区的城镇居民纷纷采取措施，自行解决住宅冬夏季的室内热环境问题，夏季空调冬季采暖成了很普遍的现象。过去，由于该地区居住建筑的设计对保温隔热问题不够重视，围护结构的热工性能普遍很差，而主要采暖设备（电暖气和暖风机）能效比很低，电能浪费很大。若建筑用能浪费状况不改变，该地区的采暖、空调能源消耗必然急剧上升，将会阻碍社会经济的发展，且不利于环境保护。因此，该地区建筑节能工作刻不容缓、势在必行。

另外，由于城市用地紧张，从总体上看，居住建筑的层数有增加的趋势，特别是一些大城市和特大城市，不断兴建高层甚至超高层居住建筑，又因富裕阶层的出现，城市周边和郊区兴建了一些单层或低层别墅；中小城市的居住建筑，则仍以多层为主；小城镇居住建筑则主要是平房和低层建筑。因此，《夏热冬冷地区居住建筑节能设计标准》JGJ 134 必须有区别地对各种低层、多层、中高层和高层居住建筑做出全面的节能安排。

综上所述，有必要修订《夏热冬冷地区居住建筑节能设计标准》JGJ 134—2001，以更好地贯彻国家有关建筑节能的方针、政策和法规制度，节约能源，保护环境，改善居住建筑热环境，提高采暖和空调的能源利用效率。这一标准具有双重意义，首先是要保证室内热环境质量，提高人民的居住水平；同时要提高采暖、空调能源利用效率，贯彻执行国家可持续发展战略，实现节能 50％的目标。

2005 年 3 月，根据建设部"关于印发《2005 年工程建设标准规范制订、修订计划（第一批）》的通知"（建标［2005］84 号）的要求，《夏热冬冷地区居住建筑节能设计标准》JGJ 134—2001 局部需要修订，中国建筑科学研究院为主编单位，会同其他参编单位共同修编本标准。

三、编制过程

(一) 启动及标准初稿编制阶段 (2007 年 3 月~2008 年 7 月)

1. 编制组成立暨第一次工作会议

2007 年 3 月 24~25 日，编制组在北京召开了《民用建筑节能设计标准（采暖居住建筑部分）》JGJ 26—95 和《夏热冬冷地区居住建筑节能设计标准》JGJ 134—2001 修订编制组成立会暨第一次工作会议。在这次工作会议上，正式将进行中的原国家标准《居住建筑节能设计标准》编制组分成这 2 个行业标准的修编组，并在《居住建筑节能设计标准》征求意见稿的基础上形成了 2 个行业标准的草稿。会上，建设部标准定额研究所领导要求编制组在已有的基础上，加快行业标准的修订工作。

根据工作计划及分工，编制组于 2007 年 5~12 月完成了各地标准背景资料的调研、整理与分析，并制订了各地典型年气候数据，为编制整个地区节能标准的指导思想、标准所要规定的水平提供了依据。2008 年 2~6 月，编制组完成了围护结构热工性能指标的制订。

2. 第二次工作会议

2008 年 7 月 29~30 日，《民用建筑节能设计标准（采暖居住建筑部分）》JGJ 26—95、《夏热冬冷地区居住建筑节能设计标准》JGJ 134—2001 修订编制组第二次工作会议在北京召开。会议主要讨论了《夏热冬冷地区居住建筑节能设计标准》JGJ 134—2001 局部修订的征求意见稿草稿的修改问题，并预计在 10 月底完成送审稿。

3. 其他会议

在标准编制过程中，除全体编制组会议外，编制组还召开了多次不同形式的讨论会，广泛交流、及时修改和总结，解决了许多专门问题和难点。这种灵活多样的讨论会是标准编制中一种必需的工作方式，时间短、成本低、效率高。另外，本标准的修订也得到了美国劳伦斯·伯克利国家实验室（LBNL）的技术支持，在标准的编制过程中，主编单位与 LBNL 等外籍专家进行了多次交流，了解国外居住建筑节能设计的现状、技术及相关标准情况。外籍专家给予了编制组许多中肯的建议和帮助。

(二) 征求意见阶段 (2008 年 8~11 月)

2008 年 8 月，编制组完成了《夏热冬冷地区居住建筑节能设计标准》JGJ 134 征求意见稿，向全社会发函，广泛征求意见。共发出征求意见稿 85 份，收到反馈意见表 21 份，各类问题汇总共计 116 条。征求意见单位涵盖设计院、科研院所、大专院校及生产厂家等，反馈意见的都是具有居住建筑节能设计、施工经验的专家和技术人员，他们从各方面提出了十分具体的意见。

考虑到本标准是局部修编，时间已非常紧张，主编单位在汇总完征求意见稿反馈意见后，没有专门召开编制组全体会议，而是将收集到的反馈意见整理后发给各编委，编制组成员之间通过电子邮件讨论、交换意见，形成编制组的处理意见。根据编制组的处理意见，主编单位对征求意见稿进行了修改，形成了正式的送审稿。

(三) 送审阶段 (2008 年 12 月)

根据建设部"关于召开行业标准《夏热冬冷地区居住建筑节能设计标准》送审稿审查

会议的函"（建工标函〔2008〕37号）的要求，2008年12月10日，工程建设标准归口管理单位在北京组织召开了此标准送审稿的审查会。审查委员会对该标准进行了严格的审查，形成如下审查意见：

1）标准及其条文说明，资料齐全、内容完整、数据可信，符合标准审查的要求。

2）标准规定的技术要求与现行相关标准协调一致。

3）《夏热冬冷地区居住建筑节能设计标准》JGJ 134—2001的实施对推动该地区居住建筑的节能发挥了重大的作用。随着建筑节能工作的深入，该标准在实施过程中遇到一些具体问题，标准的及时修订是必要的。

4）总结《夏热冬冷地区居住建筑节能设计标准》JGJ 134—2001实施的经验和遇到的问题，编制组对该标准作了以下主要修订：调整不同层数建筑的体形系数限值；按两档体形系数的划分调整建筑围护结构传热系数和热惰性指标的限值；调整窗墙面积比的限值、提高窗的热工性能要求，并增加外窗综合遮阳系数要求；取消"建筑物节能综合指标的限值"，引入"参照建筑"的概念，对"设计建筑"进行围护结构热工性能的综合判断；进一步规范和简化采暖和空调耗电量的计算条件；增加采暖空调冷热源设备的能效限值。

5）标准适应节能减排的形势，符合我国夏热冬冷地区建筑节能工作的实际，提高了标准的科学性，增强了规范性和可操作性，总体上达到了国际先进水平。

审查委员一致通过了此标准送审稿的审查，并提出了修改建议和意见，请编制组对送审稿进行进一步的修改和完善，形成报批稿，尽快上报。

（四）发布阶段（2010年3月）

2010年3月24日，住房和城乡建设部印发"关于发布行业标准《夏热冬冷地区居住建筑节能设计标准》的公告"（第523号）（图3-2-6），标准编号为JGJ 134—2010，自2010年8月1日起实施。原《夏热冬冷地区居住建筑节能设计标准》JGJ 134—2001同时废止。

图3-2-6　住房和城乡建设部"关于发布行业标准《夏热冬冷地区居住建筑节能设计标准》的公告"（第523号）

（五）宣贯培训（2010年8月）

2010年8月12~13日，主编单位中国建筑科学研究院在北京圆山宾馆举办了《夏热冬冷地区居住建筑节能设计标准》JGJ 134—2010和《严寒和寒冷地区居住建筑节能设计标准》JGJ 26—2010的联合宣贯培训会，两本标准的主要参编专家针对标准主要修订内容、重点章节进行了讲解。

四、标准主要技术内容

《夏热冬冷地区居住建筑节能设计标准》JGJ 134—2010适用于夏热冬冷地区新建、改建和扩建居住建筑的建筑节能设计。本标准共6章和3个附录：总则，术语，室内热环境设计计算指标，建筑和围护结构热工设计，建筑围护结构热工性能的综合判断，采暖、空调和通风节能设计；附录A面积和体积的计算，附录B外墙平均传热系数的计算，附录C外遮阳系数的简化计算。

（一）修订的基本原则和内容

1. 修订的基本原则

1）鉴于夏热冬冷地区的居住建筑围护结构的热工性能要兼顾冬夏两季，而且冬季采暖和夏季空调又都属居民个人行为，仅从建筑围护结构入手，进一步提高节能率潜力有限，因此本次修编不提高原标准的节能目标。

2）夏热冬冷地区大规模实施建筑节能的年头比较短，积累的经验不足，原标准在执行过程中遇到了一些问题，本次修编的重点为提高原标准中一些重要规定的合理性，增强标准的可操作性，促进标准的贯彻和实施。

3）根据建筑的不同层数，提出体形系数的限值；根据两档体形系数提出建筑围护结构传热系数的限值。

4）放宽窗墙面积比，提高窗的热工性能要求，明确遮阳要求。

5）鉴于在节能大检查中发现的夏热冬冷地区空调采暖能耗计算比较混乱的现象，修订后的标准将原来计算全年空调采暖用电量改为对建筑围护结构热工性能的综合判断，计算中基本上只允许窗和墙之间调整，其他的细节固定，可避免混乱。至于计算采暖空调用电量和热泵机组的能效比仍然采用修订前的约定值（偏低），这样在保持相同节能率情况下，不会降低对于围护结构热工参数的要求。

6）随着近年来采暖空调设备标准最低能效的提高和能效等级标准的实施，在采暖空调设备能效规定上进行修订。

2. 主要修订内容

1）删除了原标准第2章"术语"中在新标准中不再出现的若干条术语。

2）原标准第3章"室内热环境和建筑节能设计指标"更名为"室内热环境设计计算指标"并删除原来第3.0.3条强制性条文。原因是该条文实际上是本标准实施后达到的节能目标，条文本身并不具有强制性条文的可操作性。

3）原标准第4章"建筑和建筑热工节能设计"更名为更准确的"建筑和围护结构热工设计"，条款的编排进行调整，其中几条强制性条文的内容和表述形式作了比较重大的修改。修改后的强制性条文吸取了原标准实施中积累的经验，考虑了相关技术的进步，增强了科学合理性和可操作性。

4）原标准第5章"建筑物的节能综合指标"更名为"建筑围护结构热工性能的综合判断"。新标准中这一章的作用保持不变，仍是建筑节能性能性设计的一条途径。在原标准实施过程中，发现"性能性设计"这个方法在操作过程中比较混乱。为了解决这个问题，新标准作了两个重大的修改：一是修改了是否满足节能要求的判据，二是详细规定了计算的细节。这两个修改可以避免在标准实施过程中出现混乱。

5）随着近年来采暖空调设备标准最低能效的提高和能效等级标准的实施，对采暖空调设备能效规定进行了修订。

6）在附录中增补了建筑遮阳系数的简化计算。

7）增补了部分城市的典型气象年数据。

（二）主要技术内容

1. 室内热环境设计计算指标

第3章"室内热环境设计计算指标"规定了冬夏季采暖设计温度和计算换气次数。本章设定了本标准计算的条件，居室冬季采暖设计计算温度为18℃、夏季空调设计计算温度为26℃。另外，为满足室内空气品质的要求，规定采暖、空调时，换气量为1次/h，从而保证居住者的舒适度要求。

2. 建筑和围护结构热工设计

第4章"建筑和围护结构热工设计"按建筑层数重新规定了居住建筑的体形系数限值，并规定了围护结构热工设计包含热桥部位的热工参数限值。当热工性能不满足限值要求时，应进行围护结构热工性能的综合判断。

围护结构热工性能的综合判断给出了方法和计算条件。采用动态模拟，计算并比较设计建筑和参照建筑的冬季采暖和夏季空调的耗电量。其规定性指标和性能性指标相结合体现了国内同类标准由规定性指标向性能性指标发展的先进水平。在确保建筑节能目标实现的同时，为建筑师的艺术创造开拓了广阔的空间，体现严格性和灵活性相结合，便于标准的实施。

此次修编删除了原标准中采暖空调耗电量限值数据，避免耗电量限值被误解为该地区居住建筑的实际采暖空调能耗。

3. 建筑围护结构热工性能的综合判断

第5章"建筑围护结构热工性能的综合判断"规定了围护结构热工性能的综合判断的方法，细化和固定了许多计算条件。

4. 采暖、空调和通风节能设计

第6章"采暖、空调和通风节能设计"在满足节能要求的条件下，提出了冷源、热源、通风与空气调节系统设计的基本规定，提供相应的指导原则和技术措施。

考虑到冷热源的能源效率对节省能源至关重要，本标准规定了冷源系统的性能系数、能效比性能参数限值、采暖热源的热效率，并与《冷水机组能效限定值及能源效率等级》GB 19577—2004、《单元式空气调节机能效限定值及能源效率等级》GB 19576—2004、《多联式空调（热泵）机组能效限定值及能源效率等级》GB 21454—2008等标准相一致。对地源热泵系统设计，要求适合该地区居住建筑采暖空调特点，确保地下资源不被破坏和不被污染，遵循《地源热泵系统工程技术规范》GB 50366—2005（2009年版）的各项有关规定，切实可行，并有利于新能源和新技术的开发应用。

（三）与国外标准的比对

中国节能标准和国外相关标准相比，还是有差距的。与将《严寒和寒冷地区居住建筑节能设计标准》JGJ 26—2010 与美国标准 ASHRAE Standard 90.1—2007 相比较类似，这里将《夏热冬冷地区居住建筑节能设计标准》JGJ 134—2010 中的围护结构热工性能限值和 ASHRAE Standard 90.1—2007 中气候条件相近地区规定的限值进行比较。所选比较对象为夏热冬冷地区的上海，根据上海地区的气候特征，选择 ASHRAE Standard 90.1—2007 中表 5.5-3 的规定值进行比较。

在 ASHRAE Standard 90.1—2007 之前，ASHRAE Standard 90.1 还有 2004 年版和 2001 年版等。对于外窗的规定，2004 年版和 2001 年版是按照窗墙面积比分档确定不同窗墙面积比下的传热系数限值，但是从 2007 年版开始，在规定窗墙面积比小于 40％ 的前提下，以窗的类型和用途作为规定传热系数 K 和遮阳系数 SC 的依据。

表 3-2-3 为中美标准夏热冬冷地区围护结构传热系数 K 和遮阳系数 SC 限值的比较。由表 3-2-3 可知，我国标准在规定夏热冬冷地区居住建筑的外墙和屋面的传热系数限值方面与美国标准有较大的差距。同样，在遮阳系数的规定方面，美国标准更严一些。

中美标准夏热冬冷地区围护结构传热系数 K 和遮阳系数 SC 比较　　　　表 3-2-3

		外墙 K [W/(m²·K)]	屋面 K [W/(m²·K)]	外窗		
				窗墙面积比	K [W/(m²·K)]	外窗综合遮阳系数 SC（东、西向/南向）
《夏热冬冷地区居住建筑节能设计标准》JGJ 134—2010	体形系数 ≤0.40	1.0~1.5	0.8~1.0	0~0.20	4.7	-/-
				0.20~0.30	4.0	-/-
				0.30~0.40	3.2	夏季≤0.40/夏季≤0.45
				0.40~0.45	2.8	夏季≤0.35/夏季≤0.40
				0.45~0.60	2.5	东、西、南向设置外遮阳 夏季≤0.25；冬季≥0.60
	体形系数 >0.40	0.8~1.0	0.5~0.6	0~0.20	4.0	-/-
				0.20~0.30	3.2	-/-
				0.30~0.40	2.8	夏季≤0.40/夏季≤0.45
				0.40~0.45	2.5	夏季≤0.35/夏季≤0.40
				0.45~0.60	2.3	东、西、南向设置外遮阳 夏季≤0.25；冬季≥0.60
ASHRAE Standard 90.1—2007（表 5.5-3）		0.59（重质墙）	0.27（无阁楼）	0%～40.0%	—	—
				非金属窗框	3.69	所有方向：0.29
				金属窗框（玻璃幕墙，铺面）	3.41	所有方向：0.29
				金属窗框（人口大门）	5.11	所有方向：0.29
				金属窗框（固定窗，可开启窗，但非人口门）	3.69	所有方向：0.29

五、标准相关科研课题（专题）及论文汇总

（一）标准相关科研专题

在《夏热冬冷地区居住建筑节能设计标准》JGJ 134—2010 编制过程中，编制组针对标准修订的重点和难点内容进行了专题研究，具体见表 3-2-4。

编制《夏热冬冷地区居住建筑节能设计标准》JGJ 134—2010 相关专题研究报告汇总   表 3-2-4

序号	专题研究报告名称	作者	单位	主要内容
1	夏热冬冷地区外窗保温隔热性能对居住建筑采暖空调能耗和节能的影响分析	赵士怀	福建省建筑科学研究院	外窗节能效果研究
2	围护结构热工性能与采暖空调设备能效参数与美国相关节能设计标准的比较	郎四维、周辉	中国建筑科学研究院	中美标准比较研究

（二）标准相关论文

在《严寒和寒冷地区居住建筑节能设计标准》JGJ 26—2010 编制过程中及发布后，主编单位在相关期刊发表了 4 篇论文，具体见表 3-2-5。

与《夏热冬冷地区居住建筑节能设计标准》JGJ 134—2010 相关发表论文汇总   表 3-2-5

序号	论文名称	作者	单位	发表信息
1	窗户性能指标体系与建筑节能	郎四维	中国建筑科学研究院空气调节研究所	《中国建材》，2006 年 1 期
2	居住建筑节能设计标准修编信息	郎四维	中国建筑科学研究院建筑环境与节能研究院	《首届中国制冷空调工程节能应用新技术研讨会论文集》，2006 年
3	建筑节能设计标准中几个问题的说明	林海燕、郎四维	中国建筑科学研究院	《建设科技》，2007 年 6 期
4	我国的建筑节能设计标准	郎四维	中国建筑科学研究院建筑环境与节能研究院	《工程建设标准化》，2008 年 4 期

（三）标准相关著作

为配合《夏热冬冷地区居住建筑节能设计标准》JGJ 134—2010 的宣贯、实施和监督，住房和城乡建设部标准定额司组织标准的主要编制成员编制了此标准的宣贯辅导教材：《居住建筑节能设计标准宣贯教材——严寒和寒冷及夏热冬冷地区》，由中国建筑工业出版社出版。主要包括 4 部分内容：编制概况；标准内容释义，逐条对标准内容进行讲解，内容全面，是贯彻、理解、实施这本标准的关键；专题论述，就标准编制过程中的部分技术指标、参数的确定进行了介绍；相关法律、法规和政策介绍。

六、存在的问题

和《严寒和寒冷地区居住建筑节能设计标准》JGJ 26—2010 编制中遇到的问题类似，标准编制的前期科研准备工作一直未得到足够的经费支持，造成居住建筑基础情况调查研究不够充分，气象数据的收集也不够全面，居住建筑关键性节能技术措施的研究也相对较少，因此标准的某些规定在一定程度上存在着不尽科学合理的现象。这种现象暂时无法彻底避免。今后，随着国家和行业应用基础研究方面资金投入的增长，随着我国建筑节能工作的深入，标准中存在的一些不足之处也会逐步得到完善。

本部分小结：夏热冬冷地区居住建筑节能设计系列标准内容比对

《夏热冬冷地区居住建筑节能设计标准》JGJ 134—2001 和《夏热冬冷地区居住建筑节能设计标准》JGJ 134—2010 具体内容的比对见表 3-2-6。

夏热冬冷地区居住建筑节能设计系列标准内容比对　　　　　表 3-2-6

标准名称		夏热冬冷地区居住建筑节能设计标准	夏热冬冷地区居住建筑节能设计标准
标准号		JGJ 134—2001	JGJ 134—2010
发布日期		2001 年 7 月 5 日	2010 年 3 月 18 日
实施日期		2001 年 10 月 1 日	2010 年 8 月 1 日
章节设置	正文	6 章	6 章
	附录	2 个	3 个
	条文说明	有	有
适用范围	适用	新建、改建和扩建居住建筑的建筑节能设计	新建、改建和扩建居住建筑的建筑节能设计
室内计算参数	冬季	温度：16~18℃；换气次数：1 次/h	温度：18℃；换气次数：1 次/h
	夏季	温度：26~28℃；换气次数：1 次/h	温度：28℃；换气次数：1 次/h
性能性指标	指标	建筑物耗热量、耗冷量指标和采暖、空调全年用电量	采暖耗电量和空调耗电量之和
	限值	$HDD18$ 从 800 到 2500 的耗热量指标和采暖年耗电量；$CDD26$ 从 25 到 300 的耗冷量指标和空调年耗电量指标	以参照建筑的采暖耗电量和空调耗电量之和为基准
规定性指标	体形系数	条式建筑：0.35；点式建筑：0.40	按建筑层数分为 3 档，限值为 0.35~0.55
	屋顶	按热惰性指标分为 2 档：限值为 1.0、0.8W/(m²·K)	按照体形系数区分，并按热惰性指标分为 2 档：限值为 1.0（0.6）、0.8（0.5）W/(m²·K)
	外墙	按热惰性指标分为 2 档：限值为 1.5、1.0W/(m²·K)	按照体形系数区分，并按热惰性指标分为 2 档：限值为 1.5（1.0）、1.0（0.8）W/(m²·K)
	外窗	按窗墙面积比分为 5 档，各自按北、东（西）、南向限定：限值为 4.7~2.5W/(m²·K)	按照体形系数区分，并按窗墙面积比分为 5 档：限值为 4.7~2.3W/(m²·K)
	窗墙面积比	北向：0.45；东西向：无外遮阳 0.30（有外遮阳 0.50）；南向：0.50	北向：0.40；东西向：0.35；南向：0.45；且每套房间允许一个房间小于 0.60
	窗户气密性	1~6 层：≤2.5m³/(m·h)；7 层以上：≤1.5m³/(m·h)	1~6 层：≤2.5m³/(m·h)；7 层以上：≤1.5m³/(m·h)
	遮阳系数	宜设置活动外遮阳	对窗墙面积比超过 0.30 的东、西、南向外窗分别按照冬、夏季提出要求
	阳台门	同外窗	同外窗
	隔墙	2.0W/(m²·K)	2.0W/(m²·K)
	户门	3.0W/(m²·K)	通往封闭空间：3.0W/(m²·K)；通往非封闭空间：2.0W/(m²·K)

续表

标准名称		夏热冬冷地区居住建筑节能设计标准	夏热冬冷地区居住建筑节能设计标准
采暖、空调和通风	能源	不宜采用直接电热式采暖设备；应鼓励在居住建筑小区采用热、电、冷联产技术，以及在住宅建筑中采用太阳能、地热等可再生能源	不应设计直接电采暖；应鼓励居住建筑中采用太阳能、地热能等可再生能源，以及在居住建筑小区采用热、电、冷联产技术
	控制与计量	集中采暖、空调时，应设计分室（户）温度控制及分户热（冷）量计量设施	采用集中采暖、空调系统时，必须设置分室（户）温度调节、控制装置及分户热（冷）量计量或分摊设施
	户式燃气采暖设备	符合国家现行有关标准中的规定值	国家现行相关标准中规定的2级
	蒸汽压缩循环冷水（热泵）机组、单元式空气调节机、溴化锂吸收式机组	—	符合《公共建筑节能设计标准》GB 50189中的规定
	分散空调	其能效比、性能系数应符合国家现行有关标准中的规定值	国家现行相关标准中规定的节能型产品（即能效等级2级）
	土壤源、水源热泵	宜采用，确保不被污染	严禁破坏、污染地下资源
标准的主要特点		提出了夏热冬冷地区围护结构热工性能的要求；规定了采暖和空调耗电量之和不应超过相对应度日数下的限值要求	放宽了对体形系数、窗墙面积比等单一参数的限制，但是要求设计建筑采暖和空调耗电量之和不超过参照建筑在同样条件下计算出的采暖和空调耗电量之和；禁止采用直接电热式采暖，并对制冷机组效率、地源、水源等热泵等进行了规定

针对《夏热冬冷地区居住建筑节能设计标准》JGJ 134—2001 和《夏热冬冷地区居住建筑节能设计标准》JGJ 134—2010，选取夏热冬冷地区的上海多层住宅进行具体指标的比对，见表 3-2-7。

夏热冬冷地区居住建筑节能设计系列标准具体指标比对（以上海为例）　　表 3-2-7

对比内容及指标		JGJ 134—2001	JGJ 134—2010
		上海	上海
围护结构	外墙传热系数 $[W/(m^2 \cdot K)]$	1.5($D>$3.0)	1.5($D>$2.5)
	外窗传热系数 $[W/(m^2 \cdot K)]$	2.5（南向）	2.8（南向）
	遮阳系数	—	0.40（南向）
	户门传热系数 $[W/(m^2 \cdot K)]$	2.0	2.0
	屋顶传热系数 $[W/(m^2 \cdot K)]$	1.0($D>$3.0)	1.0($D>$2.5)
	耗热量指标（W/m^2）	16.1	—
	耗冷量指标（W/m^2）	28.0	—
	体形系数	0.40	0.40
	门窗气密性	1～6层：$\leqslant$2.5m³/(m·h)；7层以上：$\leqslant$1.5m³/(m·h)	1～6层：$\leqslant$2.5m³/(m·h)；7层以上：$\leqslant$1.5m³/(m·h)

第三部分：夏热冬暖地区居住建筑节能设计系列标准

"夏热冬暖地区居住建筑节能设计系列标准"发展历程

"夏热冬暖地区居住建筑节能设计系列标准"
在节能标准时间轴中的具体位置

第一阶段：《夏热冬暖地区居住建筑节能设计标准》JGJ 75—2003

一、主编和主要参编单位、人员

《夏热冬暖地区居住建筑节能设计标准》JGJ 75—2003 主编及参编单位：中国建筑科学研究院、广东省建筑科学研究院、中国建筑业协会建筑节能专业委员会、福建省建筑科学研究院、广西建筑科学研究设计院、华南理工大学建筑学院、广州市建筑科学研究院、深圳市建筑科学研究院、广州大学土木工程学院、厦门市建筑科研院、福建省建筑设计研究院、广东省建筑设计研究院、海南省建筑设计院。

本标准主要起草人员：郎四维、杨仕超、林海燕、涂逢祥、赵士怀、彭红圃、孟庆林、任俊、刘俊跃、冀兆良、石民祥、黄夏东、李劲鹏、赖卫中、梁章旋、陆琦、张黎明、王云新。

二、编制背景及任务来源

夏热冬暖地区位于我国南部，在北纬 27°以南，东经 97°以东，包括海南全境、福建南部、广东大部、广西大部、云南西南部和元江河谷地带，以及香港、澳门和台湾，北回归线横贯本地区北部（图 3-3-1）。

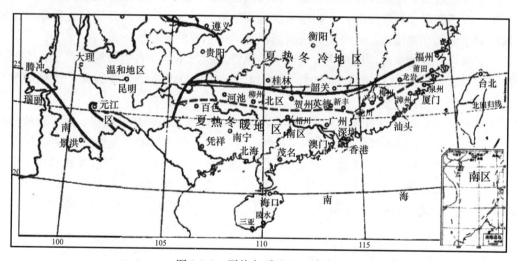

图 3-3-1　夏热冬暖地区区域范围

（地图摘自《夏热冬暖地区居住建筑节能设计标准》JGJ 75—2012）

夏热冬暖地区为亚热带湿润季风气候（湿热型气候），其特征表现为夏季漫长、冬季寒冷且时间很短，甚至几乎没有冬季，长年气温高而且湿度大，气温的年较差和日较差都小，太阳辐射强烈，雨量充沛。该地区北部接近夏热冬冷地区，冬季需要采暖，而南部地区采暖需求较少。因此，根据 1 月的月平均温度，将夏热冬暖地区划分为南北 2 个子区。北区内建筑要考虑夏季空调，兼顾冬季采暖；南区内建筑要考虑夏季空调，不考虑冬季采暖。

此地区是我国改革开放的前沿，2001年这个地区居住的城乡人口约有1.5亿，国内生产总值占全国国内生产总值的17.4%，进出口总额占全国进出口总额的38.6%。此地区经济的发展以沿海一带中心城市及其周边地区最为迅速，其中以珠江三角洲地区更加发达。

在经济快速发展的推动下，夏热冬暖地区房屋建筑增加迅速。至2001年，全地区城乡建筑面积共约50亿m²，包括城市房屋建筑面积15.5亿m²，其中城市住宅建筑9.6亿m²。2001年的随后几年，此地区平均每年新建居住建筑1.2亿m²，其中广东省占67.9%。在珠海三角洲地区，已经形成一串彼此相连的城市群。随着商品经济的进一步发展，该地区居住建筑还将持续快速增加，其中以沿海城市的增长更为迅猛。

尽管建筑面积不断增长，但是长期以来，夏热冬暖地区建筑隔热保温状况基本上没有得到明显改善，在有些方面甚至反而有所降低。这个地区多层建筑的外墙过去主要采用240mm实心黏土砖墙，后来更减薄为180mm黏土砖墙，或以此种砖墙作为参照对象，采用加气混凝土砌块、混凝土空心砌块、粉煤灰砖、蒸压灰砂砖、页岩砖等。2001年，不少城市已禁止采用实心黏土砖，有些地方改用190mm混凝土空心砌块或灰砂砖，但其隔热保温性能仍然很差。该地区的窗户普遍采用普通单层玻璃窗，新建建筑以铝窗居多，窗墙面积比有增大的趋势。2001年以后，许多地方还发展飘窗，更加大了室内太阳辐射热的传入量。设固定外遮阳的建筑较少，遮阳一般由各家各户居民自己设置，杂乱不堪，影响市容市貌。该地区全年相对湿度都比较高，因而通风除湿对提高舒适度十分重要。由于夏季长达半年左右，而建筑物隔热性能又很差，在盛夏季节，气温高、湿度大，天气闷热，而北部地带冬季湿冷，室内热环境条件十分差。

改革开放以来，该地区社会主义经济建设快速发展，人民生活水平迅速提高，在居民可支配收入不断增加的条件下，人们越来越重视生活舒适程度。空调器这种大功率的家用电器的数量增加非常迅速，已经成为当时居民住宅中主要的耗能设备。

综上所述，夏热冬暖地区居住建筑的室内热舒适状况不佳，且能源浪费严重。空调器的使用导致温室气体CO_2排放量增加，成为城市大气污染的一个主要因素，这种情况必须采取积极措施加以改变。

2001年6月，建设部标准定额司印发了"关于下达部分工程建设城建、建工行业标准编制计划开展工作的通知"（建标标函［2001］25号），行业标准《夏热冬暖地区居住建筑节能设计标准》列入制订计划，主编单位为中国建筑科学研究院和广东省建筑科学研究院。随后，建设部建筑工程标准技术归口单位印发"关于组建《夏热冬暖地区居住建筑节能设计标准》编制组的函"（［2001］建标字第24号），商请编制组单位及成员。

三、相关课题研究工作

（一）召开座谈会

为了尽快开展我国南方炎热地区建筑节能工作，研究制订夏热冬暖地区居住建筑节能设计标准，建设部科学技术司和建设部标准定额研究所印发"关于召开南方炎热地区建筑节能标准研究座谈会的通知"（建科合便函［2001］08号），于2001年3月15~16日在广州番禺市组织召开"南方炎热地区建筑节能标准研究座谈会"。会议主要内容为：总结夏热冬暖地区近几年来在开展建筑热工、空调、节能等方面的科研成果和工作，商讨与夏热冬暖地区建筑节能标准有关的技术问题，提出为制订夏热冬暖地区建筑节能标准所要进行的科研开发项目或课题，商讨部署下一步科研与标准制订的相关工作。

（二）提出"夏热冬暖地区居住建筑节能设计标准的研究"课题

"夏热冬暖地区居住建筑节能设计标准的研究"课题的主要内容包括背景材料的调研、建筑节能技术的研究、建筑节能标准的研究，具体如下：

1. 背景材料的调研

1）建筑与建筑技术方面的调研包括：夏热冬暖地区各省区及主要城市近 2 年来每年竣工的居住建筑面积、2000 年年底既有建筑面积，以及城镇及乡村建成的居住建筑面积；本地区代表性居住建筑每户的建筑面积、户数以及每户平均收入情况、房价、土建造价等；本地区代表性城市的典型居住建筑围护结构的现况（外墙、外窗、屋面等通常的做法，结合平面、立面图、大样图来表示），居住建筑层数及采用比例；本地区门窗、墙体现状及发展趋势；已开发应用的经济有效的建筑节能技术及产品。

2）气候数据方面的调研包括：夏热冬暖地区主要城市气温，包括最热月月平均气温、极端最高气温、最热月 14：00 平均气温、全年日最高气温≥35℃的天数、最冷月月平均气温、极端最低气温；主要城市相对湿度，最热月、最冷月平均相对湿度；主要城市 6～9 月日照时数、日照百分率、太阳辐射量；以 26℃为基准的空调度日数；城市"热岛"影响情况。

3）建筑室内热环境方面的调研包括：不同地区、不同条件下夏（冬）季室内的热环境：有无空调设备及室内的热环境状况（如有没有空调设备，典型居住建筑目前室内热环境现状，包括夏冬季室内一般的温度、湿度、换气次数、顶层住户屋面的烘烤感及其对居民生活和工作的影响；如果采用空调设备，大部分居民能接受的最低室内热环境参数）；为了正常生活和工作所需的热环境基本要求（包括温湿度、换气次数等）；不同建筑遮阳做法的隔热效果，浅色表面建筑的隔热效果。

4）空调（采暖）方式方面的调研包括：目前住户通常采取的空调/采暖方式、设备（设备型号，输入功率，能源（电、燃气、油等）的供应情况）；每户每个空调/采暖季一般每天开启的时间、每年开启的时间，以及近 2～3 年安装空调/采暖设备的普及率。

5）建筑能耗方面的调研包括：本地区建筑总能耗（包括空调能耗）；每户每年用于空调/采暖的耗能情况（平均每 m^2 建筑耗能量），空调期高峰用电情况，家用热水、照明及家用电器耗能量；电、燃气、油等的价格；空调设备的能效比；目前户用空调的类型（分体—单冷型、冷暖型，户式中央空调等），包括使用各类空调器的增长情况。

6）建筑节能科研方面的调研包括：夏热冬暖地区各省区建筑节能科研机构及其人员、设备情况；已经完成及正在研究的建筑节能课题；已建的建筑节能试点建筑情况；测定的建筑节能数据：墙体、屋顶、门窗的传热系数；房屋气密性；取得的建筑节能成果及其结论。

7）建筑节能产业方面的调研包括：夏热冬暖地区各省区生产建筑节能产品（空调器、通风设备、隔热材料、密封材料、门窗等）的企业数、规模及其分类；各种建筑节能产品的产量、质量。

2. 建筑节能技术的研究

1）围护结构技术方面的研究包括：节能窗的研究（隔热玻璃、窗框构造、双层窗、不同朝向的窗墙面积比、太阳辐射影响、传热系数、气密性）；建筑遮阳的研究（朝向、措施、效果）；节能墙体的研究（材料、构造、内外隔热做法、浅色外表面、隔湿、传热系数、热惰性指标）；节能屋面的研究（架空屋面、倒置屋面、浅色屋面、种植屋面）。

2）空调通风与照明技术方面的研究包括：分散式、集中式空调方式的研究；不同能源、不同方式的空调设备技术经济分析（包括运行分析）；自然通风与机械通风技术；太阳能利用技术，被动及利用可再生能源降温方式研究；照明节能技术。

3）综合研究方面的研究包括：既有建筑节能改造的研究；节能技术的成本效益分析；试点示范建筑、小区；建筑节能检测技术；地方传统住宅的节能技术；建筑节能技术资料的编辑出版。

3. 建筑节能标准的研究

此部分标准研究内容包括：室内热环境主要设计指标的研究；建筑热工设计规定（规定性指标）的研究；建筑物的节能综合指标（性能性指标）的研究；建筑节能技术措施（有关规划、建筑、空调、通风等专业设计）的研究；技术支持工作（用于节能综合指标的简化软件开发的研究，设计图集）；政策支持工作（实施标准的政策研究，宣贯及培训）；气候条件近似的其他炎热地区（香港、台湾、东南亚国家等）有关建筑节能标准的翻译及其分析研究。

（三）成立科研课题组

为了从技术上支持《夏热冬暖地区居住建筑节能设计标准》的编制工作，建设部科技司印发"关于召开'中国南方炎热地区建筑节能技术及其设计标准的研究'科研课题组成立会议的通知"，于 2001 年 10 月 10～11 日在福州召开"中国南方炎热地区建筑节能技术及其设计标准的研究"科研课题组成立会。课题分为"华南地区民用建筑节能技术研究"、"夏热冬暖地区建筑外墙节能技术研究"、"夏热冬暖地区屋面隔热技术研究"、"我国炎热地区民用建筑节能窗技术研究"、"我国炎热地区建筑遮阳节能技术研究"、"夏热冬暖地区住宅建筑空调节能及能耗评价方法研究"、"夏热冬暖地区自然通风研究"、"夏热冬暖地区居住建筑节能标准研究" 8 个子课题，分别由广州大学、广州市建筑科学研究院、广东省建筑科学研究院、福建省建筑科学研究院、华南理工大学、深圳市建筑科学研究所和中国建筑科学研究院等单位承担。这些研究课题在很大程度上支持、加强了标准的编制工作。

四、标准编制过程

（一）启动及标准初稿编制阶段（2001 年 7 月～2002 年 9 月）

1. 编制组成立暨第一次工作会议

根据建设部建筑工程标准技术归口单位印发"关于召开《夏热冬暖地区居住建筑节能设计标准》编制组成立暨第一次工作会议通知"（［2001］建标字第 25 号）的要求，《夏热冬暖地区居住建筑节能设计标准》编制组成立暨第一次工作会议于 2001 年 7 月 18～19 日在广州从化市召开。会议讨论如下 3 项任务：研讨本标准中的技术关键问题及解决问题的途径，讨论编制大纲，落实编制组成员的分工及编制工作进度。

2. 第二次工作会议

2001 年 11 月 10～12 日，编制组在海口召开第二次工作会议。与夏热冬冷地区气候特征相似，夏热冬暖地区夏季空调、冬季采暖的居住建筑的传热为不稳定传热过程，要用动态模拟软件进行全年逐时采暖空调能耗计算。为了使编制组成员掌握运用动态模拟软件，由中、美双方专家对编制组进行了 DOE-2 程序培训，编制组成员基本上掌握了应用该软件进行各地典型住宅的能耗计算方法。同时，为了更好地了解及参考气候相近地区的有关建筑节能标准，会上进行了技术交流，介绍美国关岛和我国台湾地区的建筑节能标准、OTTV（Overall Thermal Transfer Value）方法、欧洲建筑节能标准及近期的技术进展、美国窗户性能标识体系等。这次工作会议确定了本标准技术框架、各章内容及下一步工作计划。

3. 第三次工作会议

2002 年 5 月 27～28 日，编制组在南宁召开了第三次工作会议。会议进行了技术交流，主要包括夏热冬暖地区居住建筑节能指标的建议、建筑围护结构总传热指标的 OTTV 参数研究、标准中涉及外窗性能部分的编制思路、对居住建筑设计的几点设想。另外，美方专家介绍了 DOE-2 程序中窗的负荷与房间负荷、部分负荷与系统负荷的关系。在技术交流基础上，会议就标准框架及主要内容展开了充分讨论，整理了本标准的关键内容并进行了分工。会议还决定各章负责人要在 2002 年 7 月中旬完成标准各章征求意见稿初稿，由主编单位负责汇总。

4. 第四次工作会议

2002 年 7 月 31 日～8 月 2 日，编制组在厦门召开了第四次工作会议（征求意见稿定稿工作会议）。与会代表对标准初稿进行了逐字逐句的认真讨论，基本上确定了标准征求意见稿的内容。会议决定各章负责人在 2002 年 9 月中旬完成各章修改后的标准征求意见稿，由主编单位负责汇总。

（二）征求意见阶段（2002 年 9～2003 年 2 月）

1. 征求意见

2002 年 9 月中旬，编制组完成了《夏热冬暖地区居住建筑节能设计标准》征求意见稿。根据建设部建筑工程标准技术归口单位"关于《夏热冬暖地区居住建筑节能设计标准》征求意见的函"（［2002］建标字第 36 号）的要求，编制组于 2002 年 9 月底向 76 个单位（以夏热冬暖地区为主）发出标准征求意见稿，总共收到 25 份回函，共计 127 条意见，这些意见来自从事建筑节能工作多年的专家及领导。25 份回函的具体单位为：高等院校 2 份，建筑设计院及建筑研究院 18 份，建筑技能办公室、标准定额所、建设厅 5 份。同时也收到美国自然资源保护委员会（NRDC）和美国劳伦斯·伯克利国家实验室（LBNL）专家的返回意见。主编单位在认真考虑返回意见的情况下，对标准条文及条文说明进行了修改，同时整理出征求意见汇总表及处理情况初稿。

2. 第五次工作会议

根据建设部印发"关于召开夏热冬暖地区居住建筑节能设计标准研究及编制工作会的通知"（建科合函［2002］162 号）的要求，编制组于 2003 年 1 月 9～10 日在深圳召开第五次工作会议，由各章的负责人介绍征求意见稿的反馈意见以及对意见处理的原则，并提出修改稿。与会专家特别对标准的核心内容——第 4 章和第 5 章的全部条文逐条讨论了一遍，统一了修改和补充的内容。这些内容充分考虑到本标准条文的合理性和可操作性，补充说明"对比评定法"的依据和出发点；与标准送审稿同步提交简化计算软件等。

（三）送审阶段（2003年3月）

2003年春节后，主编单位收到了各章负责人的各章送审稿初稿，经汇总后形成送审稿。同时，各研究课题的负责单位提交了与本标准重要技术内容相应的论证材料，作为本标准审查会的技术支撑文件。

根据建设部建筑工程标准技术归口单位"关于邀请参加行业标准《夏热冬暖地区居住建筑节能设计标准》送审稿审查会议的通知"（［2003］建标字第6号）的要求，此标准的审查会于2003年3月27~28日在福州市召开。出席会议的有建设部标准定额研究所、建设部科技司、建设部建筑工程标准技术归口单位、广东省、广州市、深圳市、福建省、福州市、厦门市、广西壮族自治区、南宁市、海南省、海口市建设主管部门负责建筑节能的领导和设计、科研、大专院校的专家，共53位代表。会议成立了由19名专家组成的审查委员会，听取了编制组对标准编制背景、编制工作情况主要内容及其特点的全面介绍。审查委员会采取逐章逐条与重点相结合的方式对送审稿进行了深入细致的审查。通过讨论，形成了如下的共识：积极推进夏热冬暖地区建筑节能工作是当前十分紧迫的任务。通过标准的制订和实施，该地区居住建筑的热环境将有显著改善，建筑空调和采暖能耗会有显著降低，对生态环境也会产生积极的影响，符合可持续发展的国策。审查委员会给出的审查意见如下：

1）所提交的标准送审稿及其条文说明，以及专题研究报告资料齐全，内容完整，结构严谨，条理清晰，数据可信，符合标准审查的要求。

2）所提出的节能目标和室内设计计算指标合理，符合夏热冬暖地区的气候特点，能够适应该地区社会经济及技术发展的需求。

3）采用"规定性指标"和"性能性指标"两种途径进行节能设计，既方便又灵活，有利于节能建筑设计多样化。

4）所提出的对外窗的综合遮阳系数规定值符合该地区以空调负荷为主的特点，同时也有利于推动节能窗技术、产品的研究开发和行业发展。

5）首次应用"对比评定法"，使得夏热冬暖地区不同外形的建筑都可以合理、公平地确定出围护结构节能设计参数，达到了发达国家节能设计水平。

6）空调采暖和通风设计规定适合夏热冬暖地区居住建筑空调采暖的特点，有利于新技术的开发利用。

7）本标准是夏热冬暖地区第一部建筑节能设计行业标准，实施后将产生显著的社会效益与经济效益。标准根据我国实情，吸收了发达国家相关建筑节能设计标准的成果，具有科学性、先进性和可操作性，总体上达到了国际先进水平。

审查委员一致通过了标准送审稿的审查，并提出了许多宝贵的意见和合理建议。会议要求编制组根据审查意见对送审稿进行进一步的修改和完善，形成报批稿尽快上报建设部审批、发布，并希望抓紧做好标准实施的政策、技术准备工作。

（四）发布阶段（2003年7月）

2003年7月18日，建设部印发"关于发布行业标准《夏热冬暖地区居住建筑节能设计标准》的公告"（第165号）（图3-3-2），标准编号为JGJ 75—2003，自2003年10月1日起实施。

（五）宣贯培训（2004年5月）

2004年5月30日，主编单位中国建筑科学研究院在厦门举办了《夏热冬暖地区居住建筑节能设计标准》JGJ 75—2003 宣贯培训会，标准的主要参编专家针对标准主要内容、重点章节进行了讲解。

图 3-3-2 "建设部关于发布行业标准《夏热冬暖地区居住建筑
节能设计标准》的公告"（第 165 号）

五、标准主要技术内容

《夏热冬暖地区居住建筑节能设计标准》JGJ 75—2003 适用于夏热冬暖地区新建、改建和扩建居住建筑的建筑节能设计。本标准共 6 章和 2 个附录：总则，术语，建筑节能设计计算指标，建筑和建筑热工节能设计，建筑节能设计的综合评价，空调采暖和通风节能设计；附录 A 夏季和冬季建筑遮阳系数的简化计算方法，附录 B 建筑物空调采暖年耗电指数的简化计算方法。

（一）设计计算指标

《夏热冬暖地区居住建筑节能设计标准》JGJ 75—2003 规定了居住空间室内设计计算温度：夏季空调时为 26℃、冬季采暖时为 16℃，计算换气次数为 1.0 次/h。

本标准根据 1 月的月平均温度（11.5℃）将夏热冬暖地区划分为南北 2 个子区。北区内建筑要考虑夏季空调，兼顾冬季采暖；南区内建筑主要考虑夏季空调，不考虑冬季采暖。这是因为要降低能耗，对于空调和采暖来说，对围护结构的要求并不相同，分成 2 个子区使得规定的围护结构参数要求更为合理。

在建设部 2002 年 6 月印发的《建设部建筑节能"十五"计划纲要》中，明确了"十五"期间开展建筑节能工作的工作原则：坚持节约建筑用能与改善热环境相结合。ISO 7730 采用 PMV-PPD 作为表征建筑热环境质量的指标体系，但是工程界在 2000 前后还不熟悉这套指标体系，另外检测 PMV 的热舒适仪比较昂贵。因此，本标准暂未采用 PMV-PPD 指标，而是采用我国工程界和社会都很熟悉的干球温度作为标准中热环境部分的主要指标。

舒适、卫生是居住建筑的基本要求，也是从质的方面表现着居住条件的水平。本标准按热舒适要求确定干球温度值，按卫生要求确定换气次数。

根据国内外卫生学、人体生理学和室内微气候学的研究成果，热舒适的温度范围为 18~26℃。住宅热环境质量调查发现，人们感到热舒适的温度范围明显受生活习惯、经济水平的影响。20 世纪 90 年代初，当室内温度在冬季大于 12℃、夏季小于 30℃范围内，居住者即表示舒适满意；20 世纪 90 年代中期以后，热舒适的温度范围开始缩小，一般为冬季大于 16℃、夏季小于 28℃；20 世纪 90 年代后期是空调器大规模进入普通家庭的阶段，伴随这一过程，人们热舒适的温度范围进一步缩小，有冷暖空调的家庭大多要求冬季大于 16℃、夏季小于 26℃。通常，年轻人的舒适温度范围比中老年人窄，来自北方的人的冬季舒适温度范围比夏热冬暖地区土生土长的人的窄。但总体来说，随着社会经济的发展和生活水平的提高，人们对热舒适水平的要求提高是基本趋势。

节能标准应兼顾社会、经济、技术发展水平，兼顾舒适与节能、环保。考虑到夏热冬暖地区 2000 年前后的现状及发展，《夏热冬暖地区居住建筑节能设计标准》JGJ 75—2003 给出的居室冬季采暖设计计算温度为 16℃，夏季空调设计计算温度为 26℃。

节能不能损害室内空气质量。夏热冬暖地区温度高、湿度大，室内细菌繁殖快。另外，该地区人民长期形成了加强房间通风，保持室内空气新鲜的良好卫生习惯。如果采暖、空调时关闭门窗，换气次数过少，室内空气不新鲜，居住者必然开窗，会造成大量的冷（热）风侵入能耗。因此，夏热冬暖地区换气次数应适当高于北方。当前居住建筑的净高一般大于 2.5m，按人均居住面积 15m²、换气次数为 1 次/h 计算，人均占有新风会超过 37.5m³/h。2000 年前后，我国有关办公建筑、旅游旅馆客房、餐厅的新风量规定一般为 30m³/h。因此，本标准规定采暖、空调时，计算换气次数为 1 次/h。

（二）建筑和建筑热工节能设计

降低居住建筑的空调采暖能耗，必须从两个方面入手：一是提高建筑围护结构的热工性能，二是使用高效率的空调采暖设备。由于在夏热冬暖地区，住宅的空调采暖设备多是住户自行购买的，随意性比较大，所以《夏热冬暖地区居住建筑节能设计标准》JGJ 75—2003 更要突出建筑围护结构方面的节能要求。本标准的第 4 章对居住建筑的设计从建筑和建筑热工两个方面提出了节能要求。

良好的自然通风可以大大缩短空调设备的实际运行时间，良好的朝向有助于在夏季避开强烈的阳光直接照射，在冬季获取尽可能多的太阳辐射热。因此，作为建筑设计的一般原则，节能标准要求居住区的总体规划布置和居住建筑的平面、立面及剖面设计应有利于自然通风，建筑物的朝向宜采用南北向或接近南北向。

居住建筑外围护结构热工性能的优劣对空调采暖的能耗影响很大。2003 年，夏热冬暖地区居住建筑的外围护结构是比较薄弱的，墙很薄，窗也很差。过去由于住宅普遍无空调、不采暖，冬夏季室内外温度差不大，围护结构热工性能差的矛盾不突出。在本标准编制的几年间，情况发生了根本的变化，住宅夏季空调、冬季采暖越来越成为一种普遍现象，如果建筑围护结构的热工性能得不到改善，大量的宝贵能源会白白浪费掉。为了提高能源利用效率，本标准的第 4 章对建筑外围护结构的热工性能提出了比较高的要求。建筑外围护结构主要包括墙、屋顶和窗户 3 个部分。

1）墙体

在 2003 年，夏热冬暖地区相当多的地方仍在使用 180mm 黏土实心砖（传热系数 $K=$

2.32W/(m²·K)）和190mm的黏土空心砖（传热系数 $K=1.85$W/(m²·K)），隔热性能比较差，而且黏土实心砖和黏土空心砖要使用黏土烧制，挤占耕地，不符合国家墙改政策，这种状况必须逐步改变。首先要把墙的传热系数降下来，本标准根据各地特点和经济发展的不同程度，提出使用重质材料作为外墙时按3个级别予以控制，即 $K\leqslant2.0$W/(m²·K)、$K\leqslant1.5$W/(m²·K) 和 $K\leqslant1.0$W/(m²·K)。这3档不同的要求，既考虑了节能的需要，又照顾到实际的可行性。

2）屋顶

夏热冬暖地区屋顶的结构形式和隔热性能亟待改善。编制组对福州屋顶热工性能做过测试，一个传统的架空通风屋顶，传热系数 $K=3.0$W/(m²·K)，在夏季炎热气候条件下，屋顶内外表面最高温差只有5℃左右，室内有明显的烘烤感。而使用挤塑泡沫板铺设的重质屋顶，传热系数 $K=1.13$W/(m²·K)，屋顶内外表面最高温差达到15℃左右，居住者没有烘烤感，感觉较舒适。因此，本标准规定使用重质材料屋顶，传热系数 K 值应小于1.0W/(m²·K)。

随着新型建筑材料的发展，轻质高效隔热材料越来越多地作为屋顶和墙体材料。本标准规定分别采用轻质材料做屋顶和墙体时，传热系数要降至0.5W/(m²·K) 和0.7W/(m²·K)，同时还要满足国家标准《民用建筑热工设计规范》GB 50176—93 所规定的隔热要求。

3）外窗

在夏热冬暖地区，窗户是建筑节能的关键因素，比外墙和屋顶更重要。本标准对窗户的控制从两个方面入手，一是控制窗墙面积比，二是要求窗户本身有比较好的性能。首先，普通窗户的保温隔热性能比外墙差很多，而且夏季白天太阳辐射还可通过窗户直接进入室内，所以窗墙面积比越大，建筑物的能耗也就越大。计算机模拟分析表明，通过窗户进入室内的热量（包括温差传热和辐射得热）占室内总得热量的相当大部分，成为影响夏季空调负荷的主要因素。因此从节能角度出发，兼顾到建筑师创作和住户的愿望，本标准对夏热冬暖地区居住建筑各朝向窗墙面积比进行了限制。其次，窗户本身热工性能的好坏对节能的影响也是很大的。性能好的窗户，即使面积大一些，热（冷）量的损失也未必比性能差面积小的窗户严重。因此本标准将窗的性能与窗墙面积比的大小结合在一起考虑。在夏热冬暖地区，窗的热工性能中遮阳系数非常重要，有时候甚至于比传热系数还要重要。窗户的传热系数越小，通过窗户的温差传热就越小，对降低采暖负荷和空调负荷都是有利的。窗的遮阳性能越好，透过窗户进入室内的太阳辐射热就越小，对降低空调负荷更有利，但对降低采暖负荷却是不利的。在夏热冬暖地区的北区，既要考虑采暖又要考虑空调，本标准对窗的传热系数和遮阳性能同时提出了要求；在夏热冬暖地区的南区，不需要考虑采暖，本标准只对窗的遮阳性能提出了要求。

窗的遮阳性能除了窗本身的遮阳系数之外，窗外侧的各种遮阳装置，如固定的遮阳板（篷）、活动的卷帘或百叶等，也起着很重要的作用。本标准提出了综合遮阳系数的概念，考虑了窗本身的遮阳系数和窗外侧的遮阳装置的综合作用。窗的综合遮阳系数计算是相当复杂的，本标准提出了简化的计算方法，解决了一般外遮阳系数的计算问题。这一简化计算方法归纳在附录A中。标准还提出了对窗户开启面积的要求，这一要求的提出主要是为了保证自然通风。

屋顶和外墙的隔热措施是有一定节能效果的，本标准提出按折算成热阻的方法计算其节能效果。这一做法可以起到鼓励使用隔热措施的作用，鼓励南方的建筑区别于北方建筑，避免节能建筑的"千村一貌"。

本标准第 4 章中对窗、墙、屋顶的节能性能要求实际上是强制性的，因为只有这样设计居住建筑，才能保证达到 50％的节能目标。这些强制性要求都是一些明确规定的性能指标，所以也称之为建筑节能设计的"规定性指标"。使用"规定性指标"的好处是简单明了。一栋居住建筑的设计如果完全满足"规定性指标"，就可以判定它是一栋节能建筑。但是在实践中，有相当数量的居住建筑不能完全符合"规定性指标"的要求，针对这种情况，本标准提供另一条节能设计达标的途径。走这一条途径所设计的居住建筑，其窗墙面积比、外墙、屋顶和窗户等的热工性能参数可以不完全符合第 4 章的规定，但是它在标准工况下计算出来的采暖和空调能耗不得超过一定的限值，这些能耗限值称之为"性能性指标"。本标准第 5 章提出的是按照"性能性指标"达标途径实现居住建筑节能设计的方法。

（三）建筑节能设计的综合评价

如上所述，由于居住建筑形式的日益多样性，仅靠"规定性指标"来要求居住建筑的节能设计，实际上是行不通的。因此本标准提出了"性能性指标"的节能达标方法。"性能性指标"方法不过分注重对能耗有影响的每一个独立的热工性能指标，而注重这些独立的性能指标的总体结果，即注重居住建筑整体的空调采暖能耗是否超过某一预先规定的限制值。"性能性指标"方法给予了建筑师更多的灵活性。所设计的建筑在某一方面不满足"规定性指标"的要求，允许在其他方面采取措施来弥补。例如一栋建筑的开窗面积超过了第 4 章的规定，它可以采取提高窗本身的性能来补救，仍然可实现预定的节能目标。但是这一类建筑必须经过复杂的计算，证明它确实能实现预定的节能目标。也就是说"性能性指标"方法是根据最终的结果来判定建筑设计是否满足节能要求的。

建筑节能设计的综合评价就是具体落实"性能性指标"方法。实施"性能性指标"方法，要规定一种标准的工况、统一的计算方法和预定的节能目标（即预定的建筑能耗限制值）。规定标准的工况和统一的计算方法是为了保证不同的建筑是在相同的基础上作比较。本标准的第 5 章明确规定了标准工况和统一计算方法。本标准引入"参照建筑"来预定所设计的实际建筑的空调采暖能耗限制值。"参照建筑"的概念是本标准一个非常重要的概念，它是一个符合节能要求的假想建筑，该建筑与所设计的实际建筑在大小、形状等方面完全一致，它的围护结构正好满足本标准第 4 章中强制性的全部规定，因此它是符合节能标准的建筑，并为所设计的实际建筑定下了采暖空调能耗的限值。标准中采用"对比评定法"来判定实际建筑是否达标，与采用单位建筑面积的能耗指标的方法相比有明显的优点。它是一个相对标准，高层建筑、多层建筑和低层建筑有着不同的单位建筑面积能耗，但会保持基本相同的节能率。

本标准采用"建筑物的空调采暖年耗电量 EC 值"或"建筑物的空调采暖年耗电指数 ECF 值"作为居住建筑节能设计是否达标的判据。计算 EC 值要使用动态逐时模拟的计算方法。动态的方法能够比较准确地计算出建筑物的空调采暖能耗，尤其是空调能耗。夏热冬暖地区夏季气候变化复杂而快速，建筑围护结构的传热方向和传热量都是变化的。用简单的稳态方法计算不能正确地、充分地揭示建筑围护结构和采暖空调设备的节能性能，甚至会得出与实际相反的结论，不利于建筑节能新技术、新产品的开发和推广，不利于建筑节能科学技术的发展。尽管动态计算比较复杂，但借助于现成的计算机软件，这一困难是完全可以克服的。另一方面，为了进一步减轻设计人员的负担，本标准在回归分析了大量动态逐时模拟计算结果的基础上，提出了简化的性能性指标计算方法，就是计算"建筑物的空调采暖年耗电指数 ECF 值"。依据编制成的软件计算比较简单，设计人员经过简单的学习，很容易掌握。

（四）和国外标准的比对

和将《严寒和寒冷地区居住建筑节能设计标准》JGJ 26—2010、《夏热冬冷地区居住建筑节能设计标准》JGJ 134—2010 分别与美国标准 ASHRAE Standard 90.1—2007 相比较类似，这里将《夏热冬暖地区居住建筑节能设计标准》JGJ 75—2003 和 ASHRAE Standard 90.1—2007 中气候条件相近地区规定的限值进行比较，所选比较对象为夏热冬暖地区的深圳，根据深圳地区的气候特征，选择 ASHRAE Standard 90.1—2007 中表 5.5-2 的规定值进行比较。

表 3-3-1 为中美标准夏热冬暖地区围护结构传热系数 K 和遮阳系数 SC 限值的比较。由表 3-3-1 可知，中国和美国标准在外窗传热系数限值上都没有要求，但是在外墙、屋面的传热系数上有差距，特别是屋面传热系数差距较大。此外，中国和美国标准都对遮阳系数提出了相近的规定值。

中美标准夏热冬暖地区围护结构传热系数 K 和遮阳系数 SC 比较 表 3-3-1

	外墙 K $[W/(m^2 \cdot K)]$	屋面 K $[W/(m^2 \cdot K)]$	外窗		
			窗墙面积比	K $[W/(m^2 \cdot K)]$	SC （由 SHGC 换算）
《夏热冬暖地区居住建筑节能设计标准》JGJ 75—2003	2.0～1.0	≤1.0	0～0.35	无规定	0.4～0.9
			0.351～0.50		0.3～0.6
ASHRAE Standard 90.1—2007 （表 5.5-2）	0.86 （重质墙）	0.36 （无阁楼）	0～0.40	6.9～7.2	北：0.70； 其他：0.29
			0.401～0.50	6.9～7.2	北：0.50； 其他：0.20

六、标准相关科研课题（专题）及论文汇总

（一）标准相关科研专题

在《夏热冬暖地区居住建筑节能设计标准》JGJ 75—2003 编制过程中，编制组针对标准制订的重点和难点内容进行了专题研究，具体见表 3-3-2。

编制《夏热冬暖地区居住建筑节能设计标准》JGJ 75—2003 相关专题研究报告汇总 表 3-3-2

序号	专题研究报告名称	作者	单位	主要内容
1	《夏热冬暖地区居住建筑节能设计标准》编制背景	涂逢祥	中国建筑业协会建筑节能专业委员会	本报告对夏热冬冷地区的范围、气候特点、区域建筑热环境进行了介绍，分析了制订本标准的必要性和紧迫性

续表

序号	专题研究报告名称	作者	单位	主要内容
2	夏热冬暖地区居住建筑外墙设计指标研究	任俊、杨树荣	广州市建筑科学研究院、广州市墙体革新与建筑节能办公室	本报告通过计算对比提出了在夏热冬暖地区实施建筑节能外墙的发展建议：该地区外墙首先应满足《民用建筑热工设计规范》隔热设计要求；福州等冬季需要采暖的地区，外墙传热系数应考虑与《夏热冬冷地区居住建筑节能设计标准》的有关要求进行协调；实施建筑节能标准后，外墙的发展应符合当地的墙改发展要求；节能标准外墙指标的确定要考虑当地经济适应能力；给出了该地区外墙传热系数和热惰性指标分级
3	夏热冬暖地区居住建筑外窗主要热工参数的研究和确定	赵士怀、黄夏东、王云新	福建省建筑科学研究院	此报告针对《夏热冬暖地区居住建筑节能设计标准》第4章"建筑和建筑热工节能设计"内容进行研究，包括建筑总体规划布置、平面布置、朝向、体形系数；外窗（天窗）面积、窗墙面积比；围护结构热工性能等；外门窗的可开启面积、气密性等
4	夏热冬暖地区居住建筑节能窗技术研究	黄夏东、赵士怀、王云新	福建省建筑科学研究院	本报告从以下3个方面开展了夏热冬暖地区居住建筑节能窗技术的研究：国内外建筑外窗发展现状、夏热冬暖地区建筑外窗使用现状、该地区提高外窗热工性能的措施；并指出研发高性能节能窗是该地区建筑节能的迫切需要
5	夏热冬暖地区居住建筑外窗遮阳系数的确定	杨仕超、孟庆林	广东省建筑科学研究院、华南理工大学	对于夏热冬暖地区，隔热是主要问题，因而《夏热冬暖地区居住建筑节能设计标准》的编制需要对遮阳系数进行量化。本报告对遮阳系数的定义、玻璃的遮蔽系数、窗自身的遮阳系数、与节能有关的外遮阳系数进行了分析
6	夏热冬暖地区居住建筑屋面节能指标的确定	杨仕超	广东省建筑科学研究院	本报告对夏热冬暖地区居住建筑屋面节能指标的确定进行了分析，可知在自然通风条件下屋面满足《民用建筑热工设计规范》的要求和节能要求是不矛盾的；空调状况下的屋面应满足热舒适性和节能性两个方面的要求。在此基础上，给出了3条确定屋面节能指标的原则
7	夏热冬暖地区居住建筑自然通风的研究	刘俊跃	深圳市建筑科学研究院	本报告通过建筑物实态测试、室内热环境实测与人体感受情况调查、社会调查及计算机模拟等手段，对夏热冬暖地区居住建筑自然通风进行了研究，可知在具有较好室外自然通风条件下，当室内外自然通风气流组织设计合理时，能通过自然通风方式达到室内热舒适性的要求，从而减少开启空调设备的时间，达到节约能源的目的
8	夏热冬暖地区居住建筑围护结构节能设计综合评价指标的建议及其简化计算	杨仕超	广东省建筑科学研究院	本报告提出了一个夏热冬暖地区的基础能耗建筑，在此基础上采用DOE-2进行了能耗计算分析，得到了各围护结构的各项性能指标在节能中的作用大小。参考美国节能标准，研究引入了对比评定法。另外，还提出了该地区围护结构节能指标的简化计算公式用于对比计算，并用两个不同的建筑能耗计算结果对公式进行了验证
9	夏热冬暖地区居住建筑空调能耗分析	冀兆良、周孝清、梁栋、朱纪军	广州大学	本报告研究内容包括：居住建筑空调应用现状与能耗、典型居住建筑全年空调能耗分析、居住建筑空调能耗影响因子和夏热冬暖地区住宅空调节能措施的研究

（二）标准相关论文

在《夏热冬暖地区居住建筑节能设计标准》JGJ 75—2003 编制过程中及发布后，主编单位在相关期刊发表了 9 篇论文，具体见表 3-3-3。

与《夏热冬暖地区居住建筑节能设计标准》JGJ 75—2003 相关发表期刊论文汇总　　表 3-3-3

序号	论文名称	作者	单位	发表信息
1	建筑节能是可持续发展的重要战略	郎四维	中国建筑科学研究院空气调节研究所	《制冷空调与电力机械》，2002 年 2 期
2	我国建筑节能设计标准的现况与进展	郎四维	中国建筑科学研究院空气调节研究所	《制冷空调与电力机械》，2002 年 3 期
3	建筑节能是可持续发展战略的重要措施——访中国建筑科学研究院顾问副总工程师郎四维	《中国建设信息·供热制冷专刊》编辑部	《中国建设信息·供热制冷专刊》编辑部	《中国建设信息·供热制冷专刊》，2004 年 2 期
4	我国建筑节能设计标准编制思路与进展	郎四维	中国建筑科学研究院空气调节研究所	《暖通空调》，2004 年 5 期
5	建筑节能设计标准进展——中国制冷空调工业协会第二届信息大会	郎四维	中国建筑科学研究院空气调节研究所	《第二届中国制冷空调行业信息大会会议资料集》，2004 年
6	建筑节能设计标准展望	郎四维	中国建筑科学研究院空气调节研究所	《中国建设报》，2005 年 4 月 5 日
7	建筑节能是关乎可持续发展的战略性举措	郎四维、林海燕	中国建筑科学研究院	《中国建设报》，2005 年 6 月 20 日
8	建筑节能设计标准剖析	郎四维	中国建筑科学研究院空气调节研究所	《住宅产业》，2005 年 7 期
9	我国民用建筑节能设计标准剖析	郎四维	中国建筑科学研究院空气调节研究所	《第 13 届全国暖通空调技术信息网技术交流大会文集》，2005 年

七、所获奖项

《夏热冬暖地区居住建筑节能设计标准》JGJ 75—2003 自发布实施以来，先后获得如下奖项：中国建筑科学研究院 2004 年度院科技进步一等奖（图 3-3-3）、2006 年"中国建筑设计研究院 CADG 杯"华夏建设科学技术二等奖（图 3-3-4）。

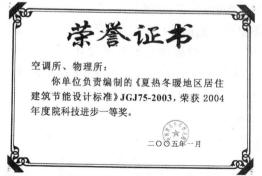

图 3-3-3 《夏热冬暖地区居住建筑节能设计标准》JGJ 75—2003 荣获中国建筑科学研究院 2004 年度院科技进步一等奖

图 3-3-4 《夏热冬暖地区居住建筑节能设计标准》JGJ 75—2003 荣获 2006 年"中国建筑设计研究院 CADG 杯"华夏建设科学技术二等奖

第二阶段：《夏热冬暖地区居住建筑节能设计标准》JGJ 75—2012

一、主编和主要参编单位、人员

《夏热冬暖地区居住建筑节能设计标准》JGJ 75—2012 主编及参编单位：中国建筑科学研究院、广东省建筑科学研究院、福建省建筑科学研究院、华南理工大学建筑学院、广西建筑科学研究设计院、深圳市建筑科学研究院有限公司、广州大学土木工程学院、广州市建筑科学研究院有限公司、厦门市建筑科学研究院、广东省建筑设计研究院、福建省建筑设计研究院、海南华磊建筑设计咨询有限公司、厦门合道工程设计集团有限公司。

本标准主要起草人员：杨仕超、林海燕、赵士怀、孟庆林、彭红圃、刘俊跃、冀兆良、任俊、周荃、朱惠英、黄夏东、赖卫中、王云新、江刚、梁章旋、于瑞、卓晋勉。

二、编制背景及任务来源

建筑节能设计是整个建筑节能工作推进的重要环节，《夏热冬暖地区居住建筑节能设计标准》JGJ 75—2003 自 2003 年 10 月实施以来，有效指导了南方各省建筑节能工作的开展。

随着标准的实施，夏热冬暖地区各省市在建筑节能设计过程中总结了很多经验和教训。同时，各省市在研究南方地区建筑节能技术的基础上形成了一些好的成果、经验和做法。由于各省所编制的当地实施细则在内容上各有优势，而整个夏热冬暖地区气候差异不大，为进一步改善夏热冬暖地区的能源使用效率、遏制南方建筑能耗的过快增长、有效改善室内热环境，有必要高质量的修订本标准，发挥各自优势，形成合力，共同推进。除此之外，新技术不断出现，标准在使用中如何反映，需要提出一些新的措施。本标准修订的整体目标是：在更好地体现夏热冬暖地域、经济和气候特点的同时，有利于南方地区建筑节能更有效地得到落实。

2007 年，根据"关于印发《2007 年工程建设标准规范制订、修订计划（第一批）》的通知"（建标［2007］125 号）的要求，《夏热冬暖地区居住建筑节能设计标准》JGJ 75 列入修订计划，主编单位为中国建筑科学研究院和广东省建筑科学研究院。

中国建筑科学研究院为《夏热冬暖地区居住建筑节能设计标准》JGJ 75—2003 主编单位之一，且长期从事居住建筑的节能设计及检测工作，对居住建筑节能设计中存在的问题、技术难点和重点有非常充分的了解，积累了大量的工作经验。在原标准的实施过程中，也收集整理了各方面的意见、问题，并进行了相关研究。

三、标准编制过程

（一）启动及标准初稿编制阶段（2007 年 9 月～2009 年 4 月）

1. 前期调研工作

2007 年 9 月～2008 年 3 月，主编单位组织相关研究院所成立了节能标准贯彻实施的调研小组，广东省建筑科学研究院、福建省建筑科学研究院、广西建筑科学研究院、深圳建筑科学研究院分别对福建、广西、广州、深圳等 100 多家单位进行了调查，包括设计院、节能办、审图单位及业主（房地产商）等。调查采用调查问卷的方式，调查方案主要从围护结构、遮阳、通风、对比评定法 4 个方面进行了设置。

通过几个月的调查，调研小组明确了下一步工作的方向，确定了《夏热冬暖地区节能设计标准》JGJ 75 修订需要解决的重点问题：研究居住建筑自然通风的具体要求和具体措施；研究遮阳构造，提供设计参数；研究并规定居住建筑朝向划分的原则；研究墙体热惰性与自然通风降温的关系，给出适合的指标要求；研究用表格法代替大型软件进行综合评定计算的方法。

2. 修订编制组成立暨第一次工作会议

2008 年 4 月 14～15 日，《夏热冬暖地区居住建筑节能设计标准》JGJ 75 修订编制组成立暨第一次工作会议在海南省海口市召开。参加会议的有建设部标准定额研究所和海南省建设厅领导，以及主编和参编单位的领导和专家。修订编制组经过认真讨论，明确了本次修订的主要目标：在总结标准实施以来各省市取得的经验和遇到的问题的基础上，修改和完善原标准的条款，提高标准的科学性和可操作性。标准的框架不发生大的变动，结合南方气候特点，将增强遮阳、通风方面的技术内容。

第一次工作会议对《夏热冬暖地区居住建筑节能设计标准》JGJ 75 修订的原则及主要改动内容进行了深入的分析，各单位对"窗地面积比取代窗墙面积比的问题"展开了激烈讨论，最后达成一致，决定对各地设计院进行调查后再确认。会议进行了编制工作的分工，并对编制的进度进行了讨论。

需要补充的是，为了更好地促进《夏热冬暖地区居住建筑节能设计标准》JGJ 75—2003 的实施，从 2007 年开始，广东、福建、广西、海南四省（自治区）已经启动了《夏热冬暖地区居住建筑节能设计标准》JGJ 75—2003 实施细则的编制工作，其编制目的和本次标准修订的目的是完全一致的。负责实施细则编制工作的主要技术人员基本上都是原标准的主要参编人员，同时也是本次修订编制组的主要技术人员。原标准主编单位中国建筑科学研究院的代表也曾参加了实施细则编制组的前两次工作会议。因此，本次会议决定，标准的修订工作和四省实施细则的编制工作统一协调进行，今后的工作会议都一起召开，两项工作同步开展。

会后，编制组全面开始了标准修编的相关工作，并通过电子邮件讨论，形成了标准修订的初稿。

3. 第二次工作会议

2009 年 4 月 25～26 日，编制组在广西南宁召开第二次工作会议（图 3-3-5），参加会议的有主编和参编单位的代表。与会专家逐条讨论了《夏热冬暖地区居住建筑设计标准》JGJ 75 修订讨论稿，明确了下一步的分工。讨论所形成的多项修改意见如下：主要功能房间窗地面积比与玻璃可见光透射比的规定；屋顶和外墙的传热系数和热惰性指标的规定；建筑外遮阳、穿堂风流动通道面积的规定；集中式空调系统冷负荷计算的规定；多联机热回收的规定；外遮阳系数简化计算中加入百叶挡板式的遮阳系数简化计算方法。另外，请福建省建筑科学研究院、广西建筑科学研究院和海南省建筑设计院提供征求意见单位名单。

图 3-3-5 《夏热冬暖地区居住建筑节能设计标准》JGJ 75 修订第二次工作会议

会后，根据会议的意见，各个章节的负责起草人对初稿进行了修改，并通过网上征求编制组其他成员的意见，形成了征求意见稿。

(二) 征求意见阶段 (2009 年 11 月～2010 年 12 月)

1. 征求意见

2009 年 11 月，《夏热冬暖地区居住建筑设计标准》JGJ 75 修订征求意见稿在国家工程标准化信息网 (www.ccsn.gov.cn) 发布，开始向全社会公开征求意见。编制组同时向南方各省多个单位发出了征求意见稿，定向征求意见。

截至 2010 年 5 月，收到对本标准征求意见稿的修改意见和建议共 43 条。编制组对反馈意见经分类整理并逐条研究，提出了处理意见。

2. 第三次工作会议

2010 年 12 月 5 日，编制组在广西南宁召开了第三次工作会议。主编和参编单位的领导和专家参加了此次会议。本次会议重点对以下 4 个方面展开了热烈的讨论："单一朝向的窗墙面积比"和"平均窗墙面积比"概念的定义和区分，"窗地面积比"这一概念引入的意义和具体要求，对建筑外遮阳的量化指标及其强制性，对自然通风的要求及其强制性。

此次会议对标准各章节中有增加、删除或修改的条文进行了汇总并达成一致，包括窗墙面积比、窗地面积比、遮阳要求、自然通风要求、隔热措施的当量附加热阻取值等。同时，对标准的修编意见和下一步的工作分工及计划达成了共识，确定于 2010 年 12 月 12 日前返回修改稿和评审会专家名单，尽快形成《夏热冬暖地区居住建筑节能设计标准》JGJ 75 修订送审稿。

会后，根据会议讨论意见，各个章节的负责人对征求意见稿进行了修改，主编单位进行汇总整理后形成了送审稿。

(三) 送审阶段 (2011 年 11 月)

2011 年 11 月 21 日，《夏热冬暖地区居住建筑节能设计标准》(送审稿) 审查会在广州珠江宾馆召开 (图 3-3-6)。会议由中国建筑科学研究院组织，住房和城乡建设部标准定额司、标准定额研究所领导以及来自建筑设计院、科研院所及审图单位的专家、编制组全体成员，共 32 人参加了审查会议。

图 3-3-6 《夏热冬暖地区居住建筑节能
设计标准》（送审稿）审查会

会议组成了由屈国伦教授级高级工程师为主任委员、张道正教授级高级工程师为副主任委员的审查委员会。审查委员听取了编制组对标准编制工作和征求意见处理情况的介绍，对标准送审稿进行了逐条、逐句、认真细致的审查，审查意见如下：

1）该标准的内容全面、系统，包括总则、术语、建筑节能设计计算指标、建筑和建筑热工节能设计、建筑节能设计的综合评价及暖通空调和照明节能设计等内容。

2）该标准主要是对我国《夏热冬暖地区居住建筑节能设计标准》JGJ 75—2003 的实施情况进行调查、研究，根据现行建筑节能技术的发展和实践经验，并参考现行国际和一些发达国家的相关标准，经过分析、研究和验证后修订的。标准依据充分，技术内容准确可靠，切实可行。

3）该标准技术先进，具有一定的创新性和前瞻性，对于节约能源、保护环境、改善夏热冬暖地区居住建筑热环境和降低建筑能耗具有重要推动作用。

4）该标准的章节构成合理，简明扼要，层次清晰，编写格式符合标准编写要求。

5）该标准修订了《夏热冬暖地区居住建筑节能设计标准》JGJ 75—2003，加入了新的节能技术，其内容和技术水平达到了国际同类标准的先进水平。

审查委员一致同意此标准通过审查，并对标准送审稿提出了宝贵的意见和建议，要求编制组对送审稿进行修改和完善，尽快完成报批稿，上报主管部门批准发布。

（四）发布阶段（2012 年 11 月）

本标准的报批材料于 2011 年 12 月完成。2012 年 11 月 2 日，住房和城乡建设部印发"关于发布行业标准《夏热冬暖地区居住建筑节能设计标准》的公告"（第 1533 号）（图 3-3-7），标准编号为 JGJ 75—2012，自 2013 年 4 月 1 日起实施。原《夏热冬暖地区居住建筑节能设计标准》JGJ 75—2003 同时废止。

由于《夏热冬暖地区居住建筑节能设计标准》JGJ 75—2012 的编制过程始终与广东、福建、广西、海南四省（自治区）已经启动的《夏热冬暖地区居住建筑节能设计标准》实施细则编制工作同步进行，因此本标准自发布后，实施一直比较顺畅。

中华人民共和国住房和城乡建设部

公　告

第1533号

住房城乡建设部关于发布行业标准《夏热冬暖地区居住建筑节能设计标准》的公告

现批准《夏热冬暖地区居住建筑节能设计标准》为行业标准，编号为JGJ75-2012，自2013年4月1日起实施。其中，第4.0.4、4.0.5、4.0.6、4.0.7、4.0.8、4.0.10、4.0.13、6.0.2、6.0.4、6.0.5、6.0.8、6.0.13条为强制性条文，必须严格执行。原《夏热冬暖地区居住建筑节能设计标准》JGJ75-2003同时废止。

本标准由我部标准定额研究所组织中国建筑工业出版社出版发行。

住房城乡建设部

2012年11月2日

图 3-3-7　住房和城乡建设部"关于发布行业标准《夏热冬暖地区居住建筑节能
设计标准》的公告"（第 1533 号）

四、标准主要技术内容

《夏热冬暖地区居住建筑节能设计标准》JGJ 75—2012 适用于夏热冬暖地区新建、扩建和改建居住建筑的建筑节能设计。本标准共 6 章和 3 个附录：总则，术语，建筑节能设计计算指标，建筑和建筑热工节能设计，建筑节能设计的综合评价，暖通空调和照明节能设计；附录 A 建筑外遮阳系数的计算方法，附录 B 发射隔热饰面太阳辐射吸收系数的修正系数，附录 C 建筑物空调采暖年耗电指数的简化计算方法。

《夏热冬暖地区居住建筑节能设计标准》JGJ 75—2012 的主要创新点如下：

1) 首次将"窗地面积比"作为确定门窗节能指标的控制参数。

针对夏热冬暖地区的节能设计，在体形系数没有限制的前提下，在实际使用中发现采用窗墙面积比存在问题。对于外墙面积较大的建筑，即使窗的面积很大，对窗的遮阳系数要求也不严格。另外，如果限制体形系数，则将很大程度上束缚本气候区的建筑设计，不符合本地区的建筑特点。南方地区经济较发达，建筑形式呈现多样化。同时，住宅设计中应充分考虑自然通风设计，通常要求建筑有较高的"通透性"，此时建筑平面设计较为复杂，体形系数比较大。

在本地区采用"窗地面积比"可以避免以上问题。采用"窗地面积比"使建筑节能设计与建筑自然采光设计与建筑自然通风设计保持一致。建筑自然采光设计与建筑自然通风设计不仅可以保证建筑室内环境，也是建筑被动式节能的重要手段。南方居住建筑对自然通风的需求也给"窗地面积比"的应用带来了可能性。为了保证住宅室内的自然通风，通常控制外窗的可开启面积与地面面积的比值来实现。《夏热冬暖地区居住建筑节能设计标准》JGJ 75—2003 中为了保证建筑室内的自然通风效果，要求外窗可开启面积不应小于地面面积的 8%。

相对"窗墙面积比"，"窗地面积比"很容易计算，简化了建筑节能设计的工作，减少了设计人员和审图人员的工作量，也降低了节能计算出现矛盾或错误的可能性。

2）首次将东、西朝向建筑外遮阳作为强制性条文，南、北朝向建筑外遮阳不做强制要求。

在目前居住建筑外窗遮阳设计中，出现了过分提高和依赖窗自身遮阳能力而轻视窗口建筑构造遮阳的设计势头，导致大量的外窗普遍缺少窗口应有的防护作用，特别是住宅开窗通风时窗口既不能遮阳也不能防雨，偏离了原标准对建筑外遮阳技术规定的初衷，行业负面反响很大。同时，在南方地区，如厦门、深圳等地，近年来因住宅外窗形式引发的技术争议问题增多，有必要在本标准中进一步基于节能要求明确相关规定。窗口设计时应优先采用建筑构造遮阳，其次应考虑窗口采用安装构件的遮阳，两者都不能达到要求时再考虑提高窗自身的遮阳能力，原因在于单纯依靠窗自身的遮阳能力不能适应开窗通风时的遮阳需要。

窗口设计时，可以通过设计窗眉（套）、窗口遮阳板等建筑构造，或在设计的凸窗洞口缩进窗的安装位置留出足够的遮阳挑出长度等一系列经济技术合理可行的做法满足本规定，即本条文在执行上普遍不存在技术难度，只会对当前流行的凸窗（飘窗）形式产生一定影响。由于凸窗可少许增大室内空间且按当前各地行业规定不计入建筑面积，于是这种窗型流行很广，但因其相对增大了外窗面积或外围护结构的面积，导致了房间热环境的恶化和空调能耗增高以及窗边热胀开裂、漏雨等一系列问题，也引起了行业的广泛关注。如在广州地区因安装凸窗，房间在夏季关窗时的自然室温最高可增加 2℃，房间的空调能耗增加最高可达 87.4%。在夏热冬暖地区设计简单的凸窗不利于节能已是行业共识。另外，为确保凸窗的遮阳性能和侧板保温能力符合现行节能标准要求所投入的技术成本也较大，大量凸窗必须采用 Low-E 玻璃甚至断桥铝合金的中空 Low-E 玻璃，并且凸窗板还要进行保温处理才能达标，代价高昂。综合考虑，本标准针对窗口的建筑外遮阳设计，规定了东、西向的外遮阳系数，南、北向外遮阳构造的设计限值。

3）建筑通风的要求更具体，更符合人体热舒适及健康的要求。

本标准强调南方地区居住建筑应能依靠自然通风改善房间热环境，缩短房间空调设备使用时间，发挥节能作用。房间实现自然通风的必要条件是外门窗有足够的通风开口。标准规定：房间外窗（包括阳台门）的通风开口面积不应小于房间地面面积的 10% 或外窗面积的 45%。当平开门窗、悬窗、翻转窗的最大开启角度小于 45°时，通风开口面积按 1/2 可开启面积计算，与《住宅建筑规范》GB 50368—2005 统一。

4）首次对多联式空调（热泵）机组强制规定。

当居住区采用集中供冷（热）方式时，冷（热）源的选择对于合理使用能源及节约能源是至关重要的。从 2010 年前后的情况来看，无外乎采用电驱动的冷水机组制冷、电驱动的热泵机组制冷及采暖；直燃型溴化锂吸收式冷（温）水机组制冷及采暖，蒸汽（热水）溴化锂吸收式冷热水机组制冷及采暖；热、电、冷联产方式，城市热网供热；燃气、燃油、电热水机（炉）供热等。当然，选择哪种方式为好，要经过技术经济分析比较后确定。《公共建筑节能设计标准》GB 50189—2005 给出了相应机组的能效比（性能系数）。这些参数的要求在该标准中是强制性条款，是必须满足的。

除以上 4 项创新点之外，其他创新点包括：对采用集中式空调（采暖）方式或户式中央空调的住宅提出强制要求计算逐时逐项冷负荷，加入了土壤源热泵系统利用的要求，首次提出了照明节能的要求。

本标准有强制性条文 12 条，主要是关于建筑和建筑热工节能设计、空调采暖、通风和照明节能设计的。其中建筑和建筑热工方面有 7 条，分别是关于窗墙面积比、房间窗地面积比、天窗性能、屋顶和外墙性能、外窗性能、建筑外遮阳要求、通风开口面积等；暖通空调照明方面有 5 条，分别是关于集中式空调（采暖）、冷热源机组效率、水土资源保护、公共部位的照明等。这些强制性条文都是与节能环保密切相关的，而且都是控制性指标。

五、标准相关科研课题（专题）及论文汇总

（一）标准相关科研专题

在《夏热冬暖地区居住建筑节能设计标准》JGJ 75—2012 编制过程中，编制组针对标准修订的重点和难点内容进行了专题研究，具体见表 3-3-4。

编制《夏热冬暖地区居住建筑节能设计标准》JGJ 75—2012 相关专题研究报告汇总　　表 3-3-4

序号	专题研究报告名称	作者	单位	主要内容
1	建筑遮挡系数研究研究报告	张磊	华南理工大学	本报告包括3部分内容：太阳位置的确定，光斑面积的计算，建筑遮挡系数的计算
2	夏热冬暖地区的建筑节能设计标准实施调查报告	周荃、王丽娟	广东省建筑科学研究院	本课题调研了 2003 版标准的实施应用情况，分析了存在的问题与修订的重点
3	夏热冬暖地区居住建筑评价指标研究报告	周荃、王丽娟	广东省建筑科学研究院	本课题对窗地面积比进行了调研，分析了窗地面积比与窗墙面积比的关系，得出了夏热冬暖地区居住建筑节能设计评价指标

（二）标准相关论文

在《夏热冬暖地区居住建筑节能设计标准》JGJ 75—2012 编制过程中及发布后，主编单位在相关期刊发表了 3 篇论文，具体见表 3-3-5。

与《夏热冬暖地区居住建筑节能设计标准》JGJ 75—2012 相关发表期刊论文汇总

表 3-3-5

序号	论文名称	作者	单位	发表信息
1	夏热冬暖地区居住建筑节能标准中"窗地面积比"的应用研究	周荃、杨仕超、王丽娟	广东省建筑科学研究院	《城市化进程中的建筑与城市物理环境：第十届全国建筑物理学术会议论文集》，2008 年
2	建筑遮阳技术在绿色建筑中的应用研究	杨仕超、周荃	广东省建筑科学研究院	《建设科技》，2012 年 15 期
3	《夏热冬暖地区居住建筑节能设计标准》相关问题研究	杨仕超、马扬、吴培浩、周荃	广东省建筑科学研究院	《全国建筑环境与建筑节能学术会议论文集》，2007 年

本部分小结：夏热冬暖地区居住建筑节能设计系列标准内容比对

《夏热冬暖地区居住建筑节能设计标准》JGJ 75—2003 和《夏热冬暖地区居住建筑节能设计标准》JGJ 75—2012 具体内容的比对见表 3-3-6。

夏热冬暖地区居住建筑节能设计系列标准内容比对　　　　　　　表 3-3-6

标准名称		夏热冬暖地区居住建筑节能设计标准	夏热冬暖地区居住建筑节能设计标准
标准号		JGJ 75—2003	JGJ 75—2012
发布日期		2003 年 7 月 11 日	2012 年 11 月 2 日
实施日期		2003 年 10 月 1 日	2013 年 4 月 1 日
章节设置	正文	6 章	6 章
	附录	2 个	3 个
	条文说明	有	有
适用范围	适用	新建、扩建和改建居住建筑的建筑节能设计	新建、扩建和改建居住建筑的建筑节能设计
室内计算参数	冬季	温度：16℃；换气次数：1 次/h	温度：16℃；换气次数：1 次/h
	夏季	温度：26℃；换气次数：1 次/h	温度：26℃；换气次数：1 次/h
性能性指标	指标	空调采暖年耗电指数（或耗电量）	空调采暖年耗电指数（或耗电量）
	限值	以参照建筑的空调采暖年耗电指数为基准	以参照建筑的空调采暖年耗电指数为基准
规定性指标	体形系数	北区单元式、通廊式建筑：0.35；塔式建筑：0.40	北区单元式、通廊式建筑：0.35；塔式建筑：0.40
	屋顶	按热惰性指标分为 2 档：限值为 1.0($D \geqslant$ 2.5)、0.5W/(m² · K)	按热惰性指标分为 2 档：限值为 0.4～0.9($D \geqslant$ 2.5)、0.4W/(m² · K)
	外墙	按热惰性指标分为 3 档：限值为 1.5($D \geqslant$ 3.0)、1.0($D \geqslant$ 2.5)、0.7W/(m² · K)	按热惰性指标分为 4 档：限值为 2.0～2.5($D \geqslant$ 3.0)、1.5～2.0($D \geqslant$ 2.8)、0.7～1.5($D \geqslant$ 2.5)、$\leqslant$0.7W/(m² · K)
	外窗	按外墙 K 值分为 3 档，各自按外窗的综合遮阳系数限定：限值为 6.5～2.0W/(m² · K)	按外墙 K 值分为 4 档，各自按外窗的窗墙面积比并配合综合遮阳系数进行限定：限值为 6.0～2.5W/(m² · K)
	窗墙面积比	北向：0.45；东西向：0.30；南向：0.50	南、北向：0.40；东、西向：0.30
	窗地面积比	—	主要房间$\geqslant$1/7；小于 1/5 时，玻璃的可见光透射比$\geqslant$0.40
	窗户气密性	1～9 层：$\leqslant$2.5m³/(m · h)；10 层以上：$\leqslant$1.5m³/(m · h)	1～9 层：$\leqslant$2.5m³/(m · h)；10 层以上：$\leqslant$1.5m³/(m · h)
	外遮阳	宜设置活动或固定外遮阳	东西向必须采取外遮阳措施，外遮阳系数$\leqslant$0.8；南北向应采取外遮阳措施，外遮阳系数$\leqslant$0.9
	可开启面积	地面面积的 8% 或外窗面积的 45%	地面面积的 10% 或外窗面积的 45%
	天窗	窗顶面积比$\leqslant$0.04；传热系数$\leqslant$4.0；遮阳系数$\leqslant$0.5	窗顶面积比$\leqslant$0.04；传热系数$\leqslant$4.0；遮阳系数$\leqslant$0.4
采暖、空调和通风	能源	不宜采用直接电热设备；宜采用热电厂冬季集中供热、夏季吸收式集中供冷技术，或小型（微型）燃气轮机吸收式集中供冷供热技术，或蓄冰集中供冷等技术。有条件时，在居住建筑中宜采用太阳能、地热能、海洋能等可再生能源空调、采暖技术	不宜设计直接电热设备

续表

规范名称		夏热冬暖地区居住建筑节能设计标准	夏热冬暖地区居住建筑节能设计标准
采暖、空调和通风	负荷计算	—	集中空调、户式中央空调的住宅应进行逐时逐项冷负荷计算
	控制与计量	集中空调（采暖）时，应设计分室（户）温度控制及分户冷（热）量计量设施	集中空调（采暖）时，应设计分室（户）温度控制及分户冷（热）量计量设施
	集中供冷（热）	机组能效比（性能系数）应符合现行有关产品标准的规定值，并优先选用能效比较高的产品、设备	—
	分散式空调	应选用符合现行国家标准的节能型空调器	国家标准中规定的节能型产品（即能效等级 2 级）
	户式中央空调（热泵）	机组能效比（性能系数）不应低于现行有关产品标准的规定值	—
	蒸汽压缩循环冷水（热泵）机组、单元式空调、溴化锂机组	—	符合《公共建筑节能设计标准》GB 50189 中的相关规定
	多联式空调（热泵）机组		综合性能系数不应低于现行国家标准中规定的 3 级
	土壤源、水源热泵	确保不被破坏、不被污染	应进行适宜性分析
	热回收	设置全年性空调、采暖系统。对室内空气品质要求较高时，宜在机械通风系统中采用全热或显热热量回收装置	
	照明		应采用高效光源、灯具，并应采取节能控制措施
标准的主要特点		提出了夏热冬暖地区窗墙面积比的具体要求；规定了设计建筑不能满足单一热工性能指标，可以用对比评定法进行综合评价	引入窗地面积比作为与窗墙面积比并行的确定门窗节能指教的控制参数；规定了居住建筑应能自然通风；规定了多联式空调（热泵）机组的能效级别；集中空调住宅强制要求计算逐时逐项冷负荷

针对《夏热冬暖地区居住建筑节能设计标准》JGJ 75—2003 和《夏热冬暖地区居住建筑节能设计标准》JGJ 75—2012，选取夏热冬暖地区的广州多层住宅进行具体指标的比对，见表 3-3-7。

夏热冬暖地区居住建筑节能设计系列标准具体指标比对（以广州为例）　　表 3-3-7

对比内容及指标		JGJ 75—2003	JGJ 75—2012
		广州	广州
围护结构	外墙传热系数 [W/(m²·K)]	2.0(D>3.0)	2.5(D>3.0)
	外窗传热系数 [W/(m²·K)]	2.0（南向）	3.0（南向）
	遮阳系数	0.5（南向）	0.3（南向）
	屋顶传热系数 [W/(m²·K)]	1.0(D>2.5)	0.9(D>2.5)
	体形系数	0.40	0.40
	门窗气密性	1~9 层：≤2.5m³/(m·h)；10 层以上：≤1.5m³/(m·h)	1~9 层：≤2.5m³/(m·h)；10 层以上：≤1.5m³/(m·h)

本章小结：专家问答

Q（编写组，下同）：您认为中国建筑节能这30年来可以分为几个阶段，每个阶段的特点是什么？

A（郎四维，下同）：30年来，建筑节能从我国公众不太了解也不够重视，到目前可以说是家喻户晓。这30年大致可以分为三个10年。第一个10年（1986~1995），我国有了第一本用于北方采暖地区的居住建筑节能设计标准，节能率为30%，并于1995年发布了标准修订版本，节能率提高到50%；第二个10年（1996~2004），编制并发布了中部夏热冬冷地区和南方夏热冬暖地区居住建筑节能设计标准，至此居住建筑节能设计标准覆盖了全国全部气候区；第三个10年（2005~2016），修编了《夏热冬冷地区居住建筑节能设计标准》JGJ 134和《夏热冬暖地区居住建筑节能设计标准》JGJ 75；2015年还发布实施了修编的《公共建筑节能设计标准》GB 50189—2015。

可以说，至今我国已经有了水平较高的、用于民用建筑的节能设计系列标准。在控制建筑能耗和气候变化方面起到了积极重要的作用。此外，标准对节能的规定强有力地推动了相关行业技术进步，主要涉及围护结构、暖通空调和照明等领域，还包括可再生能源的利用等。

回顾30年的发展历程，大致可以说，第一个10年是建筑节能工作的初级阶段；第二个10年有了一定的发展，全国普遍开展节能工作，体现在建筑类型的扩展和地域涵盖全部气候区；第三个10年，建筑节能进入飞速发展阶段。同时，原先的建筑节能概念已经扩展到建筑可持续发展、绿色建筑中，对国家能源政策也产生了影响，在落实气候变化巴黎协定方面做出了贡献。

Q：您觉得最开始提出的建筑节能与现在谈的建筑节能是一样的吗？这30年来是否有发展和变化呢？

A：30年来，"建筑节能"这个名词由公众了解不全面到现在已经非常熟悉了。那么，怎样来界定"建筑节能"的内涵呢？针对国外文献中对建筑节能的翻译及表述可以反映国内对建筑节能的理解。

1973年开始能源危机的时候，石油从3美元上涨到10美元，人们觉得生活水平出现了问题，意识到能源危机，所以在那时候提出了建筑节能工作，英文叫Energy Saving。Saving在这里其实是"省"的意思。以北欧为例，北欧国家主要的建筑能耗是采暖，所以建筑节能最典型的思路就是房间温度从23℃降低到20℃。

70年代中后期一直到80年代后期，节能的英文采用了Energy Conservation，可以理解为能量守恒。Conservation是"保存"的意思，也就是做好围护结构和保温，尽量让房间里的热量不要散失。

这个阶段没有持续很长时间，因为随着能源危机的不断延续，经济等各方面的压力都来了，于是节能的英文开始用Energy Efficiency表述。即提出了"能效"的概念，不仅是要节省和保温，同时还要提高效率。到最近十来年，更是出现了Sustainability的概念，就是可持续发展。也就是说，现在建筑节能的内涵比以前更丰富了。应该说，节能概念和内涵的变化在我国建筑节能工作及人民对节能概念理解的过程中均有着充分的体现。

Q：那您能分析一下第一阶段进展缓慢的原因吗？

A：第一阶段为什么推进建筑节能工作这么困难？我觉得主要有5个方面的原因。第一是立法不健全。当时虽然已经发布了标准，但是《民用建筑节能设计标准（采暖居住建筑部分）》JGJ 26—86 这个标准仅是试行。第二是缺乏保证监督体系。当时虽然已经有了标准，但并没有监督机制确保工程项目按照规定进行设计和施工。第三是建筑节能需要一定的投资，但投资回收年限偏长。当时的背景是住房紧缺，建房才是当务之急。第四，采暖收费和住户没关系。因为北方集中采暖地区的采暖由国家给贴补，所以百姓就没有节能的积极性。第五就是节能的科技不能满足发展需要。比如新型的保温材料大规模生产问题、窗的性能是否能满足要求问题、供暖系统提高效率问题等。

Q：20 世纪 80 年代《民用建筑节能设计标准（采暖居住建筑部分）》JGJ 26—86 标准编制以及实施的情况是怎样的？

A：在建筑节能的第一阶段，关键的节点就是86年这本标准的发布。当时城乡建设环境保护部发文，通知自 1986 年 8 月 1 日起试行。但是，该标准执行的效果与需求相差较远，只有少数地方进行了试行。主要原因为：80 年代改革开放，城市建设任务繁重，重点考虑新建住宅建筑，而较少考虑保温等节能问题。第二个原因是资金问题，希望将有限的资金更多地放在解决住房问题上。其三则是当时建筑能耗占国家总能耗比例比较低。我们在 80 年代末曾经进行了一些调查实测，那时每年城镇建筑采暖消耗的能量大概是 1.3 亿吨标准煤，只占当时全国能源消费总量的 11.5%。

Q：前面提到80 年代这本标准，因为当时的生活水平和大环境的影响执行效果并不理想，那么《民用建筑节能设计标准（采暖居住建筑部分）》JGJ 26—86 当时是哪些建筑采用了？

A：1986 年城乡建设环境保护部发布试行了《民用建筑节能设计标准（采暖居住建筑部分）》JGJ 26—86 后，1987 年城乡建设环境保护部、国家计委、国家经委和国建建材局又联合下发了"关于实施《建筑节能设计标准（采暖居住建筑部分）》的通知"，要求北方各省市（区）抓紧编制实施细则，至 1991 年前后，已编制了细则并发布的有北京市、黑龙江省（及哈尔滨市）、吉林省、辽宁省、内蒙古自治区、陕西省、甘肃省、天津市、河北省和新疆维吾尔自治区。同时，各地根据当地气候和资源、技术条件，陆续建造了一些试点节能住宅。建造试点住宅的地方有北京，黑龙江的哈尔滨、牡丹江、齐齐哈尔、佳木斯、大庆、七台河，内蒙古的呼和浩特、扎赉诺尔、伊敏河，吉林的沈阳、抚顺、营口、本溪、北票以及天津等。北京市将亚运村内的安苑北里北区建设成节能住宅小区，建筑面积 13.2 万 m^2；哈尔滨市嵩山节能小区建筑面积 14.4 万 m^2。

Q：出现这种状况后，政府是否出台了一些政策来改变这种情况？效果如何？

A：在第二阶段初期的时候，建筑节能工作已经开展了 10 年，但进展不大。政府从90 年代初开始出台了一些政策，比如 1991 年北京市政府以行政命令的方式决定所有在北京新建的居住建筑都必须按照86年的标准强制执行。1993年，国家计委、国家税务局下发了"关于印发《北方节能住宅投资征收固定资产投资方向调节税的暂行管理办法》的通知"（计投资〔1993〕653号），北方地区节能住宅减免了5％的固定资产投资方向调节税，提高了开发商的积极性。1994年，天津市也规定了必须全面执行86年的标准。

1994年建设部成立了"建筑节能办公室和建筑节能工作协调组"，负责归口管理和协调建设部十二个司局开展节能工作，1995年，建设部又组建了"建设部节能中心"，作为主管机构协调部里的建筑节能工作。从国家的层面上，1998年实施了《中华人民共和国节约能源法》（主席令第90号），这个节约能源法有些条款和建筑节能有关。紧接着就是2000年建设部俞正声部长签发的《民用建筑节能管理规定》（建设部令第76号）。2005年，建设部发布了替代76号令的《民用建筑节能管理规定》（建设部令第143号）。此外，国务院在2008年发布了《民用建筑节能条例》（国务院令第530号）。

为了了解建筑节能工作的实施情况，2005年建设部下发了《关于进行全国建筑节能实施情况调查的通知》（建办市函〔2005〕322号）和《关于组织开展建筑节能专项检查的通知》（建质函〔2005〕252号），仅从上报的17个省、自治区、直辖市的项目看，按《民用建筑节能设计标准（采暖居住建筑部分）》JGJ 26—93标准进行设计的项目占全部项目的90.08％，但是按标准进行建造的仅30.61％。建设部于2006年发布了专项调查情况的通报，指出了此问题。此后多数地方加大了工作力度，形成了较好的工作局面。比如2008年新建建筑设计阶段此标准的执行率占98％，施工阶段执行率为82％。

Q：想要做好建筑节能您觉得什么方面比较重要？

A：第一，对于建筑节能工作的开展，国家和政府的重视非常重要，没有政策的扶持很难有好的效果。第二，一定要有建筑节能客观需要，没有的话很难推动。经济发展了，生活水平提高了，对室内环境也有了更高的要求，从这个角度来说节能肯定有客观需要。第三，要考虑能源。因为生活水平提高、环境改善大家都乐意，但是随之而来的能耗肯定会增加。这个能源问题既包括环境问题，也包括国际责任问题。所以我觉得这有点倒逼过来的意思，就是说能源是最后的制约因素。

Q：《民用建筑节能设计标准（采暖居住建筑部分）》JGJ 26—86这个标准当时是怎么来的？为什么叫这个名字？

A：80年代初，国家经委下达了4个科研项目，第一个项目为"建筑设计节能准则的研究"，是后续《民用建筑节能设计标准（采暖居住建筑部分）》的编制基础。民用建筑包括居住建筑和公共建筑。根据当时的需求情况，确定先进行民用建筑中的采暖居住建筑节能设计标准的编制，以后视情况再开展中部及南方居住建筑节能设计标准和公共建筑节能设计标准的编制。第二个项目是和围护结构有关的，叫"墙体保温性能的改进研究"，还有一个是"我国民用建筑金属外窗的能耗现况及其节能措施的研究"，最后就是"采暖住宅建筑能耗现状的调查实测、统计分析的研究"。后面这三个都是为第一个服务的，也就是这个标准编制的支撑研究项目。

Q：为什么后来的《严寒寒冷地区居住建筑节能设计标准》和《公共建筑节能设计标

准》的命名形式又发生了变化呢？

　　A：当初《民用建筑节能设计标准（采暖居住建筑部分）》JGJ 26—86 编制的时候涵盖的地区是集中采暖地区。所谓集中采暖地区是依据《采暖通风与空气调节设计规范》GBJ 19—87 来的，是按照 5℃ 划分出来的一个气候带。中部地区叫过渡地区，南方则为非采暖地区。90 年代初，中国建筑科学研究院主编了《建筑气候区划标准》GB 50178—93，这本标准将气候区分为严寒、寒冷、夏热冬冷、夏热冬暖和温和地区，这 5 个气候区就是从那个时候来的。但是《建筑气候区划标准》GB 50178—93 是 1993 年发布、1994 年实施的。《民用建筑节能设计标准（采暖居住建筑部分）》JGJ 26 修订后是 1995 年批准发布的，时间上来不及，所以实际上 JGJ 26 修订用的气候区和 GB 50178—93 不完全相同，有一些小的调整。《建筑气候区划标准》GB 50178—93 发布后，以后的标准完全按着气候分区来制订的，就更改为《严寒和寒冷地区居住建筑节能设计标准》JGJ 26。至于公共建筑标准为何不称为"民用建筑节能设计标准（公共建筑部分）"，可能是随着经济发展，公共建筑类别多样、能耗突出，暖通空调系统复杂，有必要单独编制。

　　Q：之前建设部好像是有意编一本工程国标《居住建筑节能设计标准》，把各个气候区的合成一本，后来为什么没继续下去呢？

　　A：建设部 2005 年 3 月 30 日下发了"关于印发《2005 年工程建设标准规范制订、修订计划（第一批）》的通知"（建标函［2005］84 号）。其中，国家标准部分包括制订《居住建筑节能设计标准》；行业标准部分包括局部修订《民用建筑节能设计标准（采暖居住建筑部分）》JGJ 26—95 和局部修订《夏热冬冷地区居住建筑节能设计标准》JGJ 134—2001。

　　自 2006 年 9 月工程建设国家标准《居住建筑节能设计标准》编制组第四次工作会议以后，根据建设部标准定额司的指示，暂时放缓此国标的制订工作，将工作重点转至行业标准《民用建筑节能设计标准（采暖居住建筑部分）》JGJ 26—95 和《夏热冬冷地区居住建筑节能设计标准》JGJ 134—2001 的修订，2007 年 3 月召开了行标修订编制组的新第一次工作会议。这就是行标与国标的变迁过程。

　　Q：在编制标准的过程中，您有什么体会吗？

　　A：第一个体会是想要编好标准一定要得到住房和城乡建设部相关司局和中国建筑科学研究院的支持。第二就是要有一个能力比较强的编制组，要发挥大家的力量。编制组成员应包括设计单位、研究单位、大学和行业中比较能干、责任心强的人员。第三，可能的话，要学习国外的先进经验。建筑节能是一个新东西，咱们国家开始的比人家晚，所以有很多事情需要和国外交流、学习。我们住房和城乡建设部及中国建筑科学研究院都很重视，从 20 世纪 80 年代到现在，多次派员出去和人家交流，尤其是北欧、美国、加拿大等。当然作为主编单位，打铁还要自身硬才行。

　　Q："居住建筑节能设计系列标准"在标准编制过程中有什么难以解决的问题吗？当时是怎么解决的呢？

　　A：编制建筑节能设计标准，应该达到"舒适、节能及环保"的目标。舒适可以用室内环境参数来表征，而节能要有一个比较才能界定，环保则与节能量等有关。实际上标准编制指导思想与舒适、节能及环保具体量值有关，不仅是投入产出的经济问题，也要考虑到技术甚至政治因素等。这可能就是"难题"吧！

简单回顾一些具体技术难题吧。

首先是确定"基础建筑"和"基础能耗"，因为只有确定了"基础能耗"，才能确定节能目标，才能由此计算确定符合标准的建筑围护结构热工和供暖系统参数。"基础建筑"是指实施节能标准之前，有代表性的典型建筑类型。对于严寒和寒冷地区，我们选取"改革开放"后，各城市开始进行居住建筑建设时的典型建筑"80 住-2"（六层多层住宅）作为"基础建筑"。"基础能耗"即为基础建筑一个采暖期的采暖能耗。80 年代初，中国建筑科学研究院对北京地区按"80 住-2"设计建成的建筑进行了整个采暖期的采暖能耗实测，并在"三北"地区其他 7 个城市进行了局部实测，通过计算机编程计算，得出了北方地区各主要城市基础能耗值，如北京为每年 25kg 标准煤/m²。然后，再在技术经济分析的基础上确定节能目标为 30%、50% 及 65%。但是，在编制夏热冬冷和夏热冬暖地区居住建筑节能设计标准时遇到了困难，因为这些地区 80 年代的居住建筑基本没有采暖和空调，即基础能耗近于零。我们的做法是以该地区居住建筑传统的建筑围护结构构造为基础，在保证主要居室冬天 18℃、夏天 26℃ 的条件下，冬季电暖器采暖、夏季空调器降温，计算出一个全年采暖、空调能耗，将这个采暖、空调能耗作为基础能耗（模拟的基础能耗）。在这个基础上确定节能居住建筑全年采暖、空调能耗降低 50% 的节能目标，再按这一节能目标对建筑、热工、采暖和空调设计提出节能的措施要求。

第二个技术难题是技术经济分析问题，标准编制过程中这方面投入还不够，比如在不断提升节能率的呼声中较少听到经济合理性和技术可行性分析的具体要求。

第三个技术难题是软件模拟及计算结果的一致性问题。

Q：居住建筑节能设计系列标准发布之后做了哪些宣传和推广工作呢？

A：首先，针对《严寒和寒冷地区居住建筑节能设计标准》JGJ 26—2010 和《夏热冬冷地区居住建筑节能设计标准》JGJ 134—2010，主编单位编制出版了《居住建筑节能设计标准宣贯辅导教材——严寒和寒冷地区及夏热冬冷地区》，并于 2010 年 8 月 12~13 日在北京园山宾馆组织了宣贯培训。

其次，在美国能源基金会的资助下，建设部科技司和建设部标定所组织有关专家和人员开展了《夏热冬冷地区居住建筑节能设计标准》JGJ 134—2010 实施情况调研活动，及时了解标准执行中的情况和存在的问题，研究执行的有效途径与方法，推动标准的贯彻实施。调研活动分两个阶段进行。第一阶段首先对东部和中部地区进行调研，第一步重点调查了江苏省和南京市的建筑节能工作，调研对象包括建筑节能主管部门省建设厅科研设计处、墙改办、南京市建委科技处，以及设计院、研究院、大学、房地产开发公司、江苏省建设厅新技术推广站、新型建材公司等机构和企业的代表。代表们从各个方面、不同角度介绍了建筑节能相关工作进展情况，提出了建议和意见。第二步是调研组实地考察了南京市的建筑节能示范小区工程项目现场。第三步是邀请上海、浙江、福建、安徽、江西、湖南和湖北等省市建设厅、建委、建筑节能办和科研院所及设计院的代表聚集合肥市，以座谈会的形式进行了标准实施情况的介绍、交流和讨论，并由工作开展得比较好的上海市和武汉市作了重点发言。调研活动的第二阶段是对西部的重庆市以及四川、贵州、甘肃、陕西等省市的标准实施情况进行调研。调研的重点是重庆市和成都市。

Q：针对现在南方集中供热问题和温和地区居住建筑适用的建筑节能设计标准编制问题，您有什么看法？

A：南方集中供热争论很多，我的想法还是通过技术经济分析来定。因为你不能禁止人家做什么，但是你可以宣传它，给它做技术经济分析，判断合理不合理。

针对温和地区编制一本居住建筑建筑节能设计标准的问题，当时没有单独编制的原因是：该地区与其他气候区相比，房屋建筑面积较少；其次是该地区由其他几个气候区组成，节能设计参数可以参照相关气候区。

Q：您对现在从事建筑节能领域标准工作的年轻同事有什么好的建议吗？

A：标准编制是一个长期的研究工作，基于中国建筑科学研究院建筑环境与节能研究院在行业中的地位和所发挥的作用，有能力成为相关标准的主编单位。有几个具体建议，包括：一是主编人员可由环能院长期从事这方面工作、在同行中有一定认可的领导或研究人员担任；二是要有计划培养主力编制人员，对于这些主力人员，在整体工作安排上要相对固定其研究领域，鼓励其参加相关培训和国际有关学术活动等；三是与住房和城乡建设部有关司局，全国主要设计、施工、学院、科研等有关单位保持紧密学术联系，及时了解行业动向；四是发挥学会、标委会等学术团体的积极作用。

第4章 公共建筑节能设计系列标准

"公共建筑节能设计系列标准"发展历程

"公共建筑节能设计系列标准"在节能标准时间轴中的具体位置

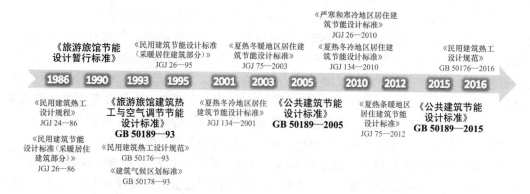

第一阶段：《旅游旅馆节能设计暂行标准》

一、主编和主要参编单位、人员

《旅游旅馆节能设计暂行标准》主编及参编单位：北京市建筑设计院、中国建筑科学研究院、中南建筑设计院、广州市设计院、华东建筑设计院。

本标准主要起草人员：那景成、张锡虎、汪训昌、蔡路得、蔡德道、刘秋霞。

二、编制背景及任务来源

20 世纪 80 年代末，随着对外开放政策的贯彻，大批外商与外国旅游者涌入中国，由于生活水平与习惯差异，来华外国人无法入住国内的社会旅馆。为了在内外有别政策基础上发展旅游业，增加外汇收入，开展对外经济贸易，以及满足技术文化交流需要，全国涉外的旅游宾馆、饭店得到了迅猛发展。在 1980～1985 年期间，由国家经委牵头投资建设了一批应急的涉外宾馆饭店，装备了各种等级的空调设备与系统。与此同时，国家旅游局又吸引外资在广州、北京建设了相当数量的高档宾馆酒店。为了总结经验和规范设计标准，国家经委组织了由有关设计单位与研究单位参加的调查组，由于这种涉外宾馆、饭店都离不开空调设备，再加上空调设备投资较高，空调系统设计与调查成了调查组的主要工作内容，中国建筑科学研究院空气调节研究所是调查组的主角。调查的最后成果是形成了《旅游旅馆设计暂行标准》内部行政文件，后于 1986 年 1 月 24 日由国家计委正式发布（计设〔1986〕147 号文）。国家经委撤销并入国家计委后，这方面工作就由国家计委节能司接管，向旅游旅馆节能设计标准方向引导与延伸。

与此同时，随着改革开放、生产建设和人民生活水平的提高，电视机、电冰箱和洗衣机已在城市家庭中普及；在深圳特区建设的带动下，其他大中城市建设形势大好。与社会的飞速发展相矛盾的是，全国能源需求急剧上升，煤炭供应不足，电厂建设跟不上用电的发展，城市供电紧张已到了必须限电与拉闸停电的地步。在这种能源供应形势下，国务院先后发布了《节约能源管理暂行条例》和《关于进一步加强节约用电的若干规定》等文件。虽然社会用电状况如此，但由于我国的旅游旅馆建设与管理都是参照了一些国外标准和管理模式，业主又都按外汇收费，雇佣中国廉价劳动力，使用中国的廉价电能，所以在运行管理中根本不考虑究竟使用了多少电力与其他能源。室内普遍夏季过冷、冬季过热，一些照度要求不高的房间也都灯火明亮，扶梯 24 小时不停运转。这些浪费能源现象处处存在，周围受到供电管制的老百姓意见很大，国内群众与同行的议论也很多，认为政府是崇洋媚外。因此，旅游旅馆的供电节电已经成为当时的一个政治问题。

1987 年，国家经委撤销并入国家计委后，对这些涉外宾馆饭店的能源浪费极为重视，先后召开了多次座谈会征求意见，为了有效地降低与控制旅游旅馆能耗水平，经过国家计委节能局和国家计委设计管理局两局商定，在原来的《旅游旅馆设计暂行标准》基础上，增补《旅游旅馆设计节能标准》，并于 1987 年 11 月 10 日两局联合发文"关于制定《旅游旅馆设计节能标准》及召开第一次编制工作会议的通知"（计节函［1987］13 号），责成北京市建筑设计院、中国建筑科学研究院空气调节研究所和建筑物理研究所、广州市设计院、华东建筑设计院、湖北工业建筑设计院指派专人组成编制小组，由北京市建筑设计院与中国建筑科学研究院空气调节研究所共同主持，负责该标准的制订工作。

三、标准编制过程

（一）启动及标准初稿编制阶段（1987 年 12 月～1989 年 4 月）

1. 第一次工作会议

根据国家计委两局"计节函［1987］13 号文"的要求，《旅游旅馆设计节能标准》第一次编制工作会议于 1987 年 12 月 15～17 日在中国建筑科学研究院空气调节研究所召开（图 4-1）。会上对此标准的编写要点和工作计划（草案）进行了充分的讨论，并作了修改、补充。

图 4-1　"关于制订《旅游旅馆设计节能标准》及召开第一次编制工作会议的通知"
（计节函［1987］13 号）

2. 科研课题支持

根据国家计委两局"计节函［1987］13 号文"的要求："《旅游旅馆设计节能标准》的制订应更切合我国技术经济实际情况，需结合北京、上海、广州等地区已建成的实际工程进行综合的技术、经济、能耗分析与论证"，在《旅游旅馆设计节能标准》编制工作计划中，对围护结构中空玻璃窗的光学性能、冷热源性能、空调系统效率、热回收装置等制订了在北京、上海、广州的 6 个宾馆饭店进行冬、夏季能耗调查测试的工作计划。为配合工作计划的落实，主编单位中国建筑科学研究院于 1988 年完成了院科研课题"旅游旅馆能耗调查测试"的立项，在各地有关主管部门的支持下，在北京节能技术服务中心、上海市节能技术服务中心、中国计量科学院节能处、同济大学暖通教研室、广州市设计院、北京市建筑设计院的直接参与和协助下，历时 1 年 4 个月完成了冬、夏季能耗调查测试工

作。在大量现场调查测试结果基础上，编制组整理出了 10 篇测试分析报告和一份题为
《宾馆饭店能耗现状及其节电节能主要环节分析》的总报告。此课题于 1989 年 6 月 17～28
日在中国建筑料学研究院顺利通过了课题评审，并获得 1990 年度中国建筑科学研究院科
技进步二等奖、1990 年建设部科技进步三等奖。

　　"旅游旅馆能耗调查测试"课题为标准的编制提供了基础测试数据，调查项目包括：
1987 年逐月能耗调查统计（含每月的客房出租率）、测试期间每天客房出租率与就餐人数
的统计、各类建筑面积与各种用电设备安装容量的调查统计、与空调负荷计算和全年能耗
计算有关的建筑资料；测试项目包括各种用电设备的冬夏季用电量的测试与分析、冬季空
调供热量和夏季空调供冷量的测试与分析；建筑围护结构的热工性能测试及其对室内环境
热舒适性影响的测定与分析。

　　所形成的 10 篇测试分析报告包括：北京西苑饭店东楼冬季能耗调查测试报告、北
京长城饭店冬季能耗调查测试报告、北京昆仑饭店冬季能耗调查测试报告、北京地区旅
游旅馆冬季能耗调查测试分析、上海华亭宾馆夏季能耗调查测试报告、白天鹅宾馆夏季
能耗调查测试报告、东方宾馆夏季能耗调查测试报告、长城饭店夏季能耗调查测试报
告、昆仑饭店夏季能耗调查测试报告、西苑饭店夏季能耗调查测试报告。通过北京、上
海和广州地区部分旅游旅馆能耗调查实测分析，得出以下结论：1）旅游旅馆的用电耗
能属非生产性消耗，其能耗水平表明这类空调建筑已成为目前我国城市中民用建筑的能
耗大户，从能耗量级上看，一座 10 万 m² 的大型高层宾馆饭店年能耗量并不亚于一座大
型工厂。2）旅游旅馆的主要能源是电，其中 50％～60％用于空调通风、25％～35％用
于照明，因此这类建筑的节电节能的重点首先是应控制与降低空调通风与照明的用电耗
能量。3）为了有效降低旅游旅馆空调通风与照明的用电耗能量，要在设计、设备制造
（含节能设备开发）、施工安装质量、运行管理四方面，按综合治理原则抓住主要环节，
采取节能措施，进行节能改造。

　　在上述宾馆饭店能耗测试分析的基础上，可知此类建筑节电节能的重点首先是应控制
和降低空调通风与照明的用电耗能量。如下提出 12 项节电节能的主要环节：冷源的选配
及其运行管理与维修保养；采用台数控制与变速调节相结合的办法，降低冷冻水系统的运
行电耗；采用双速、三速电机驱动冷却塔风机，用变频调速装置调节冷却水泵转速，并合
理控制其运行台数；回收排风中的冷量（或热量），减少新风处理能耗；采用双速电机驱
动风机，减少风系统运行用电；规定合理的温湿度标准，推广电子式多功能温控器；客房
配备节能钥匙开关，根除室内无人居住时的用电；改善外围护结构的热工性能和透明部分
的光学性能；推广节能光源，更换能效低的灯具；贯彻与执行电力变压器的经济运行要
求；制订合理的电耗、能耗指标，加强节电节能检测、诊断工作，推动节能改造；重视与
加强宾馆饭店日常运行管理中的能量管理工作。另外，提出关于今后工作的几点建议：进
一步完善有关空调建筑的节电节能技术立法，研究解决宣贯、检测、奖惩等执法问题；加
强空调建筑的节电节能科研工作；用政策推动空调节电节能产品的技术引进与开发工作；
制订空调运行管理中的节电节能规章条例。

3. 第二次工作会议

　　1988 年 6 月 13～15 日，编制组在北京召开了第二次工作会议。会议着重对照《旅游
旅馆设计节能标准》要点内容，逐条作了检查与讨论，并为下一次编制工作会议拟定出

《旅游旅馆设计节能标准》征求意见稿打下了坚实的基础，同时落实了分工，确定了进度。

4. 第三次工作会议

1989 年 2 月 28 日～3 月 3 日，编制组在北京召开了第三次工作会议。会上交流了前一阶段各单位的工作，逐条讨论了《旅游旅馆设计节能标准》初稿及背景材料，对《旅游旅馆设计节能标准》的基本内容和数据基本取得了一致的看法。根据讨论结果，决定由北京市建筑设计院与中国建筑科学研究院空气调节研究所分别在 4 月 15 日前完成本的征求意见稿和编制说明。

（二）征求意见阶段（1989 年 5～7 月）

1989 年 5 月 30 日，《旅游旅馆设计节能标准》的征求意见稿以"计资源函 [1989] 24 号文"发出，共寄发给了 56 个有关建筑设计院与能源管理部门。截止到 1989 年 7 月底，编制组收到 18 个单位的复函，累计 106 条修改意见。经北京市建筑设计院和中国建筑科学研究院空气调节研究所按条数归类整理、讨论与研究，采纳了合理意见，对相应条款作了修改、补充。

（三）送审阶段（1989 年 12 月）

编制组于 1989 年 9 月底完成了《旅游旅馆设计节能标准》的送审稿与征求意见采纳情况汇总表，10 月 15 日完成了编制说明。1989 年 10 月 26 日，编制组向国家计委资源节约和综合利用司与建设部设计管理司就《旅游旅馆设计节能标准》（送审稿）情况作了汇报，决定于 1989 年 12 月 19～22 日在北京香山卧佛寺饭店召开本标准的审查会。与会代表在审查过程中对标准送审稿的围护结构、空调设计参数等章节提出了具体的修改与补充意见，并建议将本标准的名称改为《旅游旅馆节能设计暂行标准》。

（四）发布阶段（未发布）

1990 年 7 月 31 日，《旅游旅馆节能设计暂行标准》完成报批（图 4-2）。因当时国家主管部委进行调整，故报批后未发布。随后的《旅游旅馆建筑热工与空气调节节能设计标准》GB 50189—93 即是以此暂行标准的内容为基础编制完成的。

图 4-2 "关于报请审批《旅游旅馆节能设计暂行标准》的函"（（90）建院科字第 23 号）

四、标准主要技术内容

《旅游旅馆节能设计暂行标准》针对旅游旅馆日常运行能耗最大的空调与照明系统，从设计环节提出各项降低能耗的节能技术措施、要求及指标，既适用于新建的旅游旅馆，又适用于已建成开业的老饭店和新饭店。本标准由总则，设置空调或采暖设施的条件与标准，建筑围护结构，空调、电气、监测与计量等 6 章组成。

标准所规定的各种节能措施与耗能控制指标为旅游旅馆节能设计提出了具体要求，在设置空调或采暖设施的条件与设计参数上，按地区、等级作了明确的规定，效果较好。另外，在空调节能上既注意吸收国外的先进经验，又结合国情，规定了一些简便和行之有效的节能技术与措施，同时对当时国内已开发生产的节能设备、装置和先进技术作了推荐性规定，体现了本标准实施的可行性。本标准中的具体条款均是根据标准编制近两三年来实际工程调查与测试中所发现的问题和节能潜力而制订的，抓住了耗能的主要环节，具有较充分的实践依据、明确的针对性与适用性，贯彻执行后将有明显的节能效果。

旅游旅馆的能耗从用电设备安装容量的统计资料看，空调制冷通风设备约占 45％～65％，照明设备约占 20％～30％。因此，本标准主要针对空调（含采暖）与照明能耗，包括直接影响能耗量的建筑热工设计。由于建设部已发布部标准《民用建筑节能设计标准（采暖居住建筑部分）》JGJ 26—86，采暖地区旅游旅馆的采暖设计原则上应执行该标准，因此本标准又着重于空调能耗。

本标准适用于全国，但根据当时建设的部分情况及工作基础来看，基本上针对三个地区：北京地区（应包括天津、西安、大连等），上海地区（应包括南京、杭州、武汉等），广州地区（应包括深圳、厦门、福州、南宁等）。其他地区应根据当地的气象条件及具体情况，参照对上述地区的规定执行。

五、标准相关科研课题（专题）及论文汇总

（一）标准相关科研专题

在《旅游旅馆节能设计暂行标准》编制过程中，编制组针对标准制订的重点和难点内容进行了专题研究，具体见表 4-1。

编制《旅游旅馆节能设计暂行标准》相关专题研究报告汇总　　　　　表 4-1

序号	专题研究报告名称	作者	单位	主要内容
1	《宾馆饭店能耗现状及其节电节能主要环节分析》	汪训昌，等	中国建筑科学研究院空气调节研究所、北京节能技术服务中心，等	为了支持标准的编制，主编单位中国建筑科学研究院于 1988 年进行了院科研课题"旅游旅馆能耗调查测试"立项，在北京、上海、广州地区，选择代表性宾馆、饭店进行冬季、夏季能耗调查测试，并整理出 10 篇测试分析报告和《宾馆饭店能耗现状及其节电节能主要环节分析》总报告。总报告包括两部分，一是能耗现状调查测试——北京、上海、广州地区部分旅游旅馆能耗调查测试总报告；二是节电节能主要环节分析，分别给出了所测宾馆、饭店的能源消耗现状与水平，以及具体降低能耗的措施和相关建议
2	《试论民用空调建筑的保温要求及其指标》	汪训昌	中国建筑科学研究院空气调节研究所	报告以《民用建筑节能设计标准（采暖居住建筑部分）》JGJ 26—86 规定的围护结构平均传热系数限值曲线为依据，对民用空调建筑的保温要求及其指标做了尝试性探讨，并针对北京、上海地区旅游旅馆客房区外墙保温费用与节能效益进行了具体计算，说明了对这类建筑外墙提高保温要求的必要性和可行性

（二）标准相关论文

在《旅游旅馆节能设计暂行标准》编制过程中，主编单位在相关期刊发表了 4 篇论文，具体见表 4-2。

与《旅游旅馆节能设计暂行标准》相关发表期刊论文汇总　　　　表 4-2

序号	论文名称	作者	单位	发表信息
1	高层宾馆客房空调设计节能途径的探讨	汪训昌	中国建筑科学研究院空气调节研究所	《建筑技术通讯（暖通空调）》，1987 年 3 期
2	高层宾馆、饭店建筑节能潜力浅析与节能措施探讨	汪训昌	中国建筑科学研究院空气调节研究所	《建筑科学》，1987 年 4 期
3	舒适性空调室内设计计算参数标准的探讨	汪训昌	中国建筑科学研究院空气调节研究所	《建筑科学》，1988 年 3 期
4	旅游旅馆的热舒适标准及其室内设计计算温、湿度的探讨	汪训昌、张希仲	中国建筑科学研究院空气调节研究所	《建筑技术通讯（暖通空调）》，1988 年 2 期

第二阶段：《旅游旅馆建筑热工与空气调节节能设计标准》GB 50189—93

一、主编和主要参编单位、人员

《旅游旅馆建筑热工与空气调节节能设计标准》GB 50189—93 主编及参编单位：中国建筑科学研究院空气调节研究所、北京市建筑设计院、广州市设计院、中南建筑设计院、华东建筑设计院。

本标准主要起草人员：吴元炜、汪训昌、那景成、张锡虎、蔡德道、蔡路得、刘秋霞。

二、编制背景及任务来源

在 1985 年前后，我国的旅游旅馆建筑总面积与普通住宅建筑相比，虽然很少，但其建筑标准高，使用功能完备，一般都装有全年性舒适空调，一、二级旅游旅馆每平方米建筑面积的造价在 700～1150 美元之间，其每平方米的日常电耗是普通住宅的 30～50 倍。单项工程基建投资总额相当可观，少者 3000 万～4000 万美元，多者上亿美元。据统计，截止到 1989 年，旅游旅馆建筑仅国内投资总额已达 1840 亿人民币（不包括外资）。

早在 1982 年，国家经委在总结全国旅游旅馆的基本建设经验、组织有关专家对北京、西安、广州等地新建的旅游旅馆进行调查测试和总结的基础上，制订出了《旅游旅馆设计暂行标准》。随后，经过国家计委节能局和设计管理局两局商定，在《旅游旅馆设计暂行标准》基础上，增补《旅游旅馆设计节能标准》，并于 1987 年 11 月 10 日两局联合发文启动此标准编制工作。1989 年 12 月 19～22 日，《旅游旅馆设计节能标准》（送审稿）审查会在北京召开，审查委员会专家在对送审稿内容进行逐条审查的同时，建议将本标准的名称改为《旅游旅馆节能设计暂行标准》。1990 年 7 月，《旅游旅馆节能设计暂行标准》完成报批，但由于当时国家主管部委进行调整，此标准未发布。

上述《旅游旅馆节能设计暂行标准》制订的主要目的是在合理划分等级的基础上控制投资规模和建筑设计参数。关于节约日常能源消耗问题仅仅是原则性提及，空调室内设计参数也没有按不同等级做出确切规定，只是给出了温湿度范围，故在具体工程设计和项目审批时较难正确掌握。随着经济和建筑业的蓬勃发展，能源的节约问题逐渐凸显，制订新的参数与指标已迫在眉睫。

1991 年 3 月 6 日，国家计委资源节约和综合利用司和建设部标准定额司召开协调会，商定将《旅游旅馆节能设计暂行标准》改为工程建设技术标准，按国标发布。1991 年 4 月 3 日，国家计委印发了"制定《旅游旅馆节能设计暂行标准》协调会纪要"（计资源函〔1991〕9 号）（图 4-3），会议商定了以下问题：

1）同意将《旅游旅馆节能设计暂行标准》改为工程建设技术标准，按国标发布。为了尽快将该标准发布实施，要简化申报、立项等手续。由中国建筑科学研究院空气调节研究所申报，列入 1991 年工程建设标准计划。

图 4-3 "制定《旅游旅馆节能设计暂行标准》协调会纪要"（计资源函［1991］9 号）

2）确定中国建筑科学研究院空气调节研究所为主编单位，并负责今后该标准的经常性管理工作，北京市建筑设计院为副主编单位。原来参加编制《旅游旅馆节能设计暂行标准》的各单位不变，继续参加此项工作。

3）标准的内容不作大的更动，与相关的标准要协调好。电气照明部分是否需要，请编制单位研究。名称是否更改，由标准定额司和主编单位协商后确定。按技术标准的格式和誊写要求编报。

4）要求主编单位于 1991 年 9 月底前提出报批稿，争取 1991 年年底前由建设部标准定额司和国家技术监督局发布实施。

5）所需经费由主编单位发国家计委资源节约和综合利用司、建设部标准定额司核定后，给予适当支持。

1991 年 3 月 22 日，中国建筑科学研究院向建设部标准定额司申请将《旅游旅馆建筑热工和空气调节节能设计标准》列入"建设部 1991 年工程建设标准规范制修订计划"（（91）建院科字第 17 号），并抄送国家计委资源节约和综合利用司。建设部标准定额司随后于 1991 年 5 月 6 日将本标准列入 1991 年国标编制计划，见"关于批准将《旅游旅馆建筑热工和空气调节节能设计标准》列入 91 年国标计划的函"（（91）建标技字第 11 号）（图 4-4），主编单位定为中国建筑科学研究院空气调节研究所，副主编单位定为北京市建筑设计院，编制组单位及成员和之前的《旅游旅馆节能

图 4-4 "关于批准将《旅游旅馆建筑热工和空气调节节能设计标准》列入 91 年国标计划的函"（（91）建标技字第 11 号）

设计暂行标准》一样，保持不变。

三、标准编制过程

(一) 准备工作阶段 (1991 年 5 月)

根据 1991 年 4 月 3 日国家计委印发的 "制定《旅游旅馆节能设计暂行标准》协调会纪要" (计资源函 [1991] 9 号) 的要求，《旅游旅馆建筑热工和空气调节节能设计标准》在《旅游旅馆节能设计暂行标准》基础上形成。因为内容无实质性更改，为节约时间、节省成本，编制组在征得国家计委资源节约和综合利用司、建设部标准定额司同意后，决定不再召开专门编制组会议，改为通信联系方式形成各阶段文本。

(二) 征求意见阶段 (1991 年 6～7 月)

为缩短编制周期，经商定，将 1989 年 9 月完成的《旅游旅馆设计节能标准》(送审稿) 作为本标准的征求意见稿。1991 年 6 月 26 日，中国建筑科学研究院空气调节研究所向华东建筑设计院、中南建筑设计院、广州市设计院寄发由在京两个主编单位修改补充后的《旅游旅馆建筑热工和空气调节节能设计标准》(送审稿草案)，并要求于 1991 年 7 月 7 日返回书面意见。编制组按照返回意见，逐章逐条进行了研究、修改、补充与调整，在格式上也按国标要求进行了修改，重写了条文说明中的 1～4 章，并与 4 个相关标准的管理组或编制组，以及旅游饭店主管部门 (国家旅游局旅行社与饭店管理司) 进行了两次商讨，在相关条文方面取得了协调一致的意见。

(三) 送审阶段 (1992 年 2 月)

编制组在国家计委资源司和建设部标准定额司的指导下，于 1991 年 12 月完成了本标准送审稿及条文说明的编制工作。1992 年 2 月 21 日，主管部门正式印发公函，邀请有关单位于 1992 年 3 月 21～23 日来京参加国家标准《旅游旅馆建筑热工和空气调节节能设计标准》(送审稿) 审查会。审查会参会人员有主管部门的领导，从事设计、研究、教学工作的部分专家、代表和编制组成员共 29 人。与会代表对标准送审稿采取抓住重点与逐章审查相结合的方式进行了认真的审查与讨论。与会代表对本标准的审查意见如下：

1) 节约能源是我国的基本国策。国内旅游旅馆的建设发展很快，成为城市建设中的能耗大户，节能的潜力很大，因此制订本标准十分必要和及时。

2) 本标准是在《旅游旅馆节能设计暂行标准》的基础上，于 1991 年 5 月改为工程建设国家标准的。在前后编制过程中，对北京、上海、广州地区 6 个具有代表性的旅游旅馆进行了冬、夏季能耗调查与测试。为编好本标准，特别是为确定室内设计计算参数、四级旅游旅馆设置空调和采暖的条件、窗墙面积比和有效的空调系统节能措施，编制组做了许多调查、统计和协调工作。吸取了国内工程的实践经验，取得了许多宝贵的数据。

3) 本标准的规定相对来说比较科学。对于和空调使用能耗关系较大的建筑围护结构、空调设备和系统，从设计的角度提出了各项降低能耗的节能要求和控制指标；抓住了能耗的主要环节，制订了室内设计计算参数，体现了区别对待的精神，有较好的可操作性，贯彻执行后将获得较明显的节能效果。

4) 本标准为设计、审批提供了依据，在建筑热工、室内设计计算参数、水管、风管保温等多方面达到了国内领先水平。

与会代表一致通过了标准送审稿的审查，并提出了14条主要修改意见，请编制组按要求进行修改，同时编写格式应执行"工程建设技术标准编写暂行办法"（（91）建标技字第32号）的规定，尽快完成报批稿，上报主管部门审批并发布实施。

（四）发布阶段（1993年9月）

《旅游旅馆建筑热工和空气调节节能设计标准》于1992年7月完成报批稿，并在报批出版阶段改名为《旅游旅馆建筑热工与空气调节节能设计标准》。1993年9月27日，建设部印发"关于发布国家标准《旅游旅馆建筑热工与空气调节节能设计标准》的通知"（建标〔1993〕731号）（图4-5）。批准《旅游旅馆建筑热工与空气调节节能设计标准》GB 50189—93为强制性国家标准，自1994年7月1日起实施。

图4-5　"关于发布国家标准《旅游旅馆建筑热工与空气调节节能设计标准》的通知"

（建标〔1993〕731号）

四、标准主要技术内容

《旅游旅馆建筑热工与空气调节节能设计标准》GB 50189—93具有很强的技术性，隶属于工程建设系列国家标准，所规定的条款内容具有强制性，适用于新建、扩建及改建的旅游旅馆的节能设计。本标准共6章和2个附录：总则，术语，基本规定，建筑围护结构，空调，监测与计量；附录A旅游旅馆各种用途空调房间室内设计计算参数，附录B本标准用词说明。

（一）主要技术内容

1. 空调或采暖设施的相关规定和限制

以旅游旅馆为代表的这类民用空调建筑在当时的我国民用建筑中已达到现代化水准，其耗电水平是普通住宅的30～50倍，但这并不意味着当时我国在能源供应上已具备如此高的能力。因此，本标准首先在设置空调或采暖设施的条件上按地区、按等级作出了明确、严格的规定与限制。

对热舒适与卫生要求不高的四级旅游旅馆，一方面规定只有在当地最热月平均室外气温等于大于 26℃时才可设置夏季降温空调设施，以控制夏季空调用电负荷；另一方面，又考虑到旅游旅馆的特殊性，实事求是地将法定可设置采暖天数从 90 天放宽到 60 天，从而可使地处非采暖地区占全国旅游旅馆总数 1/3 左右的四级旅游旅馆明确可设置冬季采暖设置，以避免其在建成后，再发生直接用电加热进行采暖的浪费能源的现象。

2. 条款制订原则和依据

本标准各部分的具体条款均是根据标准编制两三年来在实际工程调查与测试中所发现的问题和节能潜力而制订的，具有较充分的实践依据、明确的针对性与适用性。

第 3 章"基本规定"中的空调设计参数，第 4 章"建筑围护结构"中的窗墙面积比与遮阳系数，第 5 章"空调"中的冷水机组能效比指标、冷源装机制冷量指标、水输送系数、空调温控器的要求等条款，都是根据实际工程调查测试中所发现的问题，经大量计算分析和充分论证后，认为具有较大节能潜力而提出的具体明确的规定，适用于当时的旅游旅馆建设。

3. 能耗定量控制指标的确定

在有关能耗定量控制指标上，本标准一方面尽量采用当时国内外建筑节能标准中常用的指标体系，另一方面，其限值确定方法也充分考虑到我国国情与旅游旅馆建筑的空调能耗特点，以求经济合理，达到较好的投资效益。

在第 4 章"建筑围护结构"中，考虑到我国地域广阔和旅游旅馆建筑的特点，同时又顾及标准编制阶段国内研究工作的深度与基础，本标准中没有采用综合性建筑能耗评价指标体系，而是采用了单项控制指标，按严寒地区、寒冷地区、夏热冬冷地区、夏热冬暖地区，对影响建筑能耗的窗墙面积比、遮阳系数、外墙传热系数和外窗热阻作了不同的规定。

4. 节能技术与措施的确定

结合国情，本标准吸收了国外建筑节能标准中适合我国国情的较为简便和行之有效的节能技术与措施。

空调系统中的变水量系统与变风量系统是 20 世纪 70 年代世界能源危机后发展起来的两种能量输配系统，在国外的空调实践中被公认为是行之有效的节能技术与措施。考虑到变风量系统的硬件设备价格较高，国内尚无成套系列产品，故只在水系统中要求在二次环路中采用变流量水泵，而在风系统中只要求采用如双速电机驱动风机或并联风机等简易变风量措施。

5. 推荐性节能技术措施的确定

对较有效和较有前途的节能技术措施，在本标准中作了推荐性规定。例如，第 5 章"空调"中的全热与显热热回收装置和计算机能量管理系统，通过经济比较，在技术成熟和经济合理的条件下，采用了"宜"的用语，以促进这方面的技术进步。

（二）与国内外标准的对比

在 20 世纪 70 年代世界性能源危机之后，美国、日本、北欧、西欧等发达资本主义国家特别重视建筑节能，相继发布了本国的建筑节能法令，制订了各种建筑节能标准与法规，有效地降低与控制了本国的建筑能耗，其中最有权威性影响的建筑节能标准要算是美国的 ASHRAE 90 标准——"新建建筑设计节能标准"。

ASHRAE 90 最初版本于 1975 年发布，为 ASHRAE 90-75。该标准包括了外围护结构，供暖、通风与空调系统及其设备，生活热水供应，能量分配系统，照明用电等 6 部分有关建筑日常使用能耗的内容。在 1980 年，此标准又作了局部修改与补充，并定为美国国家标准 ANSI/ASHRAE/IES 90A-80。1983 年之后，又组织了专门委员会着手进行进一步修改与完善，前后共提出了 3 次修改草案，做了公开评论，于 1989 年底正式公布了 ASHRAE/IES 90.1-1989。从最近两次修改草案看，美国建筑节能标准越做越细，不但从 ANSI/ASHRAE 90 标准延伸出 ANSI/ASHRAE 100 系列标准：即已建成建筑的节能标准（共有 6 个），而且 ANSI/ASHRAE 90A 标准又将分成两个：90.1 和 90.2。这些标准在设计计算方法上也有了新的发展，更为灵活了，并且用计算机软件替代了以往的线算图表。ANSI/ASHRAE 90A 的节能技术指标体系与具体规定不但已为美国各州和国家级建筑节能设计法规所引用与接受，而且也已被其他国家的建筑节能标准与法规所引用。

我国建筑节能立法工作起步较晚。1983 年，国家经委能源局与城乡建设环境保护部设计管理局组织中国建筑科学研究院等有关单位对我国三北地区采暖居住建筑的全年能耗进行了范围较广的调查测试与计算分析，并在此基础上制订了《民用建筑节能设计标准（采暖居住建筑部分）》JGJ 24—86，于 1986 年 8 月 1 日起试行。而后，东北、华北、西北地区六省市按此标准分别制订出适用于本地区的实施细则，以便有效地降低和控制采暖住宅建筑的冬季采暖能耗量。

五、标准相关科研课题（专题）及论文汇总

（一）标准相关科研专题

在《旅游旅馆建筑热工与空气调节节能设计标准》GB 50189—93 编制过程中，编制组针对标准编制的重点和难点内容进行了专题研究，具体见表 4-3。

编制《旅游旅馆建筑热工与空气调节节能设计标准》GB 50189—93 相关专题研究报告汇总　表 4-3

序号	专题研究报告名称	作者	单位	主要内容
1	报告一《中、高档旅馆废热排放与热利用分析》	汪训昌	中国建筑科学研究院空气调节研究所	为了支持标准的编制，主编单位中国建筑科学研究院于 1990 年进行了城乡建设科技项目"中、高档旅馆与办公楼利用热泵技术节能的可行性研究"立项，并完成了 5 个研究报告和 1 个总报告。此项目对当时热泵技术的发展水平及其成熟性进行了论述，结合国情，总结了中、高档旅馆的用热与废热排放的数量与规律。对两项适用于旅馆与办公楼建筑的电热泵装置的节能效益与投资效益进行了深入分析，证明了此技术对于这类建筑的实用性与经济合理性。而后，就如何在我国发展与推广热泵技术提出了建议
2	报告二《国外电力驱动热泵在商业建筑中应用及其发展趋势》	汪训昌	中国建筑科学研究院空气调节研究所	
3	报告三《国内电力驱动热泵的生产及其在民用建筑中的应用》	冯铁栓	中国建筑科学研究院空气调节研究所	
4	报告四《上海锦江俱乐部 3 号楼空气/水热泵系统的节电与经济效益分析》	汪训昌、王来、沈晋明、龙惟定	中国建筑科学研究院空气调节研究所、上海城市建设学院	
5	报告五《应用于新排风系统的热泵热回收装置的可行性研究》	徐伟	中国建筑科学研究院空气调节研究所	
6	总报告《中、高档旅馆利用热泵技术节约能源的可行性研究》	汪训昌	中国建筑科学研究院空气调节研究所	

（二）标准相关论文

在《旅游旅馆建筑热工与空气调节节能设计标准》GB 50189—93 编制过程中及发布后，主编单位在相关期刊发表了 3 篇论文，具体见表 4-4。

与《旅游旅馆建筑热工与空气调节节能设计标准》GB 50189—93 相关发表期刊论文汇总　表 4-4

序号	论文名称	作者	单位	发表信息
1	中高档旅馆利用热泵技术节约能源的可行性研究	郎四维、汪训昌、徐伟、冯铁栓、王来	中国建筑科学研究院空气调节研究所	《建筑科学》，1993 年 4 期
2	《旅游旅馆建筑热工与空气调节节能设计标准》GB 50189—93 介绍	汪训昌	中国建筑科学研究院空气调节研究所	《建筑科学》，1994 年 2 期
3	《旅游旅馆建筑热工与空气调节节能设计标准》简介	汪训昌	中国建筑科学研究院空气调节研究所	《工程建设标准化》，1994 年 2 期

图 4-6　北京市人民政府颁发的
二等奖证书

六、所获奖项

《旅游旅馆建筑热工与空气调节节能设计标准》GB 50189—93 自发布实施以来，1996 年获得了北京市人民政府颁发的二等奖（图 4-6）。

七、存在的问题

《旅游旅馆建筑热工与空气调节节能设计标准》GB 50189—93 发布实施后，发现的主要问题是宣贯不到位，尤其是针对设计人员的培训没有落到实处，另外政府的行政监督和管理有所欠缺，导致此标准的实施效果打了折扣。加强标准的实施监督指导是推动标准全面有效实施，充分发挥标准在落实国家方针政策、维护人民群众利益等方面强有力的抓手，建议今后应制订年度宣贯培训计划，发挥标准主编单位和各参编单位的主渠道作用，采取多种形式提高工程技术人员、管理人员实施标准的水平。

第三阶段:《公共建筑节能设计标准》GB 50189—2005

一、主编和主要参编单位、人员

《公共建筑节能设计标准》GB 50189—2005 主编及参编单位:中国建筑科学研究院、中国建筑业协会建筑节能专业委员会、中国建筑西北设计研究院、中国建筑西南设计研究院、同济大学、中国建筑设计研究院、上海建筑设计研究院有限公司、上海市建筑科学研究院、中南建筑设计院、中国有色工程设计研究总院、中国建筑东北设计研究院、北京市建筑设计研究院、广州市设计院、深圳市建筑科学研究院、重庆市建设技术发展中心、北京振利高新技术公司、北京金易格幕墙装饰工程有限责任公司、约克(无锡)空调冷冻科技有限公司、深圳市方大装饰工程有限公司、秦皇岛耀华玻璃股份有限公司、特灵空调器有限公司、开利空调销售服务(上海)有限公司、乐意涂料(上海)有限公司、北京兴立捷科技有限公司。

本标准主要起草人员:郎四维、林海燕、涂逢祥、陆耀庆、冯雅、龙惟定、潘云钢、寿炜炜、刘明明、蔡路得、罗英、金丽娜、卜一秋、郑爱军、刘俊跃、彭志辉、黄振利、班广生、盛萍、曾晓武、鲁大学、余中海、杨利明、张盐、周辉、杜立。

二、编制背景及任务来源

2000 年前后,我国已经编制及实施了北方(寒冷、严寒地区)居住建筑节能设计标准,即将实施中部(夏热冬冷地区)和南方(夏热冬暖地区)居住建筑节能设计标准。1993 年 9 月,国家技术监督局与建设部联合发布了《旅游旅馆建筑热工与空气调节节能设计标准》GB 50189—93,这是我国第一本针对公共建筑的节能设计标准。编制这本标准的背景情况是由于改革开放政策的实施,在 1979 年开始兴建了一批旅游旅馆,以满足对外经贸、文化科技交流、来华旅游的需要。由于这类建筑一般都装有全年性空调,要消耗大量能源,尤其是电能,不少宾馆饭店已成为所在城市民用能耗的大户。因此,在 1987 年末,国家计委提出了制订《旅游旅馆设计节能标准》,旨在通过制订国家标准,从设计环节来控制和降低这类建筑的能耗水平。但是,公共建筑包含的建筑类型众多,除了旅游旅馆建筑外,还有办公建筑、商业建筑、教科文卫建筑、通信建筑以及交通运输用房等。尤其是大型公共建筑,这些建筑虽然在数量上远远少于住宅建筑,但是他们的单体能耗远远高于住宅建筑,也是建筑用能的大户。除了旅游旅馆建筑外,以前这些建筑都没有节能设计标准,而且采暖空调技术与系统和设备在 20 世纪 90 年代初中期开始了极为迅速的发展,节能技术和措施都需要进行补充、更新。

为了贯彻国家节约能源法,落实建设部"1996～2010 中国建筑节能技术政策"中提出的"新建空调公共建筑应执行空调公共建筑节能设计标准"的计划要求,根据建设部 2002 年 4 月"关于印发《二○○一～二○○二年度工程建设国家标准制订、修订计划》的通知"(建标 [2002] 85 号)(图 4-7)的要求,《公共建筑节能设计标准》列入了国家标准编制计划。主编单位为中国建筑科学研究院和中国建筑业协会建筑节能专业委员会。

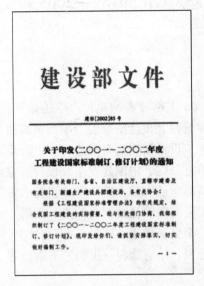

图 4-7　"关于印发《二〇〇一～二〇〇二年度工程建设国家标准制订、修订计划》的通知"

(建标〔2002〕85 号)

三、标准编制过程

(一)　启动及标准初稿编制阶段（2002 年 8 月～2004 年 5 月）

1. 编制组成立暨第一次工作会议

2002 年 8 月，中国建筑科学研究院印发"关于商请参加《公共建筑节能设计标准》编制组的函"（建院科函〔2002〕10 号）给有关单位，商请编制组单位及成员。

《公共建筑节能设计标准》编制组成立暨第一次工作会议于 2002 年 9 月 18～19 日在北京召开。建设部标准定额司、建设部科技司以及编制组成员出席了会议。此外，美国能源基金会中国可持续能源项目、美国劳伦斯·伯克利国家实验室（LBNL）、美国自然资源保护委员会（NRDC）专家也参加了会议。会上，建设部标准定额司主管领导宣布了编制组成员，阐述了标准编制原则。工作会议讨论确定了编制大纲、工作计划进度及分工。经过热烈的讨论，确定了如下的编制原则，并形成了会议纪要：

1）在我国，公共建筑类别甚多，除去工业建筑及民用建筑中的居住建筑以外，均属公共建筑。从采暖空调能耗来看，商业系统建筑，办公楼、写字楼，旅馆等建筑是编制标准的主要对象。

2）由于正在编制建筑照明节能设计标准，本标准中不列入这部分内容。

3）根据目前资料分析，标准的节能目标为 30%～50%，待工作进展过程中最后确定。

4）围护结构节能设计应用规定性及性能性指标，既要使设计人员方便应用，又要使设计人员有足够的设计灵活性。

5）暖通空调节能设计要控制机组装机容量，并提出行之有效的节能技术措施。

2. 第二次工作会议

2003 年 4 月 15～16 日，编制组在重庆市召开了第二次工作会议。会议学习了温总理的有关重要批示并讨论了政府机构能耗情况，要以政府部门建筑的节能改造为突破口。与会专家交流了应用 DOE-2 软件计算一个大型办公建筑能耗的实例、上海商业及办公建筑节能设计标准的编制思路等，并形成了会议纪要。此次工作会议主要决议如下：

1）全国按严寒、寒冷、夏热冬冷、夏热冬暖建筑气候区考虑围护结构节能设计限值，同时考虑暖通空调节能设计规定。

2）"基准办公建筑"的围护结构热工性能参数和暖通空调设备及系统原则上按 20 世纪 80 年代情况确定。

3）由于政府机构办公建筑的外形比较规整，窗墙面积比一般在 0.4 以内，因此政府机构办公建筑节能设计标准中的基本规定将以规定性指标为主；对于玻璃幕墙则以另一种形式考虑。

4）用于能耗计算的室内环境计算参数应参照有关国家标准、规范确定，如《采暖通风与空气调节设计规范》（报批稿）。

3. 第三次工作会议

2003 年 9 月 2～3 日，编制组在秦皇岛市召开了第三次工作会议。会议的目标是确定政府机构办公建筑节能设计标准征求意见稿的框架、编制思路、主要内容。会上围绕着标准的围护结构热工设计、暖通空调节能设计，以及室内节能设计参数和节能目标三个主题进行了充分的讨论。根据讨论内容，明确了下一步工作内容和分工。

4. 第四次工作会议

2004 年 2 月 18～20 日，编制组在深圳市召开了第四次工作会议。会议的目标是讨论、确定政府机构办公建筑节能设计标准征求意见稿。围绕着会前由电子邮件交流讨论的条文初稿，对标准的总则、围护结构热工设计，暖通空调节能设计，以及室内节能设计参数和节能目标等主题，逐条进行了充分的讨论，形成了决议。比如，这次定稿建筑类型为办公建筑节能设计标准，应用透明幕墙建筑仍应能符合节能标准规定的能耗，冷热源规定综合部分负荷值（IPLV）。同时也规定了分工完成的时间表。

5. 第五次工作会议

2004 年 5 月 19～21 日，编制组在无锡市召开了第五次工作会议。建设部标准定额研究所领导报告了曾培炎副总理近期对建筑节能工作的批示，介绍了建设部今年要重点检查全国建筑节能标准执行情况，要完善建筑节能标准体系工作；并对编制组提出要求，既要科学合理确定标准水平，指标要达到平均先进水平，又要适度超前，代表先进的生产力；同时要求抓紧编制工作，在保证质量的前提下，争取在年底前完成。在会议前，编制组通过电子邮件已完成了用于办公建筑的节能设计标准征求意见稿的初稿。会议逐条讨论了第 1 章"总则"、第 3 章"室内环境节能设计计算参数"、第 4 章"建筑与建筑热工设计"、第 5 章"采暖、通风和空气调节节能设计"。会议最终对标准稿的条文、条文说明取得了一致的认同，并分别由小组负责人在会后修改、通过电子邮件汇总到主编单位。

（二）征求意见阶段（2004 年 6～10 月）

1. 征求意见

2004 年 6 月 14 日，编制组完成了《公共建筑节能设计标准（办公建筑部分）》（征求意见稿)。2004年6月17日，建设部标准定额司印发"关于征求对国家标准《公共建筑节能设计标准（办公建筑部分）》意见的通知"（建标标函［2004］32号）（图4-8），向全国80个设计、管理、企业等单位寄发《公共建筑节能设计标准（办公建筑部分）》征求意见稿。7月下旬，收到30余单位的回复，其中来自设计院21份、建筑研究院5份、高校5份、企业1份。总计反馈意见256条，其中50条属于讨论和理解性质的，编制组充分理解意见的内涵，并在标准中予以考虑；属于条文意见的共206条，采纳了129条、未采纳77条。

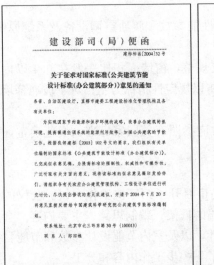

图4-8　"关于征求对国家标准《公共建筑节能设计标准（办公建筑部分）》意见的通知"
（建标标函［2004］32号文件）

2. 第六次工作会议

2004年7月19~21日，编制组在太仓市召开了第六次工作会议，会议主要议题包括：逐条讨论返回的《公共建筑节能设计标准（办公建筑部分）》征求意见稿的意见；确定玻璃幕墙热工限定值及权衡法的原则；空调冷源的能效比规定值的确定；由办公建筑转向公共建筑时，典型模型建筑的确定；下一步工作安排。

3. 第七次工作会议

2004年10月26~28日，编制组在昆明市召开了第七次工作会议。会议主要内容包括：讨论《公共建筑节能设计标准》（送审稿），重点讨论玻璃幕墙热工限定值及权衡法的原则、空调冷源的能效比规定值的确定。经逐章逐条讨论，形成如下结论和会后的工作要点：

1）第1章：请涂逢祥负责完成。在相关条文中明确公共建筑包含的建筑类型和适用本标准的建筑类型（办公类建筑、商场类建筑和旅馆类建筑），其余类型的建筑可参照本标准。

2）第2章：请编制组成员提出术语。

3）第3章：3.0.1~3.0.3条请陆耀庆完成；3.0.4条中围护结构、暖通空调、照明分别对50%节能率的贡献情况请龙惟定和周辉计算、郎四维完成。

4）第4章：请林海燕和冯雅完成。主要包括：应用玻璃幕墙的建筑能耗标准是否与其他常规围护结构建筑相同；扩大规定性指标表中窗墙面积比至80%或85%；南方地区设置水平遮阳板时，给出减小 SC 的比例；研究如何将温和地区根据干球温度划分，并将相应主要城市划入相邻气候区。

5）完成第 5 章。主要包括：补充有关冷却水系统节能条文；5.4.4 表中的 COP 值根据国家标准《冷水机组能效限定值及能源效率等级》和《单元式空气调节机能效限定值及能源效率等级》调整为 4 级和 3 级，并与中国标准化研究院、合肥通用机械研究所联系商谈是否列入规范性附录，即提出 2009（2007）年实施的冷水机组和单元式空调机能效标准技术要求，综合部分负荷性能系数（IPLV）根据公共建筑计算调整；补充机房群控条文及说明；补充空调供冷系统分区、分户计量条文及说明。

（三）送审阶段（2004 年 12 月）

1. 审查会

编制组于 2004 年 11 月下旬完成《公共建筑节能设计标准》（送审稿）和全部送审文件。2004 年 11 月 26 日，建设部标准定额司印发"关于召开国家标准《公共建筑节能设计标准》（送审稿）审查会的通知"（建标标函［2004］72 号）。此标准审查会于 2004 年 12 月 8～10 日在上海召开（图 4-9），会议成立了由 9 位专家组成的审查委员会，会议听取了编制组对标准编制背景、编制工作过程、主要内容和特点的系统介绍，逐章逐条并有重点地对送审稿进行了细致的全面审查。审查委员会一致通过了《公共建筑节能设计标准》（送审稿）的审查，并形成审查意见如下：

1）编制组提交了标准送审稿条文及其条文说明、标准强制性条文、送审报告、征求意见处理汇总以及 6 篇相关的专题研究报告，资料齐全，内容完整，结构严谨，条理清晰，数据可信，符合标准审查的要求。

2）会议认为该标准的主要特点为：

（1）编制组所提出的节能目标和室内节能设计计算参数合理，符合我国气候特点和室内热环境要求，适应我国经济及技术发展和人民生活水平提高的需要。

（2）采用建筑热工计算的"规定性指标方法"和"性能化方法"两种途径进行建筑节能设计，既方便又灵活，有利于标准的实施。标准尽最大可能将大部分建筑设计纳入"规定性指标方法"范围，便于设计应用；在某些规定性指标需要突破时，可采用"性能化方法"，以便在不增加能源消耗的前提下灵活调节，使节能建筑设计多样化。

（3）标准依据制冷机组能效限定值和能效等级相关国家标准，对选用制冷机组的能效提出了符合国情且水平较高的合理要求；并首次对制冷机组的"部分负荷性能系数（IPLV）"提出了规定。对于推动制冷行业进步，提高我国制冷设备能效具有重要作用。

（4）该标准是我国第一部公共建筑节能设计国家标准，总结了不同地区居住建筑节能设计标准的丰富经验，吸收了我国与发达国家相关建筑节能设计标准的最新成果，认真研究分析了我国公共建筑的现状和发展，做出了具有科学性、先进性和可操作性的规定，总体上达到了国际先进水平。标准的实施将使我国公共建筑空调和采暖能耗显著减低，以缓解能源状况，改善生态环境，促进节能技术发展，并产生显著的社会效益与经济效益。

另外，审查委员会提出了 3 条修改建议，要求编制组进行进一步的修改和完善，尽快形成报批稿上报建设部审批、发布，并希望抓紧做好标准实施的政策、技术准备工作。

图 4-9　《公共建筑节能设计标准》（送审稿）审查会

2. 建筑节能专家座谈会

　　根据建设部标准定额司"关于召开建筑节能专家座谈会的通知"（建标标函〔2004〕73 号）的要求，在国家标准《公共建筑节能设计标准》（送审稿）审查会期间（12 月 9 日），在上海组织标准审查委员会委员及部分编制组成员召开了"建筑节能专家座谈会"（图 4-10）。座谈会围绕建筑节能工作面临的问题以及问题产生的原因等主要内容展开，来自不同省、市、自治区的专家介绍了本地区建筑节能工作的进展、目前存在的主要问题以及对今后工作的设想和建议。建设部原副部长郑一军同志在总结专家座谈意见之后，谈到中央经济工作会议上，中央领导指出"要大力发展节能省地型住宅，全面推广节能技术，制订并强制推行节能、节材、节水标准"。他从执法、立法的高度分析了节能工作必须是一项系统工程，特别强调了当前关注的北方地区供暖改革问题。结合本次标准审查，郑一军同志还提出了对建筑节能工作中正确处理技术与经济关系的可行性建议。

图 4-10　建筑节能专家座谈会

（四）发布阶段（2005 年 4 月）

　　建设部于 2005 年 4 月 12 日印发"建设部关于发布国家标准《公共建筑节能设计标准》的公告"（第 319 号）（图 4-11），标准编号为 GB 50189—2005，自 2005 年 7 月 1 日起实施。原《旅游旅馆建筑热工与空气调节节能设计标准》GB 50189—93 同时废止。

　　2005 年 4 月 26 日，建设部在北京组织召开了"《公共建筑节能设计标准》GB 50189—2005 发布宣贯会"（图 4-12）。这是我国批准发布的第一部公共建筑节能设计的综合性国家标准。建设部副部长黄卫指出："该标准的发布实施，标志着我国建筑节能工作在民用建筑领域全面铺开，是建筑行业大力发展节能省地型住宅和公共建筑、制订并强制推行更加严格的节能节材节水标准的一项重大举措，对缓解我国能源短缺与社会经济发展

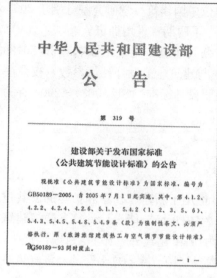 

图 4-11 "建设部关于发布国家标准《公共建筑节能设计标准》的公告"（第 319 号）

图 4-12 《公共建筑节能设计标准》GB 50189—2005 发布宣贯会

的矛盾必将发挥重要作用。"2005 年，我国正处在房屋建筑的高峰时期，建筑规模之大，在中国和世界历史上都是前所未有的。2005 年时的建筑能耗已占全国总能耗的近 30%。和气候条件相近的发达国家相比，我国每平方米建筑采暖能耗约为他们的 2～3 倍，而建筑热舒适程度则远不如他们。随着经济的发展，预计到 2020 年，我国还将新增建筑面积约 300 亿平方米，建筑耗能必将对我国的能源消耗造成长期的影响。据专家研究，我国大型公共建筑单位建筑面积能耗大约是普通居住建筑的 10 倍左右。由此可见，公共建筑节能潜力巨大，其节能推行的力度和深度，在很大程度上直接影响着我国建筑节能整体目标的实现。

（五）宣贯培训（2005 年 9 月）

《公共建筑节能设计标准》GB 50189—2005 是我国批准发布并强制推行的第一部公共建筑节能设计的综合性国家标准。为进一步加强该标准的宣贯、实施和监督力度，推动民用建筑节能工作的开展和更清晰、更透彻、更准确地理解和实施本强制标准。经建设部人事教育司、标准定额司同意，根据"关于举办《公共建筑节能设计标准》师资培训班的通知"（建人教函〔2005〕27 号）的要求，主编单位中国建筑科学研究院分别于 2005 年 5 月 31 日～6 月 2 日和 6 月 7～9 日在全国范围内举办了两期宣贯培训班。

培训内容包括公共建筑节能形势与政策，《公共建筑节能设计标准》GB 50189—2005 的编制背景，室内环境节能设计计算参数，建筑与建筑热工设计计算参数，权衡法软件介绍，采暖、通风和空气调节节能设计，《建筑照明设计标准》GB 50034—2004 有关节能设计部分。

四、标准主要技术内容

《公共建筑节能设计标准》GB 50189—2005 适用于新建、改建和扩建的公共建筑节能设计。本标准共 5 章和 3 个附录：总则，术语，室内环境节能设计计算参数，建筑与建筑热工设计，采暖、通风和空气调节节能设计；附录 A 建筑外遮阳系数计算方法，附录 B 围护结构热工性能的权衡计算，附录 C 建筑物内空气调节冷、热水管的经济绝热厚度。

（一）主要技术内容

1. 建筑节能对象和目标

《公共建筑节能设计标准》GB 50189—2005 的节能对象和目标是通过改善建筑围护结构保温、隔热性能，提高采暖、通风和空气调节设备、系统的能效比，以及采取增进照明设备效率等措施，与 20 世纪 80 年代初设计建成的公共建筑相比，在保证相同的室内热环境舒适、健康参数条件下，全年采暖、通风、空气调节和照明的总能耗应减少 50%。本标准提出的 50% 节能目标，是以 20 世纪 80 年代改革开放初期建造的公共建筑作为比较能耗的基础，称为"基础建筑"。也就是说，选择当前典型公共建筑建立计算模型，将它的围护结构的各部件热工性能参数、照明的功率密度和暖通空调设备的能效值都按 20 世纪 80 年代初传统做法和产品平均水平选取。应用哈尔滨（严寒地区）、北京（寒冷地区）、上海（夏热冬冷地区）和广州（夏热冬暖地区）逐时气象资料，并在保持建筑内约定的舒适、健康的室内环境参数的条件下，计算"基础建筑"全年的暖通空调和照明能耗，将它看作 100%（具体选用参数见表 4-5）。然后，按本标准的规定值进行参数调整，即围护结构、暖通空调、照明参数均按本标准规定设定，计算其全年的暖通空调和照明能耗，应该相当于 50%。这就是节能 50% 的内涵。

计算"基础建筑"全年暖通空调和照明能耗选用的参数　　　　　表 4-5

年代	所在城市	照明功率密度（W/m²）	围护结构传热系数 K [W/(m²·K)]			SC
			外墙	屋顶	窗	
20 世纪 80 年代	哈尔滨	25	1.28	0.77	3.26	0.80
	北京		1.70	1.26	6.40	0.80
	上海		2.00	1.40	6.40	0.80
	广州		2.35	1.55	6.40	0.80

设备类型	冷机 COP		锅炉效率	
	水冷离心	水冷螺杆	燃油锅炉	燃煤锅炉
公建标准	5.1	4.3	0.9	—
20 世纪 80 年代	4.2	3.8	—	0.55

根据计算、分析结果，得出了如下的一些概念。总体而言，改善围护结构保温性能而节约的北方采暖能耗从技术上要比南方改善隔热性能降低空调能耗效果明显。对于50%节能率来说，从北方至南方，围护结构分担节能率约25%～13%；空调采暖系统分担节能率约20%～16%；照明设备分担节能率约18%～7%。全国总体节能率达到了50%。

由于我国已经发布实施了《建筑照明设计标准》GB 50034—2004，所以在本标准中就不再列出照明设计条文。

2. 室内环境节能设计计算参数

《公共建筑节能设计标准》GB 50189—2005 第 3 章规定了室内环境节能设计计算参数，由 3 个表显示集中采暖室内设计计算温度，空调室内温、湿度，以及设计新风量等指标。这些指标是一种建议性的参考指标，目的是在设计阶段要求设计者不要盲目提高室内温、湿度和新风量的指标值，否则会使采暖空调系统的冷热源设备装机容量、管路、风机水泵、末端的选型偏大，初投资增高，运行费用和能耗增大。

3. 围护结构建筑热工设计方法

《公共建筑节能设计标准》GB 50189—2005 第 4 章是建筑与建筑热工设计，包括 3 节，即一般规定、围护结构热工设计、围护结构热工性能的权衡判断。建筑热工设计的实质是必须达到本标准规定的围护结构保温、隔热等性能限值，这是节能建筑最基本和最根本的要求。

本标准应用两条途径（方法）来进行节能设计。一种为规定性方法，如果建筑设计符合标准中对窗墙面积比等参数的规定，设计者可以方便地按所设计建筑的城市（或靠近城市）查取标准中的相关表格得到围护结构节能设计参数值，按此参数设计的建筑即符合节能设计标准的规定；另一种为性能化方法，如果建筑设计不能满足上述对窗墙面积比等参数的规定，必须使用权衡判断法来判定围护结构的总体热工性能是否符合节能要求，权衡判断法就是先构想出一栋虚拟的建筑，称之为"参照建筑"，然后分别计算"参照建筑"和实际所设计的建筑的全年采暖和空气调节能耗，并依照这两个能耗的比较结果做出判断。每一栋实际所设计的建筑都对应一栋"参照建筑"。与实际所设计的建筑相比，"参照建筑"除了在所设计建筑不满足本标准的一些重要规定之处作了调整外，其他方面都一样。"参照建筑"在建筑围护结构的各个方面均完全符合本节能设计标准的规定。权衡判断法需要进行全年采暖和空调能耗计算，以确定该建筑的设计参数。

总体来说，规定性方法操作容易、简便；性能化方法则给设计者更多、更灵活的余地（图 4-13）。

1）规定性方法（查表法）

应用规定性方法的前提是建筑设计满足一些规定的要求，这些要求用强制性条文来表述。它们是：（1）建筑体形系数（只对严寒、寒冷地区有规定）；（2）围护结构热工性能（包括外墙、屋面、外窗、屋顶透明部分等的传热系数和/或遮阳系数，以及地面和地下室外墙的热阻）；（3）每个朝向窗（包括透明幕墙）的窗墙面积比、可见光透射比；（4）屋顶透明部分面积。对寒冷、严寒地区来说，由于采暖是建筑的主要负荷，所以加强围护结构的保温是主要措施。建筑体形系数越大，对保温的要求越严（即要求传热系数越小）。窗墙面积比越大，当然对窗户保温的要求也就越严。但是对南方地区来说，特别是夏热冬暖地区，空调是建筑的主要负荷，因此窗户的隔热性能优劣成了主要矛盾，窗户的遮阳系数是关键参数，随着窗墙面积比的增大，对窗户的遮阳系数要求越来越严，但对建筑体形

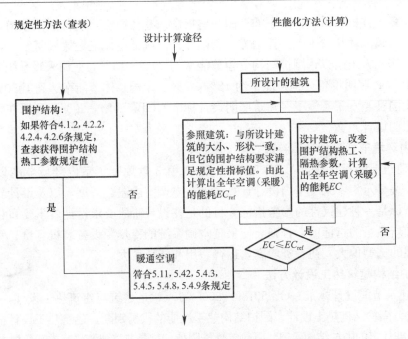

图 4-13 规定性方法和性能化方法的流程图

系数不设限制，对窗户的传热系数也要求较低。中部夏热冬冷地区，采暖空调都十分需要，因此编制标准时权衡各种因素，提出了保温和隔热的规定。

为了使大部分公共建筑可以应用规定性方法（查表法），本标准针对窗墙面积比的范围列出了从 20％到 70％时对窗户热工参数的规定，这可以覆盖一般的玻璃幕墙，因为某个立面即使是采用全玻璃幕墙，扣除掉各层楼板以及楼板下面梁的面积（楼板和梁与幕墙之间的间隙必须放置保温隔热材料），窗墙面积比一般不会超过 0.7。

本标准列出了各气候区围护结构传热系数和遮阳系数限值表和地面、地下室外墙热阻限值表。温和地区没有单独列表，该地区与寒冷地区、夏热冬冷地区和夏热冬暖地区接壤，可以根据所在地的气候情况，选用上述 3 个地区的表。

2）性能化方法（计算法）

如果所设计建筑的体形系数、窗墙面积比、屋顶透明部分面积比超出本标准规定的范围，那么必须使用权衡判断法来判定围护结构的总体热工性能是否符合节能要求。具体做法如下：首先计算"参照建筑"在规定条件下的全年采暖和空调能耗，然后计算所设计建筑在相同条件下的全年采暖和空调能耗，直到所设计建筑的采暖和空调能耗小于或等于"参照建筑"的采暖和空气调节能耗，则判定围护结构的总体热工性能符合节能要求。"参照建筑"的形状、大小、朝向以及内部的空间划分和使用功能与所设计建筑完全一致。当所设计建筑的体形系数、窗墙面积比大于标准规定时，"参照建筑"的每面外墙都按某一比例缩小，使体形系数符合标准规定；同时，"参照建筑"的每个窗户（或每个玻璃幕墙单元）都按某一比例缩小，使窗墙面积比符合标准的规定。在计算"参照建筑"和所设计建筑的全年采暖和空调能耗时，"参照建筑"的围护结构传热系数和玻璃遮阳系数限值由"围护结构限值和遮阳系数限值"表查取，"参照建筑"和所设计建筑的建筑内部运行时间表、采暖和空气调节系统类别、室内设定温度、照明功率密度、人员密度、电气设备功率等计算参数按照标准中约定的数据取用（设计者也可自行设定运行时间表、室内参数等，但在计算"参照建筑"和所设计建筑的能耗时，必须一致）。设计者应调整所设计建筑的围护结构热工参数（要比"围护结构限值和遮阳系数限值"表中规定的更严），直至计算到所设计建筑的全年采暖和空调能耗值小于或等于"参照建筑"的全年采暖和空调能耗值为止。

为了方便设计人员进行节能设计计算，编制组开发了动态计算软件，它以美国 DOE-2 软件为核心，开发成界面十分友好的、使用方便的计算工具。同时，它还可以作为建筑节能管理机构等有关人员进行审查设计是否符合标准的计算工具。

4. 透明幕墙

1）窗墙面积比的上限定为 0.7

2005 年前后，公共建筑的窗墙面积比有越来越大的趋势，本标准把窗墙面积比的上限定为 0.7 已经是充分考虑了这种趋势。但是，与非透明的外墙相比，当前所应用的大部分透明幕墙的热工性能是比较差的。因此，本标准不提倡在建筑立面上大规模地应用玻璃幕墙（或其他透明材料），如果希望建筑的立面有玻璃的质感，提倡使用非透明的玻璃幕墙，即玻璃的后面仍然是保温隔热材料和普通墙体。

2）节能要求基本不降低

当所设计的建筑大面积使用透明幕墙时，要根据建筑所处的气候区和窗墙面积比选择玻璃（或其他透明材料），使幕墙的传热系数和玻璃（或其他透明材料）的遮阳系数符合本标准的规定。比如应用镀膜玻璃（包括 Low-E 玻璃）、热反射玻璃、中空玻璃、双层皮（Double skin）通风幕墙等产品时，均需考虑上述问题。同时，用这些高性能玻璃组成幕墙的技术比较成熟，如采用"断热桥"型材龙骨、中空玻璃间层中设百叶和格栅等遮阳措施，均可以减少太阳辐射得热，使得玻璃幕墙的传热系数由普通单层玻璃的 $6.0W/(m^2 \cdot K)$ 以上降到 $1.5W/(m^2 \cdot K)$ 以下。

5. 空气调节采暖冷热源能效比

我国已发布执行冷源（电驱动）的最低性能系数的产品国家标准，它们的性能系数必须达到规定的限值。2004 年 9 月 16 日，由国家标准化管理委员会、国家发展和改革委员会主办，中国标准化研究院承办的"空调能效国家标准新闻发布会"在北京召开。会议发布了国家标准《冷水机组能效限定值及能源效率等级》GB 19577—2004、《单元式空气调节机能效限定值及能源效率等级》GB 19576—2004 和《房间空气调节器能效限定值及能源效率等级》GB 12021.3—2004 共 3 个产品的强制性国家能效标准。该 3 本标准将机组的能效比（性能系数）规定了 5 等级。第 5 等级产品是未来淘汰的产品，第 3、4 等级代表我国的平均水平，第 2 等级代表节能型产品（按最小寿命周期成本确定），第 1 等级是企业努力的目标。为了确保节能建筑配置较高性能系数的设备，《公共建筑节能设计标准》GB 50189—2005 规定冷水机组、单元式空气调节机的性能系数平均确保第 4 等级。具体来说，对离心式冷水机组规定达到第 3 等级，螺杆机、单元式空气调节机规定达到第 4 等级，但对于活塞式/涡旋式冷水机组则仍然规定最低的第 5 等级。热驱动的冷热水机组由于当前还没有能源效率等级标准，仍然依据已发布的产品标准执行。因此，本标准规定的能效比总体要求高于市场最低值。

6. 综合部分负荷性能系数（*IPLV*）

综合部分负荷性能系数（*IPLV*）的概念起源于美国，1986 年开始应用，1988 年被美国空气调节制冷协会（ARI）采用，1992 年和 1998 年进行了两次修改，全美各主要冷水机组制造商通过了1998年版的 *IPLV*。

在考核冷水机组的满负荷性能系数的同时，也应考虑机组的部分负荷指标，只有这样才能更准确地评价机组能效和建筑耗能情况。一般情况下，满负荷运行情况在整台机组的运行寿命中只占1%～5%。*IPLV*是制冷机组在部分负荷下的性能表现，实质上就是衡量了机组性能与系统负荷动态特性的匹配，所以此系数更能反映单台冷水机组的真正使用效率。

本标准首次将 *IPLV* 写入了节能设计标准中，编制组参照了美国标准中的思路，同时根据我国气候条件（对全国不同气候区19个城市的气象资料进行计算）、我国主要类型公共建筑的运行情况（获得不同负荷全年运行小时数），以及我国主要空调设备企业产品的 *IPLV* 进行计算分析，提出不同类型冷水机组的推荐 *IPLV* 规定值。

7. 推动制冷行业技术进步

由于本标准中提出了 *IPLV* 的规定，全国冷冻设备标准化技术委员会在进行《蒸汽压缩循环冷水热泵机组》GB/T 18430—2001修订（冷标委字［2004］第12号）时，提出了符合我国气候条件和各类建筑运行习惯的冷水机组产品 *IPLV* 测试与评价标准，以及相应的最低 *IPLV* 指标。从此，我国编制并发布了冷水机组 *IPLV* 测试方法及规定值。

（二）与国外标准的对比

选择美国ASHRAE Standard 90.1（建筑节能标准，适用于商业建筑和4层及以上住宅建筑）和《公共建筑节能设计标准》GB 50189—2005进行限值比较，该标准中规定性指标分为"住宅建筑"和"非住宅建筑"。其中围护结构热工参考限值与ASHRAE Standard 90.1—2004版本比较，冷水机组和单元机组的能效与ASHRAE Standard 90.1—2007版本比较。应用两种版本的原因如下：2007版本之前（即2004版和2001版等），对于外窗的规定是按窗墙面积比分档确定不同窗墙比下的 *K* 值；但从2007年版本开始，在规定窗墙面积比小于40%前提下，以窗的类型和用途作为规定 *K* 和 *SC* 的依据。为了使比较项目一致，相应应用两种版本。

1. 围护结构热工参数限值

《公共建筑节能设计标准》GB 50189—2005列出了不同气候区围护结构热工参数限值表。这里选取哈尔滨（严寒地区）、北京（寒冷地区）、上海（夏热冬冷地区）和深圳（夏热冬暖地区）为代表，与ASHRAE Standard 90.1—2004中气候相仿的热工性能限值表5.5-7、表5.5-5、表5.5-3、表5.5-2相比较（见表4-6～表4-9）。

中美标准严寒地区热工性能限值比较　　　　　　　　　　　　　　表4-6

哈尔滨地区		《公共建筑节能设计标准》 GB 50189—2005 表4.2.2-1		ASHRAE Standard 90.1—2004 表5.5-7	
		传热系数 *K* [W/(m²·K)]	遮阳系数 *SC* （其他方向/北向）	传热系数 *K* [W/(m²·K)]（固定/开启）	遮阳系数 *SC* （其他方向/北向）
外墙（重质墙）		0.40～0.45	—	0.51	—
屋面（无阁楼）		0.30～0.35	—	0.36	—
窗墙面积比	≤20%	2.7～3.0	—	3.24/3.80	0.56/0.74
	20%～30%	2.5～2.8	—	3.24/3.80	0.56/0.74
	30%～40%	2.2～2.5	—	3.24/3.80	0.56/0.74
	40%～50%	1.7～2.0	—	2.61/2.67	0.41/0.74
	50%～70%	1.5～1.7	—	—	—

中美标准寒冷地区热工性能限值比较　　表 4-7

北京地区		《公共建筑节能设计标准》GB 50189—2005 表 4.2.2-3		ASHRAE Standard 90.1—2004 表 5.5-5	
		传热系数 K [W/(m²·K)]	遮阳系数 SC（其他方向/北向）	传热系数 K [W/(m²·K)]（固定/开启）	遮阳系数 SC（其他方向/北向）
外墙（重质墙）		0.50～0.60	—	0.70	—
屋面（无阁楼）		0.45～0.55	—	0.36	—
窗墙面积比	≤20%	3.0～3.5	—	3.24/3.80	0.45/0.56
	20%～30%	2.5～3.0	—	3.24/3.80	0.45/0.56
	30%～40%	2.3～2.7	0.70/—	3.24/3.80	0.45/0.56
	40%～50%	2.0～2.3	0.60/—	2.61/2.67	0.29/0.41
	50%～70%	1.8～2.0	0.50/—		

由表 4-6、表 4-7 可以看出，对于严寒和寒冷地区来说，我国标准中对于窗户传热系数的要求高于美国标准，但是在窗户的遮阳性能的规定上，美国标准高于我国标准。中美标准外墙传热系数相仿，不过对于屋面传热系数，美国标准要求高一些。

中美标准夏热冬冷地区热工性能限值比较　　表 4-8

上海地区		《公共建筑节能设计标准》GB 50189—2005 表 4.2.2-4		ASHRAE Standard 90.1—2004 表 5.5-3	
		传热系数 K [W/(m²·K)]	遮阳系数 SC（其他方向/北向）	传热系数 K [W/(m²·K)]（固定/开启）	遮阳系数 SC（其他方向/北向）
外墙（重质墙）		1.00	—	0.86	—
屋面（无阁楼）		0.70	—	0.36	—
窗墙面积比	≤20%	4.7	—	3.24/3.80	0.45/0.56
	20%～30%	3.5	0.55/—	3.24/3.80	0.45/0.56
	30%～40%	3.0	0.50/0.60	3.24/3.80	0.45/0.45
	40%～50%	2.8	0.45/0.55	2.61/2.67	0.31/0.37
	50%～70%	2.5	0.40/0.50		

由表 4-8 可以看出，对于夏热冬冷地区来说，中美标准中对于窗户传热系数的要求相近，但是在窗户的遮阳性能的规定上，美国标准略高于我国标准。中美标准外墙传热系数相仿，不过对于屋面传热系数，美国标准要求高一些。

中美标准夏热冬暖地区热工性能限值比较　　表 4-9

深圳地区		《公共建筑节能设计标准》GB 50189—2005 表 4.2.2-5		ASHRAE Standard 90.1—2004 表 5.5-2	
		传热系数 K [W/(m²·K)]	遮阳系数 SC（其他方向/北向）	传热系数 K [W/(m²·K)]（固定/开启）	遮阳系数 SC（其他方向/北向）
外墙（重质墙）		1.50	—	3.29	—
屋面（无阁楼）		0.90	—	0.36	—
窗墙面积比	≤20%	6.5	—	6.93/7.21	0.29/0.70
	20%～30%	4.7	0.50/0.60	6.93/7.21	0.29/0.70
	30%～40%	3.5	0.45/0.55	6.93/7.21	0.29/0.70
	40%～50%	3.0	0.40/0.50	6.93/7.21	0.22/0.51
	50%～70%	3.0	0.35/0.45	—	

由表 4-9 可以看出，对于夏热冬暖来说，我国标准中对于窗户传热系数的要求高于美国标准，但是在窗户的遮阳性能的规定上，美国标准高于我国标准。我国标准外墙传热系数严于美国标准，不过对于屋面传热系数，美国标准要求明显更高。

2. 冷热源机组能效规定值

对于公共建筑集中空调系统中应用得较为广泛的冷（热）源机组，比如冷水机组、单元式空气调节机、多联式空调（热泵）机组等，我国已发布实施了机组能效限定值及能源效率等级标准：《冷水机组能效限定值及能源效率等级》GB 19577—2004、《单元式空气调节机能效限定值及能源效率等级》GB 19576—2004、《多联式空调（热泵）机组能效限定值及能源效率等级》GB 21454—2008 等。这些标准都属于产品的强制性国家能效标准，标准中将产品根据机组的能源效率划分为 5 个等级，目的是配合我国能效标识制度的实施。能效等级的含义前面已给出了说明。这些产品的能效限定值及能源效率等级标准的实施使得建筑节能设计标准中对于能效的限定有了依据。

在 ASHRAE Standard 90.1—2007 的第 6 章"采暖、通风和空调"中，共有 10 张表格规定冷热源的能效值：表 6.8.1A（电驱动的单元式空调机组和冷凝机组—最低效率规定值）；表 6.8.1B（电驱动的单元式空调（热泵）机组—最低效率规定值）；表 6.8.1C（冷水机组—最低效率规定值）；表 6.8.1D（电驱动的整体式末端空调器、末端热泵、整体式立式空调器、整体式立式热泵、房间空调器，房间空调器（热泵）—最低效率规定值）；表 6.8.1E（采暖炉、采暖炉和空调机组的组合、采暖炉管道机，单元式加热器）；表 6.8.1F（燃气和燃油锅炉—最低效率规定值）；表 6.8.1G（散热设备的性能规定值）；表 6.8.1H（小于 528kW 离心式冷水机组的最低效率规定值）；表 6.8.1I（大于等于 528kW、小于 1055kW 离心式冷水机组的最低效率规定值）；表 6.2.1J（大于等于 1055kW 离心式冷水机组的最低效率规定值）。

这里将《公共建筑节能设计标准》GB 50189—2005 中涉及的较常用的冷水机组能效限值、单元式空调机能效限值和 ASHRAE Standard 90.1—2007 中规定值进行比较或对照。

1）冷水机组能效比较

在制订《公共建筑节能设计标准》GB 50189—2005 时，编制组考虑了我国产品现有水平与发展方向，鼓励国产机组尽快提高技术水平，同时从科学合理的角度出发，考虑到不同压缩方式的技术特点，分别作了不同规定。冷水机组活塞/涡旋式采用《冷水机组能效限定值及能源效率等级》GB 19577—2004 中第 5 等级、水冷离心式采用第 3 等级、螺杆机则采用第 4 等级。

美国标准 ASHRAE Standard 90.1—2007 表 6.8.1C 规定了冷水机组最低能效值（Water chilling packages—Minimum efficiency requirements），下面将 ASHRAE Standard 90.1—2007 表 6.8.1C 中规定的冷水机组最低能效值与我国《公共建筑节能设计标准》GB 50189—2005 中表 5.4.5 中规定的能效限值进行比较；同时，还与《冷水机组能效限定值及能源效率等级》GB 19577—2004 中最低要求的第 5 等级和节能评价值（第 2 等级）进行比较。

需要说明的是，ASHRAE Standard 90.1—2007 中能效值容许有 5% 负偏差，在比较时，先将该值进行修正（乘以 0.95）后再进行比较。表 4-10 为美国 ASHRAE Standard 90.1—2007 与《公共建筑节能设计标准》GB 50189—2005 能效限定值的比较，表 4-11 和

表 4-12 分别为美国标准与《冷水机组能效限定值及能源效率等级》GB 19577—2004 中能效等级第 5 等级和第 2 等级能效值的比较。

ASHRAE Standard 90.1—2007 规定的冷水机组能效限值与《公共建筑节能设计标准》GB 50189—2005 规定值比较　　　　　　　　表 4-10

ASHRAE Standard 90.1—2007				《公共建筑节能设计标准》GB 50189—2005			中国与美国标准差距（%）
类型		制冷量（kW）	能效限值 COP	修正后 COP	类型	制冷量（kW）	性能系数限值 COP	
水冷	活塞式	全范围	4.20	3.99	水冷	活塞式	<528	3.80（第5级）	−5.0
			4.20	3.99			528～1163	4.00（第5级）	0.2
			4.20	3.99			≥1163	4.20（第5级）	5.0
	涡旋式	<528	4.45	4.23		涡旋式	<528	3.80（第5级）	−11.3
		528～1055	4.90	4.66			528～1163	4.00（第5级）	−16.5
		≥1055	5.50	5.23			≥1163	4.20（第5级）	−24.5
	螺杆式	<528	4.45	4.23		螺杆式	<528	4.10（第4级）	−3.2
		528～1055	4.90	4.66			528～1163	4.30（第4级）	−8.4
		≥1055	5.50	5.27			≥1163	4.60（第4级）	−14.6
	离心式	<528	5.00	4.75		离心式	<528	4.40（第3级）	−8.0
		528～1055	5.55	5.27			528～1163	4.70（第3级）	−12.1
		≥1055	6.10	5.80			≥1163	5.10（第3级）	−13.7
风冷，带冷凝机组		全范围	2.80	2.66	风冷或蒸发冷却	活塞式/涡旋式	≤50	2.40（第5级）	−10.8
			2.80	2.66			>50	2.60（第5级）	−2.3
			2.80	2.66		螺杆式	≤50	2.60（第4级）	−2.3
			2.80	2.66			>50	2.80（第4级）	5.0

ASHRAE Standard 90.1—2007 规定的冷水机组能效限值与《冷水机组能效限定值及能源效率等级》GB 19577—2004 第 5 等级规定值比较　　　　　　　　表 4-11

ASHRAE Standard 90.1—2007				《冷水机组能效限定值及能源效率等级》GB 19577—2004			中国与美国标准差距（%）
类型		制冷量（kW）	能效限值 COP	修正后 COP	类型	制冷量（kW）	能效限值 COP（第5等级）	
水冷	活塞式	全范围	4.20	3.99	水冷	活塞式	<528	3.80	−5.0
			4.20	3.99			528～1055	4.00	0.2
			4.20	3.99			≥1055	4.20	5.0
	涡旋式/螺杆式	<528	4.45	4.23		涡旋式/螺杆式	<528	3.80	−11.3
		528～1055	4.90	4.66			528～1163	4.00	−16.5
		≥1055	5.50	5.23			≥1163	4.20	−24.5
	离心式	<528	5.00	4.75		离心式	<528	3.80	−25.0
		528～1055	5.55	5.27			528～1163	4.00	−31.8
		≥1055	6.10	5.80			≥1163	4.20	−38.1
风冷，带冷凝机组		全范围	2.80	2.66	风冷或蒸发冷却		≤50	2.40	−10.8
			2.80	2.66			>50	2.60	−2.3

ASHRAE Standard 90.1—2007 规定的冷水机组能效限值与《冷水机组能效限定值及能源效率等级》GB 19577—2004 第 2 等级规定值比较　　表 4-12

ASHRAE Standard 90.1—2007				《冷水机组能效限定值及能源效率等级》GB 19577—2004			中国与美国标准差距（%）
类型		制冷量（kW）	能效限值 COP	修正后 COP	类型	制冷量（kW）	节能评价值 COP（第 2 等级）	
水冷	活塞式	全范围	4.20	3.99	活塞式	＜528	4.70	15.1
			4.20	3.99		528～1055	5.10	21.8
			4.20	3.99		≥1055	5.60	28.8
	涡旋式/螺杆式	＜528	4.45	4.23	涡旋式/螺杆式	＜528	4.70	10.0
		528～1055	4.90	4.66		528～1163	5.10	8.6
		≥1055	5.50	5.23		≥1163	5.60	6.6
	离心式	＜528	5.00	4.75	离心式	＜528	4.70	−1.1
		528～1055	5.55	5.27		528～1163	5.10	−3.3
		≥1055	6.10	5.80		≥1163	5.60	−3.6
风冷,带冷凝机组		全范围	2.80	2.66	风冷或蒸发冷却	≤50	3.00	11.3
			2.80	2.66		＞50	3.20	16.9

为了方便对比，将表 4-10～表 4-12 中常用的水冷螺杆式机组、水冷离心式机组的能效值差值比较于图 4-14。

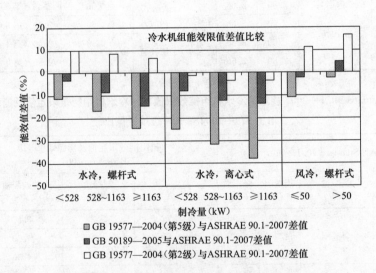

图 4-14　中美标准冷水机组能效限值差值比较

由表 4-10～表 4-12 和图 4-14 可以看出，《公共建筑节能设计标准》GB 50189—2005 规定的水冷冷水机组能效限定值与 ASHRAE Standard 90.1—2007 表 6.8.1C 规定的相应数字相比较，中国标准规定值的能效普遍低于美国标准，最高可以相差 24.5%；对于此参数，将 ASHRAE Standard 90.1—2007 与《冷水机组能效限定值及能源效率等级》GB 19577—2004 中的第 5 等级相比，差距更大，最高可以相差 38%。但是与《冷水机组能效限定值及能源效率等级》GB 19577—2004 中的第 2 等级（节能评价值）相比，大部分类型机组的能效高于美国标准，仅水冷式离心机组的能效还有3%的差距。另外，《公共建筑节能设计标准》GB 50189—2005规定制冷量大于50kW的风冷螺杆式冷水机组能效高于ASHRAE Standard 90.1—2007的规定值，小于50kW的机组能效则略低于美国标准；对于此参数，将ASHRAE Standard 90.1—2007与《冷水机组能效限定值及能源效率等级》GB 19577—2004中第2等级相比，除了小出力机组能效略低于美国标准外，其余出力及第2等级能效均高于美国标准，最高达17%。

需要特别指出的是，ASHRAE Standard 90.1—2007表6.8.1C规定冷水机组最低能效值COP的同时，还规定了冷水机组最低"综合部分负荷性能系数（IPLV）"值，尽管在《公共建筑节能设计标准》GB 50189—2005中也有条文规定水冷式螺杆和离心机组的最低IPLV值，但并非为强制性条文。另外，ASHRAE Standard 90.1—2007还列出了3张表，即表6.8.1H、表6.8.1I、表6.2.1J。在这些表中，除了规定机组额定工况下的COP值和IPLV值外，还规定了不同冷凝器流率下、不同冷冻水出水温度和不同冷凝器进水温度时，需要达到的COP值和非标准工况下部分负荷性能系数（NPLV）值。

2）单元式空气调节机能效比较

《公共建筑节能设计标准》GB 50189—2005中对单元空调机的能效最低要求为《单元式空气调节机能效限定值及能源效率等级》GB 19576—2004中的第4等级。

对于单元式空气调节机组能效限定值，这里将《公共建筑节能设计标准》GB 50189—2005和《单元式空气调节机能效限定值及能源效率等级》GB 19576—2004中第5等级、第2等级规定值与ASHRAE Standard 90.1—2007表6.8.1A规定的电驱动单元式空调机组和冷凝机组能效最低值进行比较，列于表4-13～表4-15。需要说明的是，ASHRAE Standard 90.1—2007表6.8.1A规定的是单元式空调机组能效限定值，而单元式空调（热泵）机组最低能效值则在表6.8.1B中给予规定。2005年我国的标准只规定了制冷工况时的能效比，所以这里以表6.8.1A为基础进行比较，不过对于相同制冷量的机组来说，单冷型机组规定值（表6.8.1A）要比热泵型机组规定值（表6.8.1B）稍高一点。同样，对于表6.8.1A中的数据，需进行5%负偏差修正后再行比较。

ASHRAE Standard 90.1—2007规定的单元式空气调节机组能效限定值与《公共建筑节能设计标准》GB 50189—2005规定值比较 表4-13

类型	ASHRAE Standard 90.1—2007			《公共建筑节能设计标准》GB 50189—2005		中国与美国标准差距（%）
	制冷量（kW）	能效限值COP	修正后COP	制冷量（kW）	能效限值EER	
风冷（制冷模式）	≥19，<40	3.28	3.12	≥7.1（不接风管）	2.60	−19.85
	≥40，<70	3.22	3.06		2.60	−17.65
	≥70，<223	2.93	2.78		2.60	−7.06
	≥223	2.84	2.70		2.60	−3.77
水冷和蒸发冷却（制冷模式）	<19	3.35	3.18	≥7.1（不接风管）	3.00	−6.08
	≥19，<40	3.37	3.20		3.00	−6.72
	≥40，<70	3.22	3.06		3.00	−1.97
	≥70	2.70	2.57		3.00	14.50

ASHRAE Standard 90.1—2007 规定的单元式空气调节机组能效限定值与《单元式空气调节机能效限定值及能源效率等级》GB 19576—2004 第 5 等级规定值比较　　表 4-14

类型	ASHRAE Standard 90.1—2007			《单元式空气调节机能效限定值及能源效率等级》GB 19576—2004		中国与美国标准差距（%）
	制冷量（kW）	能效限值 COP	修正后 COP	制冷量（kW）	能效限值 EER	
风冷（制冷模式）	≥19，<40	3.28	3.12	≥7.1（不接风管）	2.40	−29.83
	≥40，<70	3.22	3.06		2.40	−27.46
	≥70，<223	2.93	2.78		2.40	−15.98
	≥223	2.84	2.70		2.40	−12.42
水冷和蒸发冷却（制冷模式）	<19	3.35	3.18	≥7.1（不接风管）	2.80	−13.66
	≥19，<40	3.37	3.20		2.80	−14.34
	≥40，<70	3.22	3.06		2.80	−9.25
	≥70	2.70	2.57		2.80	8.39

ASHRAE Standard 90.1—2007 规定的单元式空气调节机组能效限定值与《单元式空气调节机能效限定值及能源效率等级》GB 19576—2004 第 2 等级规定值比较　　表 4-15

类型	ASHRAE Standard 90.1—2007			《单元式空气调节机能效限定值及能源效率等级》GB 19576—2004		中国与美国标准差距（%）
	制冷量（kW）	能效限值 COP	修正后 COP	制冷量（kW）	能效限值 EER	
风冷（制冷模式）	≥19，<40	3.28	3.12	≥7.1（不接风管）	3.00	−3.72
	≥40，<70	3.22	3.06		3.00	−1.93
	≥70，<223	2.93	2.78		3.00	7.78
	≥223	2.84	2.70		3.00	11.19
水冷和蒸发冷却（制冷模式）	<19	3.35	3.18	≥7.1（不接风管）	3.40	6.83
	≥19，<40	3.37	3.20		3.40	6.20
	≥40，<70	3.22	3.06		3.40	11.15
	≥70	2.70	2.57		3.40	32.55

同样，将表 4-13～表 4-15 中美标准间风冷与水冷单元式空调机组能效规定值的差值表示于图 4-15。

由表 4-13～表 4-15 和图 4-15 可以看出，针对单元式空气调节机组能效限定值，《公共建筑节能设计标准》GB 50189—2005 与 ASHRAE Standard 90.1—2007 表 6.8.1A 相比，水冷机组的规定要低，风冷机组的差距更大。将《单元式空气调节机能效限定值及能源效率等级》GB 19576—2004 中的第 5 等级与 ASHRAE Standard 90.1—2007 相比，中国标准规定值较低，最多相差 30%；但是与《单元式空气调节机能效限定值及能源效率等级》GB 19576—2004 中的第 2 等级（节能评价值）相比，中国标准规定值较高，大致高 8%～11%。

另外，需要特别指出的是，ASHRAE Standard 90.1—2007 表 6.8.1B 除了规定的单元机组能效最低值（Electrically operated unitary and applied heat pumps-minimum efficiency requirements）外，对于制冷量大于 70kW 的机组，还规定了最低 IPLV 值，而中国标准还没有规定相应的内容；ASHRAE Standard 90.1—2007 对于制冷量小于 19kW 的机组（包括制冷量小于 8.8kW 的过墙式空调机），最低能效是用"季节性能系数（SCOP）"来规定的，《公共建筑节能设计标准》GB 50189—2005 没有关于此参数的规定。在 2008 年

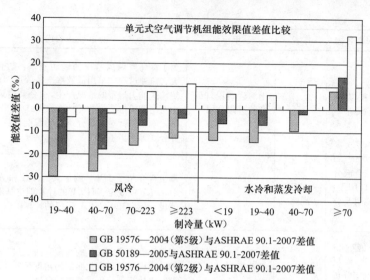

图 4-15 中美标准单元式空气调节机组能效限值差值比较

9 月 1 日实施的《转速可控型房间空气调节器能效限定值及能源效率等级》GB 21455—2008 中，规定以"制冷季节能源消耗效率（$SEER$）"来表示类似内容。

五、标准相关科研课题（专题）及论文汇总

（一）标准相关科研专题

在《公共建筑节能设计标准》GB 50189—2005 编制过程中，编制组针对标准修订的重点和难点内容进行了专题研究，具体见表 4-16。

编制《公共建筑节能设计标准》GB 50189—2005 相关专题研究报告汇总　　表 4-16

序号	专题研究报告名称	作者	单位	主要内容
1	空调冷热水管道绝热厚度确定原则	寿炜炜	上海建筑设计研究院有限公司	《公共建筑节能设计标准》中对空调采暖工程中使用最多的冷热水管道和空调风管道提出了绝热要求，为了减少管道冷热量的损失，本报告针对编制管道绝热条文的编制依据、基本数据、计算公式等给出了说明
2	空调水系统输送能效比确定原则	寿炜炜	上海建筑设计研究院有限公司	为了提高空调水系统的输送效率，防止因系统设计流速过高、介质的供回温差过小或采用低效率产品等原因而造成的输送能量浪费的情况产生，《公共建筑节能设计标准》中对空调冷热水的输送能效比提出了相关的节能要求，本报告针对这部分条文的编制依据、基本数据、计算公式等给出了说明
3	外窗及幕墙热工参数的确定	冯雅	中国建筑西南设计研究院	《公共建筑节能设计标准》编制中需确定建筑外窗和幕墙的热工性能指标，必须与我国的门窗、幕墙技术水平相结合，从不同地区的气候条件和社会经济发展水平出发，同时考虑技术和经济的发展趋势，切合实际、科学合理地确定窗和幕墙的热工技术指标。本报告给出了确定原则和具体内容
4	冷水机组性能系数与美国标准指标的比较	盛萍	约克（无锡）空调冷冻科技有限公司	本报告将《公共建筑节能设计标准》和世界上最具代表性和先进性的 ASHRAE 标准进行了详细的分析比较

续表

序号	专题研究报告名称	作者	单位	主要内容
5	最大风力耗功率（Ws）确定原则	寿炜炜	上海建筑设计研究院有限公司	为了提高空调风系统的输送效率，防止因系统设计过大、流速过高或采用低效率产品等原因而造成空调风系统输送能力浪费的情况产生，《公共建筑节能设计标准》中对空调单位风量的耗功率（Ws）提出了最大的限定要求，本报告针对这部分条文的编制依据、基本数据、计算公式等给出了说明
6	冷水机组综合部分负荷效率（IPLV）条文计算说明及分析	龙惟定、周辉	同济大学	本报告介绍了 IPLV 的定义、ARI 和 ASHRAE 等标准对 IPLV 的规定、IPLV 的计算理论基础、《公共建筑节能设计标准》中 IPLV 限值的计算等内容
7	综合部分能效值 IPLV——真实反映冷水机组部分负载性能的参数	胡祥华	约克（无锡）空调冷冻科技有限公司	本报告介绍了 IPLV 的来源和演变过程，并从建筑空调和冷水机组负载变化匹配的角度分析了用 IPLV 评价空调冷水机组部分负载能效的合理性

（二）标准相关论文

在《公共建筑节能设计标准》GB 50189—2005 编制过程中及发布后，主编单位在相关期刊发表了 6 篇论文，具体见表 4-17。

与《公共建筑节能设计标准》GB 50189—2005 相关发表期刊论文汇总　　　表 4-17

序号	论文名称	作者	单位	发表信息
1	国家标准《公共建筑节能设计标准》对空调冷（热）源的能效规定	郎四维	中国建筑科学研究院空气调节研究所	《制冷技术》，2005 年 2 期
2	科学性·先进性·可操作性——本刊独家专访《公共建筑节能设计标准》主编郎四维	《建设科技》编辑部	《建设科技》编辑部	《建设科技》，2005 年 6 期
3	《公共建筑节能设计标准》要点	郎四维	中国建筑科学研究院空气调节研究所	《建设科技》，2005 年 13 期
4	《GB 50189—2005 公共建筑节能设计标准》对空调冷（热）源的能效规定	郎四维	中国建筑科学研究院空气调节研究所	《中国建设信息（供热供冷专刊)》，2005 年 7 期
5	《公共建筑节能设计标准》GB 50189—2005 剖析	郎四维	中国建筑科学研究院空气调节研究所	《暖通空调》，2005 年 11 期
6	《公共建筑节能设计标准》编制思路和要点	郎四维	中国建筑科学研究院空气调节研究所	《机电信息》，2005 年 23 期

（三）标准相关著作

在《公共建筑节能设计标准》GB 50189—2005 发布后，主编单位组织编制专家撰写了《公共建筑节能设计标准宣贯辅导教材（2005)》，主编为郎四维研究员，由中国建筑工业出版社于 2005 年出版。

六、所获奖项

《公共建筑节能设计标准》GB 50189—2005 自发布实施以来,先后获得如下奖项:中国建筑科学研究院 2006 年度科技进步一等奖,2007 年"中国建筑设计研究院 CADG 杯"华夏建设科学技术二等奖(图 4-16)。

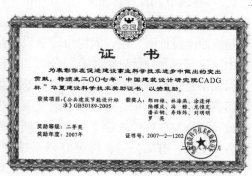

图 4-16 《公共建筑节能设计标准》GB 50189—2005 所获奖项证书

七、存在的问题

《公共建筑节能设计标准》GB 50189—2005 是我国第一本针对公共建筑的节能设计标准,虽然技术指标合理,符合国情,具有科学性、先进性、协调性和可操作性,但也存在一定的问题,主要是节能的对象仅为暖通空调、围护结构及照明方面的能耗,其他方面暂未考虑,同时经济问题也考虑得不够,需要在修订时继续完善。

第四阶段：《公共建筑节能设计标准》GB 50189—2015

一、主编和主要参编单位、人员

《公共建筑节能设计标准》GB 50189—2015 主编及参编单位：中国建筑科学研究院、北京市建筑设计研究院有限公司、中国建筑设计研究院、上海建筑设计研究院有限公司、中国建筑西南设计研究院、天津市建筑设计院、同济大学建筑设计研究院（集团）有限公司、中国建筑西北设计研究院有限公司、中国建筑东北设计研究院、同济大学中德工程学院、深圳市建筑科学研究院、上海市建筑科学研究院、新疆建筑设计研究院、中建国际设计顾问有限公司、山东省建筑设计研究院、中南建筑设计院股份有限公司、华南理工大学建筑设计研究院、仲恺农业工程学院、同方泰德国际科技（北京）有限公司、开利空调销售服务（上海）有限公司、特灵空调系统（中国）有限公司、大金（中国）投资有限公司、江森自控楼宇设备科技（无锡）有限公司、北京金易格新能源科技发展有限公司、西门子西伯乐斯电子有限公司、北京绿建（斯维尔）软件有限公司、珠海格力电器股份有限公司、深圳市方大装饰工程有限公司、欧文斯科宁（中国）投资有限公司、曼瑞德集团有限公司、广东艾科技术股份有限公司、河北奥润顺达窗业有限公司、北京振利节能环保科技股份有限公司。

本标准主要起草人员：徐伟、邹瑜、徐宏庆、万水娥、潘云钢、寿炜炜、陈琪、徐凤、冯雅、顾放、车学娅、柳澎、王谦、金丽娜、龙惟定、赵晓宇、刘明明、刘鸣、毛红卫、周辉、于晓明、马友才、陈祖铭、丁力行、刘俊跃、陈曦、孙德宇、杨利明、施敏琪、钟鸣、施雯、班广生、邵康文、刘启耀、陈进、曾晓武、田辉、陈立楠、李飞龙、魏贺东、黄振利、王碧玲、刘宗江。

二、编制背景及任务来源

我国于 2005 年发布实施了《公共建筑节能设计标准》GB 50189—2005，通过对公共建筑的节能设计进行系统化的规范和约束，积极促进我国建筑节能事业的健康稳定发展，在实现国家"十一五"节能减排目标以及下一步国家节能目标的制订中发挥了重要作用。

《公共建筑节能设计标准》GB 50189—2005 是建筑行业最重要的设计标准之一，技术难度高，涉及面宽，影响力大。此标准实施 8 年来，建筑节能工作在全国取得大规模进展，国家下一阶段节能减排目标的确定对建筑节能设计标准提出了新的要求。在应对气候变化和低碳发展的国际背景下，多个国家对建筑节能性能不断提出更高要求，欧美发达国家也在连续提升建筑节能标准。我国行业技术的快速发展为我国建筑节能标准的提升创造了一定条件。同时，新技术、新工艺、新方法、新设备的不断涌现，也要求国家的建筑节能标准必须对其性能参数作出相应规定，以确保建筑行业的有序可持续发展。公共建筑能耗高、节能潜力大，一直被作为建筑节能的重点。因此，适时对我国现行公共建筑节能设计标准进行修订，对促进行业健康发展、确保建设领域节能减排目标的顺利完成意义重大。

根据住房与城乡建设部"关于印发《2012 年工程建设标准规范制订、修订计划》的通知"（建标［2012］5 号）的要求，《公共建筑节能设计标准》GB 50189 列入修订计划，由中国建筑科学研究院作为主编单位负责具体工作。

三、标准编制过程

（一）启动及标准初稿编制阶段（2012 年 4 月～2013 年 7 月）

1. 修订调查研讨会

为了明确《公共建筑节能设计标准》GB 50189—2005 实施中的主要问题，确定修订工作重点，主编单位于 2012 年 4～6 月分别在广州、上海和北京组织召开了 3 次"《公共建筑节能设计标准》修订调查研讨会"（图 4-17），全国范围 80 余名业内专家到会，其中既包括标准的使用者，也包括《公共建筑节能设计标准》GB 50189—2005 的主要起草人。专家们结合各自工作体会，对本标准实施以来的问题发表了看法，并就普遍关心的问题进行了深入探讨。针对此次修订，专家普遍反映此次修订希望解决的问题归纳如下：

图 4-17　《公共建筑节能设计标准》修订调查上海研讨会

1）对本标准的适用范围应进一步明确界定；

2）第 3 章"室内环境节能设计计算参数"的作用应明确，实施中常误解；

3）《公共建筑节能设计标准》GB 50189—2005 主要根据办公建筑模型计算出各限值，希望此次修订能有所改进，提升本标准的科学性；

4）进一步明确围护结构热工性能权衡判断计算过程，或通过条文减少权衡判断的机会，避免权衡判断成为热工性能相关条文执行的漏洞；

5）重要条款应分建筑规模、气候区进行规定，避免一刀切；

6）限值的确定应结合行业发展实际水平给出；

7）补充多联机等设备的能效规定；

8）增加水、电气和可再生能源利用的相关条款，完善标准内容。

2. 编制组成立暨第一次工作会议

2012 年 6 月 26 日，《公共建筑节能设计标准》GB 50189 修订编制组成立暨第一次工作会议在北京召开（图 4-18）。编制组由来自全国 33 家设计院、建科院、高校、生产企业的 41 位专家组成，专业领域涵盖建筑、建材、建筑物理、暖通空调、电气、照明、给排水等。在标准编制的第一次工作会议上，主编单位详细介绍了标准修订的立项背景，前期在华南、华东、北方地区召开调研讨论会的情况。经过编制组认真细致的讨论，确定了《公共建筑节能设计标准》GB 50189 修订的原则、重点和难点问题、研究专题、编制任务分工、标准编制进度计划。

图 4-18　《公共建筑节能设计标准》GB 50189 修订编制组成立暨第一次工作会议

与此同时，围绕本次修订重点内容的基础课题研究平行开展，至 2013 年 5 月，基础性计算工作已经完成，结果汇入初稿。

图 4-19　《公共建筑节能设计标准》GB 50189 修订编制组赴美学习代表团学习报告

3. 交流学习

《公共建筑节能设计标准》GB 50189 修订编制及专题研究工作得到了美国能源基金会的支持，在编制组工作的开展过程中，始终保持与其他国家和地区建筑节能设计标准规范的交流、借鉴，以及信息更新。2012 年 8 月，编制组部分成员赴美学习，在能源基金会中国可持续建筑项目组莫争春主任陪同下，走访了美国能源部、国务院、西北太平洋国家实验室等建筑节能管理部门和节能标准编制的技术支持机构，就标准的推广实施、编制中的重点问题、科学性的保障方法等重点问题进行了深入探讨，并形成了学习报告（图 4-19）。本次交流为《公共建筑节能设计标准》GB 50189 修订的基础性研究工作提供了有益的思路和技术方法，为我国节能标准科学性的提升和与国际标准的接轨产生了积极影响。

4. 章节讨论会和第二次工作会议

2013 年 6～7 月，编制组分章节召开了 4 次章节讨论会和一次编制组全体会议，讨论修改形成征求意见稿。同期，与相关产品标准主编单位中国标准化设计研究院、其他工程建设标准编制组《绿色建筑评价标准》、《民用建筑热工设计规范》就相关条文进行了多次协调。

（二）征求意见阶段（2013年8～10月）

2013年8月，《公共建筑节能设计标准》GB 50189根据编制组讨论意见完成了征求意见稿，并在国家工程建设标准化信息网（www.ccsn.gov.cn）发布，开始向全社会公开征求意见。编制组同时定向以电子邮件和纸质文件同时发送的方式，向各省市自治区建筑设计院、建筑研究院、行业协会、高校、建筑设备和建筑生产企业等相关单位征求意见。截至2013年10月15日，共收到来自120个单位及专家个人的回复意见953条。浙江省、安徽省、新疆维吾尔自治区、贵州省、广东省、河南省、陕西省等地住建厅及天津市规划局、上海市规划和国土资源管理局、上海市建筑建材业市场管理总站等各级建设行政主管部门均组织专家进行了研究讨论，并给主编单位回复了正式回函意见。

（三）送审阶段（2013年11月）

主编单位对反馈意见进行了逐条梳理，在编制组内部进行讨论，修改形成送审初稿，而后又对个别重点问题定向向编制组内外专家征集意见，于2013年10月底修改形成送审稿。《公共建筑节能设计标准》（送审稿）审查会议于2013年11月7日在北京召开，与会专家和代表听取了编制组修订工作报告，对本标准送审稿进行了逐条审查（图4-20）。经充分讨论，形成审查意见如下：

1）送审资料齐全，标准送审稿内容完整，符合标准审查的要求。

2）编制组在修订过程中进行深入调研，总结标准2005版实施中的经验和不足，借鉴发达国家相关建筑节能设计标准的最新成果，开展多项基础性研究工作，广泛征求意见，对具体内容进行反复讨论、协调和修改，保证了标准的质量。

3）标准送审稿继承了标准2005版的结构框架和编制思路，在改进研究方法和扩展技术内容的同时保证了标准的延续性，并在原有基础上进行了扩展，涵盖建筑与建筑热工、供暖通风与空气调节、给水排水、电气、可再生能源应用，实现了建筑节能专业领域的全覆盖。

4）标准送审稿以标准2005版的节能水平为基准，全面评价并明确了本次修订后我国公共建筑达到的节能水平。这种动态基准的评价方式可以更加全面体现历次标准修订的节能量提升，适应我国建筑行业快速发展的实际情况，也符合目前国际习惯做法。

5）标准送审稿具有如下创新点：

（1）首次建立了涵盖主要公共建筑类型及系统形式的典型公共建筑模型及数据库，为标准的编制及标准节能水平的评价奠定了基础。

（2）首次采用SIR优选法研究确定了本次修订的节能目标，并将节能目标分解为围护结构、暖通空调系统及照明系统相应指标的定量要求，提高了标准的科学性。

（3）首次分气候区规定了冷源设备及系统的能效限值，增强了标准的地区适应性，提高了节能设计的可操作性。

《公共建筑节能设计标准》（送审稿）内容全面、技术指标合理，符合国情，具有科学性、先进性、协调性和可操作性，总体上达到了国际领先水平。本标准的实施将进一步提升我国公共建筑能源利用效率，促进建筑节能技术应用，对我国城镇化进程的可持续发展产生重要作用。

审查委员会委员对编制组提出的强制性条文进行了审查，建议按照有关程序，报住房和城乡建设部强制性条文协调委员会进行审查。

　　审查委员会委员一致通过了《公共建筑节能设计标准》（送审稿）审查，建议编制组根据审查意见，对送审稿进行修改和完善，尽快形成报批稿上报主管部门审批。

图 4-20　《公共建筑节能设计标准》GB 50189 审查会合影

　　根据审查会意见，编制组对标准条文及条文说明逐一进行深入细致的讨论，对送审稿及其条文说明进行了认真修改，并于 2013 年 12 月 5 日向住房和城乡建设部强制性条文协调委员会提交并申请强制性条文函审，12 月 20 日收到回复意见后，根据意见对强制性条文及说明进行了修改，于 2013 年 12 月 25 日完成标准报批稿和报批工作。

　　(四) 发布阶段 (2015 年 2 月)

　　住房和城乡建设部于 2015 年 2 月 2 日印发"关于发布国家标准《公共建筑节能设计标准》的公告"（第 739 号），标准编号为 GB 50189—2015，自 2015 年 10 月 1 日起实施。原标准同时废止。

　　(五) 宣贯培训 (2015 年 9 月)

　　《公共建筑节能设计标准》GB 50189—2015 的贯彻实施是住房和城乡建设部重点工作之一，经住房和城乡建设部标准定额司批准同意（建标实函〔2015〕112 号），《公共建筑节能设计标准》GB 50189—2015 宣贯培训列入 2016 年度工程建设标准培训工作计划，由该标准管理归口单位住房和城乡建设部建筑环境与节能标委会组织开展宣贯培训工作。

　　《公共建筑节能设计标准》GB 50189—2015 的发布实施标志着中国建筑节能标准"三步走"最后一步的完成，具有里程碑的意义。为使有关人员深入理解、准确把握标准相关要求，推进全国公共建筑节能工作健康发展，住房和城乡建设部建筑环境与节能标委会于 2015 年 9 月 21～22 日在北京举办《公共建筑节能设计标准》GB 50189—2015 首场宣贯培训会，而后于 9 月 24～25 日在上海举办了第二场宣贯培训会。标准主编单位中国建筑科学研究院提供技术支持，宣贯培训会授课老师均为标准主要起草人，包括科研院所和全国顶级设计院共 14 位专家。培训内容包括对标准修订背景、原则及要点的解读，对标准条款的释义讲解，还包括对标准十大亮点的深入分析。

四、标准主要技术内容

《公共建筑节能设计标准》GB 50189—2015 适用于新建、扩建和改建的公共建筑节能设计，本标准共 7 章和 4 个附录：总则，术语，建筑与建筑热工，供暖通风与空气调节，给水排水，电气，可再生能源应用；附录 A 外墙平均传热系数的计算，附录 B 围护结构热工性能的权衡计算，附录 C 建筑围护结构热工性能权衡判断审核表，附录 D 管道与设备保温及保冷厚度。

（一）主要技术内容

1. 建立中国公共建筑基础模型数据库

本标准的修订借鉴美国建筑基础模型确定了方法学。通过向国内各大设计院征集典型公共建筑项目，确定了我国公共建筑的 7 种基本类型，并分别确定了 7 个模型建筑的建筑外形、功能分区、暖通空调系统形式；同时经住房和城乡建设部支持与国家统计局取得联系，获得了建筑业企业房屋建筑竣工面积的权威数据（2009～2011 年），整理得到各种类型建筑在我国不同气候区的分布情况。

2. 节能目标确定方法及经济性研究

首次采用"收益投资比（Saving to Investment Ratio）组合优化筛选法"（简称"SIR 优选法"）对节能量进行分解，拟定常用的建筑节能措施方案库，通过对当前国内建筑节能技术措施投资进行分析，以投资收益比较大者优先执行为优化依据，确定围护结构和暖通空调设备性能的提升幅度，并确定公共建筑整体节能水平。

3. 围护结构热工性能限值计算

在前两部分工作基础上，以控制全国公共建筑总体节能水平为目标，在考虑经济成本的前提下，通过优化模拟分析得出各气候区围护结构热工性能指标。

4. 冷源评价方法及限值计算

基于公共建筑模型数据库进行分析，重新建立适用于当前公共建筑运行情况的冷水机组 IPLV 公式。并基于公共建筑节能目标，综合考虑冷水机组的实际能效水平以及其经济成本，在保证达到相同的收益投资比（SIR）值的前提下，确定不同气候区不同类型冷水机组的满负荷和部分负荷能效限值。针对不同气候区负荷分布情况，在确定配置和运行策略的前提下选取不同台数的冷水机组，以机组群作为一个整体进行分析，以确定多台机组运行时，其综合性能及负荷分布特性与单台机组之间的区别与联系，从而建立适用于多台机组（特定前提下）的评价指标。

5. 完善了围护结构权衡判断方法

对当前围护结构权衡判断的执行情况、软件的功能形式进行调研，进一步明确了应以能耗为最终比较目标，并补充了冷热源计算及参照建筑的缺失参数；在标准中明确了对权衡判断软件功能的要求，将输入输出数据格式进行了规范化，并将原第 3 章"室内环境节能设计计算参数"并入其中；软件后台参数的规整还需软件企业密切配合进行。另一方面，设定了进行权衡判断的建筑必须达到的最低热工性能要求，缩小了进行权衡判断建筑的范围；同时提供了完整窗墙面积比下的围护结构性能参数，增设建筑分类，扩大性能指标判断范围。

6. 新增了给排水系统、电气系统和可再生能源应用的相关规定

本次修订在原有专业领域基础上进行了扩展，涵盖建筑与建筑热工、供暖通风与空气调节、给水排水、电气、可再生能源应用,实现了建筑节能专业领域的全覆盖。

7. 引入了外窗综合太阳得热系数(*SHGC*)的概念并替代遮阳系数(*SC*),另给出了 *SHGC* 的限值

本次修订对于透光围护结构引入了太阳得热系数(*SHGC*)的概念并给出了 *SHGC* 的限值,替代遮阳系数(*SC*)。对于外遮阳等遮阳构件的性能依然用构件的"遮阳系数"定义。"太阳得热系数"和"遮阳系数"两个物理量存在线性换算关系,希望读者在使用标准时予以注意。

8. 给出了外墙平均传热系数的简化计算方法。

(二)与国外标准的对比

在《公共建筑节能设计标准》GB 50189—2015 中,围护结构和暖通空调系统是最重要的两部分。由于我国和美国地域尺度相似,气候区复杂程度相似,可比性强,这里选择美国 ASHRAE Standard 90.1—2013 与本标准相关参数进行比较。

1. 非透光围护结构

对于非透光围护结构,《公共建筑节能设计标准》GB 50189—2015 的规定包括屋面、外墙(含非透光幕墙)、地下室外墙、非供暖房间与供暖房间的隔墙或楼板、底面接触室外空气的架空或外挑楼板、地面等。其他各国标准中围护结构分类较我国种类更加齐全,分类更加详细,如 ASHRAE Standard 90.1—2013 将屋面分为无阁楼、带阁楼和金属建筑三类,将外墙分为地面以上和地面以下两类,其中地面以上外墙又分为重质墙、金属建筑墙、钢框架、木框架四类;将楼板细分为重质楼板、工字钢、木框架三类;将不透光门分为平开和非平开两类……为了方便理解,选择 ASHRAE Standard 90.1—2013 中 2、3、5、7 气候区中对非透明围护结构的重质墙体与《公共建筑节能设计标准》GB 50189—2015 相关要求进行比较,见表 4-18。可以看出,在严寒和寒冷地区,我国公共建筑围护结构节能要求已经和美国现行标准要求基本一致,考虑到我国建筑标准为全国强制且部分省市节能标准高于国家标准,可以说此气候区我国建筑节能标准围护结构要求已经整体高于美国;在夏热冬冷和夏热冬暖地区,整体来看,围护结构要求较美国现行标准略低。

ASHRAE Standard 90.1—2013 规定的地面以上重质墙体传热系数限值与

《公共建筑节能设计标准》GB 50189—2015 规定值比较 [W/(m² · K)]　　表 4-18

气候区	《公共建筑节能设计标准》GB 50189—2015	ASHRAE Standard 90.1—2013	相对差距
严寒地区	0.43	0.404	6.44%
寒冷地区	0.50	0.513	−2.53%
夏热冬冷地区	0.80	0.701	14.12%
夏热冬暖地区	1.50	0.701	113.98%

2. 窗户传热系数

各国对窗户传热系数要求的前提条件不同,如我国对窗户传热系数要求有体形系数和窗墙面积比等多项前提要求,美国对窗户类型划分更加详细,如"金属窗框"划分为玻璃幕墙和铺面、入口大门、固定窗/可开启窗/非入口玻璃门三类,"天窗"划分为玻璃凸起天窗、塑料凸起天窗、玻璃和塑料不凸起天窗三类。选择 ASHRAE Standard 90.1—2013 中 2、3、5、7 气候区中窗墙面积比 0%～40% 的非金属窗框传热系数限值要求与《公共建筑节能设计标准》GB 50189—2015 中对应气候区的限值进行比对，我国非金属窗框传热系数限值较美国标准要求从北至南差距逐步扩大，具体见表 4-19。

ASHRAE Standard 90.1—2013 规定的非金属窗框传热系数限值与
《公共建筑节能设计标准》GB 50189—2015 规定值比较［W/(m² · K)］　　　表 4-19

气候区	《公共建筑节能设计标准》GB 50189—2015	ASHRAE Standard 90.1—2013	相对差距
严寒地区	2.3	1.82	26.37%
寒冷地区	2.4	1.82	31.87%
夏热冬冷地区	2.6	1.99	30.65%
夏热冬暖地区	3.0	2.27	32.16%

3. 供热供冷设备性能

供暖、通风和空气调节设备选择是建筑节能标准最重要的组成部分之一，包括如冷水机组、单元式空调机、分散式房间空调器、多联式空调（热泵）机组、锅炉等设备。对于相关设备，中美标准根据不同制冷量（制热量）划分等级方式不同，且《公共建筑节能设计标准》GB 50189—2015 按气候区不同给出不同限值，ASHRAE Standard 90.1 不分气候区对其性能进行统一要求，为方便比对，选择离心式水冷冷水机组的制冷性能系数进行比对。美国标准以名义制冷量 528kW、1055kW、1407kW、2110kW 为节点，将离心式冷水机组按名义制冷量范围划分为 5 个等级，我国标准以名义制冷量 1163kW、2110kW 为节点，将离心式冷水机组按名义制冷量范围划分为 3 个等级。将相同（或相近）名义制冷量的离心机组性能要求作对比，如表 4-20、表 4-21 所示。对制冷性能系数 COP 限值的要求，ASHRAE Standard 90.1—2010 的要求比中国高 3%～10% 不等；2013 版调整后差距有所扩大，美国比中国整体高 6%～18% 不等，名义制冷量越大的机组中美差距越小。对综合部分负荷性能系数 IPLV 限值的要求，ASHREA Standard 90.1—2010 的要求比中国高 5%～14% 不等；2013 版调整后差距有所扩大，美国比中国整体高 13%～24% 不等，名义制冷量越大的机组中美差距越小。

ASHRAE Standard 90.1—2010/2013 规定的离心式水冷冷水机组制冷性能系数 COP 限值与
《公共建筑节能设计标准》GB 50189—2015 规定值比较（W/W）　　　表 4-20

《公共建筑节能设计标准》GB 50189—2015 规定的中国各气候区 COP 限值							ASHRAE Standard 90.1—2010/2013 规定的 COP 限值		
名义制冷量范围	严寒 A、B 区	严寒 C 区	温和地区	寒冷地区	夏热冬冷地区	夏热冬暖地区	名义制冷量范围	2010 版 COP	2013 版 COP
CC≤1163	5.00	5.00	5.10	5.20	5.30	5.40	CC≤1055	5.547	5.77
1163<CC≤2110	5.30	5.40	5.40	5.50	5.60	5.70	1055<CC≤2110	6.106	6.286
CC>2110	5.70	5.70	5.70	5.80	5.90	5.90	CC>2110	6.170	6.286

ASHRAE Standard 90.1—2010/2013 规定的离心式水冷冷水机组综合部分负荷性能系数 IPLV 限值与
《公共建筑节能设计标准》GB 50189—2015 规定值比较 表 4-21

《公共建筑节能设计标准》GB 50189—2015 规定的中国各气候区 IPLV 限值						ASHRAE Standard 90.1—2010/2013 规定的 IPLV 限值		
名义制冷量范围	严寒A、B区	严寒C区	温和地区	寒冷地区	夏热冬冷地区	夏热冬暖地区	名义制冷量范围	2010版 IPLV	2013版 IPLV
CC≤1163	5.15	5.15	5.25	5.35	5.45	5.55	CC≤1055	5.901	6.401
1163<CC≤2110	5.40	5.50	5.55	5.60	5.75	5.85	1055<CC≤2110	6.406	6.77
CC>2110	5.95	5.95	5.95	6.10	6.20	6.20	CC>2110	6.525	7.041

　　从表 4-20、表 4-21 比较结果来看，本版标准与美国现行标准相比，对公共建筑围护结构的性能要求两国差别不大，非透光围护结构要求基本相当，窗的性能要求我国略低。标准离心式水冷机组性能要求总体低于美国，针对 ASHREA Standard 90.1—2013 标准的要求，差距最高达 20% 左右，对大型冷机的性能要求与美国比较接近。

五、标准相关科研课题（专题）及论文汇总

（一）标准相关科研专题

　　在《公共建筑节能设计标准》GB 50189—2015 编制过程中，编制组针对标准修订的重点和难点内容进行了专题研究，具体见表 4-22。此外，主编单位还开展了国家、中国建筑科学研究院各层次的科研课题研究，具体见表 4-23。

编制《公共建筑节能设计标准》GB 50189—2015 相关专题研究报告汇总 表 4-22

序号	专题研究报告名称	作者	单位	主要内容
1	国家标准《公共建筑节能设计标准》修订调研报告	陈曦、徐伟等	中国建筑科学研究院建筑环境与节能研究院	为了全面了解《公共建筑节能设计标准》GB 50189—2005 的执行情况及存在问题，准确把握标准定位、确定修订内容、多方听取建议和意见，主编单位在接到任务后，在全国范围内开展了系列调研活动
2	典型公共建筑模型数据库研究	孙德宇、王碧玲等	中国建筑科学研究院建筑环境与节能研究院	课题组通过研究建立了能够代表我国公共建筑的典型公共建筑模型数据库，包括大型办公建筑、典型小型办公建筑、典型大型酒店建筑、典型小型酒店建筑、典型商场建筑、典型医院建筑、典型学校建筑七类最主要的公共建筑
3	基于建筑节能措施年收益投资比（SIR）的公共建筑能效性能研究	刘宗江、徐伟等	中国建筑科学研究院建筑环境与节能研究院	针对节能目标与投资成本关系的分析，本报告建立了详细的围护结构、冷热源设备的经济分析模型和热工分析模型，得出了各类公共建筑单位面积的投资增量和节能率的关系，确定了各气候区公共建筑整体的单位面积投资增量和节能率关系。而后，确定了合适的建筑节能目标，并确定了建筑围护结构和冷热源设备相关参数值
4	建筑用能设备和产品能效评价方法及限值要求	王碧玲、邹瑜等	中国建筑科学研究院建筑环境与节能研究院、开利空调销售服务（上海）有限公司、大金（中国）投资有限公司	本报告分析了我国当前冷水机组综合部分负荷评价指标 IPLV 的应用现状，指出了 IPLV 应用存在的误区，并通过多台机组运行模拟分析，验证了冷水机组能效采用 COP 及 IPLV 双重指标的合理性。另外，针对不同气候区和实际使用情况及节能目标，提出了不同的限值要求和限值的确定方法

续表

序号	专题研究报告名称	作者	单位	主要内容
5	国家标准《公共建筑节能设计标准》编制组赴美学习报告	陈曦、徐伟等	中国建筑科学研究院建筑环境与节能研究院	《公共建筑节能设计标准》修订编制组代表经过在美国8个工作日的学习研讨，研习了美国建筑节能的政策导向、政府职责、主要建筑节能标准的编制过程、软件工具的开发应用等内容
6	国际公共建筑节能标准比对研究	徐伟、陈曦、张时聪等	中国建筑科学研究院建筑环境与节能研究院	本报告从标准发展、主要内容、主要类型3个方面对建筑节能标准进行了分析，并给出了发达国家围护结构传热系数限值的比对、ASHRAE 91.1的简介和修订后和我国公共建筑标准限值的比对
7	建筑围护结构热工性能权衡判断方法及软件研究	孙德宇、陈曦、邹瑜等	中国建筑科学研究院建筑环境与节能研究院	本课题调研了国内主要设计院和主要软件工具在围护结构权衡判断的实际执行情况，建立了本次修订的工作思路和可行性分析，并对软件工具的改进提出了方法学、完善基础参数、减少权衡判断使用情况、增设门槛值条文、提高软件计算一致性等具体修订要点

《公共建筑节能设计标准》GB 50189—2015 相关课题研究　　　表 4-23

序号	课题来源	课题名称	单位及负责人	主要内容
1	"十二五"国家科技支撑计划课题 2012BAJ12B03	建筑节能评估方法和指标体系研究	中国建筑科学研究院 邹瑜	研究当前国内外建筑节能设计指标、运行指标、评估方法和技术指南，对比我国与欧美发达国家建筑使用方式上的差异。分析各类建筑不同使用模式与建筑能耗差异之间的关系；研究基于参考模式状况和发展情景基础上的住宅建筑节能设计指标及评估方法。建立公共建筑使用模式的定量化描述模型，拓展公共建筑能耗计算的权衡判断方法，提出公共建筑整体节能性能评定体系及方法。根据我国各地区公共建筑的实际运行能耗特点和实际用能需求，研究确定适合我国国情的公共建筑运行能耗评价方法
2	"十二五"国家科技支撑计划课题 2014BAJ01B03	实现更高建筑节能目标的可再生能源高效应用关键技术研究	中国建筑科学研究院 徐伟	重点研究可再生能源在实现更高节能目标的建筑中的高效应用技术，包括可再生能源对实现更高节能目标的低能耗建筑的作用和影响分析、太阳能中温集热系统关键技术、土壤源热泵系统能效提升关键技术、可再生能源建筑应用全生命期评价指标体系，并对单项或多种可再生能源在建筑中进行集成应用与示范进行研究
3	中国建筑科学研究院自筹基金科研项目 20150109330730039	国际近零能耗最佳案例技术分析及实际节能效果研究	中国建筑科学研究院 张时聪	集成使用高性能围护结构、产能围护结构、新型暖通空调系统、可再生能源系统、智能控制技术，推动建筑物迈向超低能耗、零能耗是国际建筑节能发展的重大趋势。国际主要发达国家已经完成大量零能耗示范建筑最佳案例，体现了开发商、建筑师、结构师、设备师的集体智慧，对建筑节能政策制订、财政补贴、标准提升、技术发展起到重要作用

续表

序号	课题来源	课题名称	负责人	主要内容
4	中国建筑科学研究院青年科研基金课题 20130109331030060	《公共建筑节能设计标准》修订后节能效果的定量研究	中国建筑科学研究院 孙德宇	通过对公共建筑节能技术的研究,使用计算机能耗模拟技术,以 TRNSYS 软件为平台,对《公共建筑节能设计标准》GB 50189 修订后节能率进行定量研究
5	中国建筑科学研究院青年科研基金课题 20150109331030069	冷水机组节能效果计算工具开发研究	中国建筑科学研究院 王碧玲	建立适用于实际项目的多台冷水机组能耗模型,弥补目前多台冷水机组模型的欠缺,在此基础上根据建立的多台冷水机组模型和既有的成熟单台冷水机组模型,开发冷水机组节能效果计算工具,实现更有效的冷水机组节能改造效果评估计算方式

(二) 标准相关论文

在《公共建筑节能设计标准》GB 50189—2015 编制过程中及发布后,主编单位在相关期刊发表了 13 篇论文,具体见表 4-24。

与《公共建筑节能设计标准》GB 50189—2015 相关发表期刊论文汇总 表 4-24

序号	论文名称	作者	单位	发表信息
1	基于年收益投资比的建筑节能目标确定方法研究	刘宗江、徐伟、孙德宇、王碧玲	中国建筑科学研究院建筑环境与节能研究院	《建筑科学》,2013 年 8 期
2	国家标准《公共建筑节能设计标准》修订研究	徐伟、邹瑜、陈曦、孙德宇	中国建筑科学研究院建筑环境与节能研究院	《建设科技》,2014 年 10 期
3	建筑节能标准中外比对研究	徐伟、邹瑜、张时聪、袁闪闪、刘宗江、陈曦	中国建筑科学研究院建筑环境与节能研究院	《建设科技》,2014 年 Z1 期
4	GB 50189《公共建筑节能设计标准》修订原则及方法研究	徐伟、邹瑜、陈曦、孙德宇	中国建筑科学研究院建筑环境与节能研究院	《工程建设标准化》,2015 年 9 期
5	中外公共建筑节能标准比对研究	张时聪、徐伟、袁闪闪、刘宗江	中国建筑科学研究院建筑环境与节能研究院	《暖通空调》,2015 年 10 期
6	日本建筑节能标准研究	张时聪、徐伟、袁闪闪、刘宗江	中国建筑科学研究院建筑环境与节能研究院	《暖通空调》,2015 年 10 期
7	欧盟建筑节能标准及发展趋势研究	袁闪闪、徐伟、汤亚军	中国建筑科学研究院建筑环境与节能研究院	《暖通空调》,2015 年 10 期
8	GB 50189《公共建筑节能设计标准》修订原则及方法研究	徐伟、邹瑜、陈曦、孙德宇	中国建筑科学研究院建筑环境与节能研究院	《暖通空调》,2015 年 10 期
9	GB 50189—2015《公共建筑节能设计标准》动态节能率定量评估研究	徐伟、邹瑜、孙德宇、陈曦	中国建筑科学研究院建筑环境与节能研究院	《暖通空调》,2015 年 10 期
10	公共建筑节能设计标准中围护结构权衡判断方法的研究与改进	孙德宇、徐伟、邹瑜、乔镖、吕燕捷	中国建筑科学研究院建筑环境与节能研究院	《暖通空调》,2015 年 10 期
11	GB 50189—2015《公共建筑节能设计标准》典型建筑的地区适应性	刘宗江、徐伟、孙德宇、王碧玲	中国建筑科学研究院建筑环境与节能研究院	《暖通空调》,2015 年 10 期

续表

序号	论文名称	作者	单位	发表信息
12	冷水机组综合部分负荷性能系数（IPLV）计算公式的更新	王碧玲、邹瑜、孙德宇、刘宗江	中国建筑科学研究院建筑环境与节能研究院	《暖通空调》，2015 年 10 期
13	冷水机组能效限值确定方法研究	邹瑜、王碧玲、孙德宇、刘宗江	中国建筑科学研究院建筑环境与节能研究院	《暖通空调》，2015 年 10 期

（三）标准相关著作

在《公共建筑节能设计标准》GB 50189—2015 发布后，主编单位组织编制专家撰写了《公共建筑节能设计标准实施指南 GB 50189—2015》，由中国建筑工业出版社于 2015 年出版。

六、所获奖项

《公共建筑节能设计标准》GB 50189—2015 自发布实施以来，获得中国建筑科学研究院 2016 年科技进步一等奖。

七、存在的问题

《公共建筑节能设计标准》GB 50189—2015 实施后，编制组将对本标准及国外的相关规范的执行进行跟踪积累，以便于今后标准的修订和完善工作的继续，同时通过本标准的制订和实施，推动相关行业标准和产品标准的完善。此外，本修订过程中我国标准编制基础研究工作薄弱的问题凸显，标准编制组将继续完成本次修订后所涉及节能水平的后评价工作，并呼吁有关部门加大对标准基础研究工作的重视，促进技术标准科学性，保障其可持续发展。

本章小结：公共建筑节能设计系列标准指标比对及专家问答

一、公共建筑节能设计系列标准指标比对

《旅游旅馆建筑热工与空气调节节能设计标准》GB 50189—93、《公共建筑节能设计标准》GB 50189—2005 和《公共建筑节能设计标准》GB 50189—2015 具体内容的比对见表 4-25。

公共建筑节能设计系列标准内容比对　　　　　　　　　　表 4-25

标准名称	旅游旅馆建筑热工与空气调节节能设计标准	公共建筑节能设计标准	公共建筑节能设计标准
标准号	GB 50189—93	GB 50189—2005	GB 50189—2015
发布日期	1993 年 9 月 27 日	2005 年 4 月 12 日	2015 年 2 月 2 日
实施日期	1994 年 7 月 1 日	2005 年 7 月 1 日	2015 年 10 月 1 日
标准适用范围	新建、扩建及改建的旅游旅馆的节能设计	新建、改建和扩建的公共建筑节能设计	新建、扩建及改建的公共建筑节能设计
对本版标准节能水平的描述	—	条文阐述：全年采暖、通风、空气调节和照明的总能耗减少 50%	条文说明阐述：全年采暖、通风、空气调节和照明的总能耗与 2005 版相比减少约 20%～23%
标准内容范围	围护结构、空调	围护结构、采暖、通风和空气调节	建筑与建筑热工、供暖通风和空气调节、给水排水、电气、可再生能源应用
建筑分类	—	—	分甲类、乙类（抓大放小）
强制性条文数量	—	10 条	17 条
热工设计分区	—	严寒 A 区、严寒 B 区、寒冷地区、夏热冬冷、夏热冬暖（温和未提及）	严寒 A 区/B 区、严寒 C 区、寒冷地区、夏热冬冷、夏热冬暖、温和
窗墙比计算对象	主体建筑标准层	同一朝向	单一立面
透光围护结构的辐射得热性能描述参数	遮阳系数	遮阳系数 SC	太阳得热系数 $SHGC$
围护结构热工性能限值规定方式	符合现行暖通设计规范和民用建筑节能设计标准	严寒 A 区、严寒 B 区、寒冷地区、夏热冬冷、夏热冬暖、温和地区就近参照；体形系数分不大于 0.3 和大于 0.3 且小于等于 0.4 两档；窗墙面积比分档区间 [0，0.7]	甲类建筑：严寒 AB 区、严寒 C 区、寒冷地区、夏热冬冷地区、夏热冬暖地区、温和地区；体形系数分不大于 0.3 和大于 0.3 且小于等于 0.5 两档；窗墙面积比分档范围涵盖全部。乙类建筑：基本用 2005 版指标，相对本版甲类有放松

续表

标准名称	旅游旅馆建筑热工与空气调节节能设计标准	公共建筑节能设计标准	公共建筑节能设计标准
围护结构热工性能权衡判断	—	有4个强条涉及使用权衡判断；规定了基本方法、参照建筑的设置等	有2个强条涉及使用权衡判断；在2005版基础上增加了热工性能门槛值、明确了权衡判断软件的功能要求、明确了能耗判定依据和计算方法、明确了缺省参数设置
逐项逐时冷负荷计算	—	强条，要求所有建筑	强条，仅要求甲类建筑
冷媒温度	—	—	建议高温供冷、低温供热
冷机能效限值	—	分类型、分额定制冷量规定	分类型、分额定制冷量、分气候区规定
标准特点	针对旅游旅馆建筑特别是可能设置空调的情况，规定何时设置空调系统以及如何设置，并对冷源、热回收装置、水系统、风系统、自控、保冷保温等相关方面进行了规定	针对所有主要公共建筑类型，对建筑及建筑热工、供冷供热系统及设备的设置要求和设计参数进行规定；引入围护结构热工性能权衡计算	针对所有主要公共建筑类型，在2005版标准基础上提升了节能要求；扩大了定量指标规定的范围，减少了围护结构热工性能权衡判断的发生；分气候区、分建筑规模进行规定，减少了一刀切的情况；专业领域覆盖建筑设计、热工、供暖通风空调、给排水、电气、可再生能源应用

二、专家问答

（一）汪训昌研究员访谈

Q（编写组，下同）：为什么要编写《旅游旅馆节能设计暂行标准》？当时的编制背景是什么？

A（汪训昌，下同）：编写这个标准的起因很简单，就是想解决当时能源供应的问题。因为改革开放以后外国人来了，但旅馆不够住。当时特别强调内外有别，外国人不能住到我们中国人住的旅馆去。因此改革开放的时候要建一批外国人住的旅馆，也就是涉外旅馆。在改革开放初期国家分别有计委、经委和建委，原本应该是由建委负责，后来改革开放以后建委撤销了，涉外旅馆的事变为经委来组织。最早的一批涉外旅馆有北京的华都饭店、上海的上海宾馆等。后来又鼓励外资来建设涉外宾馆，第一批外资宾馆有北京的建国饭店和广州的白云宾馆，这两个比较有代表性，还有西苑饭店等，档次比较高的是后来北京的长城饭店，它是由外国人投资、设计的。当时的涉外宾馆分为一级、二级、三级，根据等级决定投入的资金，这样建造了大概三、四年的时间。之后，经委提出要总结之前的经验，专门组织了一个调查组到北京、上海、广州去调查，因为这些宾馆涉及空调系统，所以指明要中国建筑科学研究院空气调节研究所参与，于是我就去了。后来就下达了编制《旅游旅馆设计节能标准》的任务（审查时标准名称改为《旅游旅馆节能设计暂行标准》，但由于当时国家主管部委调整，故报批稿未发布），要编制一本有指导性的标准。编制组由中国建筑科学研究院、北京市建筑设计院、广州市设计院、中南建筑设计院和华东建筑设计院组成。

Q：编制过程中遇到了什么样的问题呢？

A：标准原则当时是定了，但是还有一个问题是每级、每个档次的具体设计指标怎么定，包括设计温度、冬夏季换气次数、用什么设备（是集中的还是分散的）等。后来经委明确提出要搞能耗调查，但在此期间中央体制改革，把经委撤销了，经委原来的节能管理功能转到了计委，成立了国家计委资源节约和综合利用司，副司长是苗天杰。我对他印象很深，因为我们这个标准好多次会都是他来主持的，还有一个具体负责我们这个项目的姓孙的民警，当时估计他已经快 60 岁了，具体事情都是他来联系安排的。计委明确要搞能耗调查，但设计院都不敢申请，空气调节研究所对测试还比较熟悉一些，但是测试仪器和人员力量都不够，计委就决定让各个省市当时的节能服务中心来协助我们。因此，这个能耗调查测试我感受比较深的是依靠计委，我们到北京、上海、广州的宾馆去做测试，都由计委直接开介绍信，请当地的计委出面跟当地的宾馆饭店联系。测量仪器是向节能服务中心借来的，那时测试条件比较艰苦，我们差不多一天工作 20 小时，仪器不停、人员轮换，因为仪器是半自动的，需要人来管理。我们共测试了 6 个宾馆，包括北京的长城饭店和昆仑饭店、上海的华亭宾馆、广州的白天鹅宾馆等。每个地方差不多都测试了两个星期，冬夏季各测一次。那次测试以后，我对所有的中央空调、节能空调的能耗有了一个感性的、定量的认识，了解了每平方米能耗一年内的变化大概是在什么范围，还知道了各系统功能的能耗比例。针对测试地点，我们一共写了 11 份报告。当时我们对辐射的问题已经有所认识，经过对围护结构传热系数和窗户遮阳系数等的测试，得出结论：作为空调建筑，遮阳系数比传热系数、导热系数要重要。最终完成了《旅游旅馆节能设计暂行标准》，当时正好计委的相应司转到建设部去了，后来主管部门审查，觉得将来怎么实施是个问题、谁来实施是个问题，因为下达计划的经委已经没有了，所以这本暂行标准也就没有发布。

Q：当时您测试的时候那些宾馆饭店空调系统都是什么形式？集中的多还是分散风盘的多？

A：我们是分散和集中都测了。新宾馆饭店分散的多，比如建国饭店，因为分散的投资少，建起来容易。

Q：那分散的您是怎么测的呢？是抽样吗？

A：分散是抽样测的。比如建国饭店，开始用的是穿墙式的空调机，结果发现噪声很大。建国饭店后面是外交公寓，噪声影响很大，最后把空调机室外部分罩起来，以降低噪声，这样一来风阻力大了，耗电就上去了。所以我们在建国饭店测的时候发现电流大多了，我们跟饭店管理部门说这样是不行的，后来建国饭店改造用了 VRV。VRV 的我们也测了，可以计算到底分散的合适还是集中的合适。算下来，分散的比较好一点，因为分散的不用的时候可以关掉。

Q：那当时分散的系统有新风吗？

A：没有新风。

Q：那集中的系统有新风吗？

A：集中的系统是有新风的，但是一开新风系统，电量会上涨。这些宾馆饭店都有一个电耗指标的问题，所以运行时都不开新风系统，等检查的时候，再启动新风系统。

Q：当时新风系统有热回收吗？

A：其实制订这个暂行标准的时候，我就考虑到新风系统的问题。要保证空气品质，一定要有新风，而且新风量不能很低，但新风量规定以后耗电量肯定要增加。回收期的长短跟气候条件和系统运行时间长短有关，计算后得出使用潜热换热器后，广州1年左右可以回收、上海3年左右可以回收、北京5年左右可以回收。当时我想申请一个研究项目，通过检测数据进行对比，相同的系统、相同的地方，一个装潜热系统、一个不装，看测出来持续电耗是多少。我想用这个项目上报计委，模拟虽然也可以，但是真正有说服力的还是对比测试。在这个基础上可以用强制性方法推新风系统，进行产品的国产化。因为当时的技术只能买进口的产品，国产的没有。但是，有很多具体问题要解决，首先要选一个地方，又要花一两年的时间来做，另外要权衡系统用什么材料、什么结构、里面的涂层怎么涂……这些问题没有很好地进行讨论，课题项目立项的事也就搁置了。

Q：您说一开始是为了建旅游旅馆建筑来做标准研究这些事情，那为什么这么早就提出了节能的概念，还成了一个关键词？

A：这其实是节电节能的问题。就像前面所说，一是政治因素引起的，外国人来了以后没地方住，后来建了一些宾馆饭店，外国人对空调系统、照明照度要求很高，用电量很大；二是当时的电力供应非常紧张，输配电的变压器容量都很小，到了夏天用空调以后，供电局首先要保证涉外宾馆的照明，因为这是政治影响的问题，结果其他地方就无法保证供电，百姓就有意见。另外，涉外宾馆即使没有人也是24小时提供照明。所以，经委认为需要考虑节电节能问题。

Q：《旅游旅馆节能设计暂行标准》虽然没有发布，但《旅游旅馆建筑热工与空气调节节能设计标准》GB 50189—93是不是就在这个基础上完成的？

A：是的，就是以暂行标准的调查研究为基础。这其实也是一个对节能认识、熟悉的过程，而且我觉得能耗测量的这些比例到现在也还适用。暂行标准中还包括了照明和生活热水，在《旅游旅馆建筑热工与空气调节节能设计标准》GB 50189—93里是没有的，因为这些还牵扯到其他有关部门的协调问题。

（二）郎四维研究员访谈

Q（编制组，下同）：对于《旅游旅馆建筑热工与空气调节节能设计标准》GB 50189—93，当时启动修编的背景是怎样的，您觉得修订的内容有哪些比较重要？

A（郎四维，下同）：《旅游旅馆建筑热工与空气调节节能设计标准》GB 50189—93是我国第一本关于公共建筑的节能设计标准，但是公共建筑包括的建筑类型众多，如办公建筑、商业建筑、教科文卫建筑、通信建筑及交通运输用房等。另外，采暖空调技术与设备在20世纪90年代初中期有了迅速的发展。节能材料、技术、设备都需要补充、更新。在这个形势下，建设部在 2002 年批准了《旅游旅馆建筑热工与空气调节节能设计标准》GB 50189—93 的修编工作，即编制《公共建筑节能设计标准》GB 50189 并列入国家标准编制计划，修编的主要内容包括：围护结构按气候区划区分，提出使用遮阳系数或太阳得热因子、可见光透射率等参数；暖通空调系统增加负荷计算，确定冷热源和风、水系统的选择原则等；规定能效比限值等；还有就是《公共建筑节能设计标准》GB 50189 借鉴 DOE-2 作为核心技术软件，采用规定性方法和性能化方法。

Q：在《公共建筑节能设计标准》GB 50189—2005 编制过程中，遇到和解决了哪些难题？

A：首先需要解决的问题是建筑计算模型。公共建筑包括办公、商业、旅游、教科文卫、通信、交通运输等，各类建筑中到底哪几类是主要的？需要考虑建筑面积和能耗等因素。我们通过各个省市的调查（特别在是华东地区调研），最后选定能耗占主体的办公建筑和商业建筑作为计算模型。

其次是控制的能耗类型。和国外相关标准相比，我们控制的对象为建筑热工、暖通空调和照明，由于编制时间的限制，还不能考虑将水、电气等内容包括进来。至于照明，我国已发布了相关节能标准，在此标准中采取引用方式。

Q：您觉得《公共建筑节能设计标准》GB 50189—2005 在建筑节能方面有哪些作用？

A：这是我国第一部公共建筑节能设计标准，它的实施不仅推动了建筑热工、暖通空调技术进步，同时降低了能耗，改善了环境，产生了显著的社会效应与经济效应。

（三）徐伟研究员访谈

Q（编写组，下同）：您对刚开始从事节能工作时大环境的整体印象是什么？当时的大环境与现在相比有什么不同吗？

A（徐伟，下同）：我 1986 年毕业以后就到中国建筑科学研究院了，在中国建筑科学研究院上研究生期间，接触的主要是节能室的工作。到 1989 年硕士毕业参加工作，跟着郎四维所长，当时郎所长是室主任，从那时候开始就从事建筑节能及其相关的工作。

刚工作那些年，第一个课题是"被动式技术改善长江流域住宅室内热环境的研究"，实际上就是指夏热冬冷地区。在那个时期谈建筑节能，从业人员少，中国建筑科学研究院应该是全国最早从事建筑节能工作的，我们现在谈到的很多学校、科研单位、设计单位，相关的建筑节能研究机构都是 2000 年之后的事情了。那个时期我们做这项工作正好赶上一个"五年计划"，一个代表性的课题即是中瑞合作课题的延伸，也就是国家自然科学基金课题"节能住宅设计室内热环境分析及其分析工具的开发"。这个课题当时的负责人是吴元炜研究员，具体执行是郎所长，郎所长带着我还有另外一个人来做。我到中国建筑科学研究院的初期主要做的工作就是前面说的这两个课题，我最早就是从这儿开始接触建筑节能这个领域的。再后来我也做过一个关于新风排风热回收的技术研究，这是配合《公共建筑节能设计标准》GB 50189—2005 的前身、汪训昌研究员负责的《旅游旅馆建筑热工与空气调节节能设计标准》GB 50189—93 其中的一个课题，我主要是做一些技术可行性分析。

　　那个时期总体来讲，建筑节能在中国建筑科学研究院空气调节研究所的小环境中还是比较热门的，但是放到中国建筑科学研究院这个大环境来讲，对建筑节能的认识还是不够的，并不是所有人都觉得这是发展的一个重点和热点，再放大点儿到全国来讲，对这个的重视程度就更低了。虽然那个时期建设部以及不同相关机构、不同领导都说建筑节能很重要，但实际执行下来并不好。从第一本北方地区住宅节能设计标准《民用建筑节能设计标准（采暖居住建筑部分）》JGJ 26—86 在 1986 年发布到 1996 年进行修订的 10 年间，真正执行这个标准的建筑很少。虽然我们国家建筑节能起步比较早，认识和投入都还可以，但是外部环境并不好，整体大环境也不好。

　　现在经过 30 年建筑节能发展，特别是 2000 年之后的 15 年，这个情况发生了巨大的变化。首先是国家发生了很大变化，中国经过经济高速发展以后，发现资源和环境的制约越来越大，空气污染越来越严重，能源相对短缺，所以提出了节能减排。节能减排的发展也是从 2000 年到现在不断变化和升级。最早提出了节能省地型住宅，后来开展了国家节能减排的规划或实施方案，以应对全球气候变化。尤其在 2009 年丹麦哥本哈根全球气候变化峰会以后，中国对这个的认识也上升了一个台阶。"十八大"以后，我们提出建设生态文明，现在节能减排是中国发展的基本国策之一。国家从上到下、行业从内到外，大家都认识到中国要发展，在不断改善生活和实现中国梦的过程中，节能减排是必需的，而且要做好。作为普通的市民来讲，现在体会也很深。过去我们讲空气污染，其实并不一定很在意，因为当时生活水准较低，住房面积也很少。当温饱解决以后，要向更高水平迈进的时候，人们发现环境非常重要、资源能源非常重要，所以现在从大环境来讲，对发展建筑节能是前所未有的一个好的时期。

　　Q：您从事建筑节能工作这么多年来的感受是什么？

　　A：中国 30 年建筑节能的发展应该说取得的成绩是举世瞩目的，但是不要忘掉在初期，我刚参加工作的时候实际上还不是真正的初期，是初期的后一个阶段，还是很不容易的。我们从过去行业很小，不被理解或者是社会关注度很低，到现在发展到全社会都认识到了节能减排的重要性，涉及我们老百姓的生活，和老百姓息息相关，发生了巨大的改变。

　　Q：为什么选择在 2012 年修编《公共建筑节能设计标准》GB 50189—2005，修编过程中遇到了哪些不好解决的问题，最后又是如何克服的？

　　A：就建筑节能标准的体系来讲，有 2 个基本原则，一个是"先居住建筑后公共建筑、先设计后施工"，另一个就是"先北方后南方"。"先居住建筑后公共建筑"是因为居住建筑相对来讲技术路线和能耗基准都比较清晰，比较简单一点，公共建筑则比较复杂。虽然公共建筑在改革开放初期的建设数量比例并不是很高，但是最近 10 年、20 年比例越来越高，而且体量也越来越大，在能耗方面占比相对较大，从而得到了社会和行业的重视。我认为《公共建筑节能设计标准》GB 50189—2005 是划时代的，它公布和实施后对公共建筑节能起到了非常重要的指导和推动作用。从无到有，它给我们的设计和使用带来了很多实实在在的节能效果。

　　早在 2005 年之前，我们对公共建筑体量大、内热高的认识已经逐渐在提升；从 2005

年到 2012 年，改变更是巨大，一方面是我们要提升它的性能，提高节能率，另一方面我们还会遇到在《公共建筑节能设计标准》GB 50189—2005 中遗留的问题或者没有解决的问题。比如由于当时的编制工作比较迫切，主要以办公建筑作为基准来研究和设置条文内容，10 年过去后，我们的模型需要扩大和完善，所以就把模型从单一的办公建筑扩大到了宾馆、商场、医院和学校，基本上涵盖了公共建筑的主要类型，更加合理和科学，它对节能的预测分析就更加准确。再比如，在性能分解方面我们也创造了一个方法，因为不同节能措施对公共建筑的节能贡献率是不同的，我们用新的费用效益比作为它的基本参考目标来进行分解，看看不同的节能措施到底起什么作用。这样在重新设定各个性能参数的时候针对性就很强，达到优化组合的目的。通过这种方法可以把围护结构的各种措施、供暖通风空调系统的各种措施、涉及照明系统的各种措施等较好地进行分解，使它能够真正实现节能设计后的节能目标和节能效果。

《公共建筑节能设计标准》GB 50189—2015 为未来的建筑节能发展奠定了基础，也扩大了公共建筑能耗涉及的领域。原来是供暖、供冷加上照明，这次又加入了生活热水和电气等的节能要求和措施，虽然生活热水和电气方面并没有给出基准，但是解决了有和无的问题。《公共建筑节能设计标准》GB 50189—2015 在权衡判断方法上也做了改进和提升。原来的权衡判断方法可能给使用者、设计师、计算分析工程师的弹性比较大，这样往往会造成实际过程中把权衡判断作为绕过规定性性能指标的一种途径，所以这次修编也做了很多工作，给权衡判断设置了前提条件，也就是基本条件满足之后才能做权衡判断，而不是单纯的某一项不满足就去做权衡判断。另外权衡判断所有参数值的规定和缺省值的规定更加细化，这就使得权衡判断的准确性和合理性提高了，这也是一个很大的改变。还有一项改变是公共建筑不断提高节能标准，实现的难度会增加，一方面体现在围护结构和能源系统之间的分配上，另一方面体现在不同气候区、不同公共建筑之间的匹配上。这次修编这方面也有很大的改变，特别是过去围护结构按照不同气候区有不同要求，而这次按照不同气候区的能源系统能效值做了不同的设定，不同气候区的建筑为了实现共同的或者相似的节能目标，大家所承担的，或者说要改进的性能应该是有所不同的，但是目标是相同的。这次标准的修编，我认为不管是从方法学、实际性能要求，还是从它的适用范围分析，虽然在性能上可能还有差距，但和国际先进国家的标准相比，基本是一致的。所以我觉得《公共建筑节能设计标准》GB 50189—2015 是一个里程碑式的标准，它的完成标志着我国建筑节能标准三步走的最后一步的完成。

Q：《公共建筑节能设计标准》GB 50189—2015 在发布后做了哪些推广和宣传，各地落实的情况怎样？

A：这个标准发布实施后，住房和城乡建设部非常重视。在新的时期下，由于现在行政管理更加规范，虽然不能像《公共建筑节能设计标准》GB 50189—2005 宣贯培训那样由住房和城乡建设部直接组织和动员，但是在他们的支持下，由我们主编单位和标委会把这个宣贯工作做得非常广泛，也做得很有影响力。2015 年 9 月在北京举行了首次全国性的宣贯会，住房和城乡建设部标定司、科技司的领导到会给予支持，同时我们主编专家也付出了很多努力，出版了宣贯教材、制作了课件，效果非常好。另外，我们很多专家到不同省市去宣传、去讲解这个标准。

这本标准在实施以后，公共建筑节能性能得到了提升，但不同地区在执行方面不完全一致。经济条件、技术条件好的省份相对来说执行容易些，经济条件或人才队伍不是非常好的省份执行不一定完全到位。这主要是因为这本标准要真正实施的话还是有一定技术难度的，不光是产品性能的提升，也涉及设计本身的一些方法和设计理念的提升，但总的来讲，随着时间的推移，标准的实施对节能效果的影响会越来越大。

Q：您觉得这本标准的发布对建筑节能 30 年有何意义？

A：居住建筑在 2012 年已经实施了不同气候区的 3 部节能设计标准的修订工作，《公共建筑节能设计标准》是到 2015 年才修订完成并发布实施。对国家建筑节能的提升和发展来说，《公共建筑节能设计标准》GB 50189—2015 是一个重要的标志，有里程碑的意义，在一定程度上会从节能角度对公共建筑设计进行约束，会极大地改进现在公共建筑奇、特、异、怪的现象，从而对整个建筑节能发展起到很大的促进作用。

Q：您觉得接下来中国建筑节能的计划或重点在哪方面？

A：中国建筑节能走过 30 年，建筑节能标准在建筑节能工作中的作用是其重要支撑和引领，可以这么讲，建筑节能标准是推动建筑节能工作的一个重要抓手，世界各国是这样过来的，我们中国也毫无例外。未来建筑节能怎么走？往什么地方发展？不论是我们的行业主管部门、行业技术专家、企业、生产单位，还是建筑的用户老百姓，都在思考这个问题。实际上建筑节能在最近的 10 年里，在绿色建筑和生态城市方面已经得到了巨大的拓展提升。单纯从绿色建筑来讲，绿色建筑与建筑节能相互关联，但又有所不同。通常来讲，建筑节能是强制的，绿色建筑是自愿的。在我们国家，绿色建筑越来越被重视，许多地区也在逐渐强制，这个强制也是对建筑节能提出了新的要求。纵观全球，主要是一些发达国家，针对建筑节能的发展也提出了未来 5~10 年，甚至是 20 年的发展目标和方向，欧盟提出了"20、20、20"的发展目标，美国、加拿大等北美地区和日本、韩国等东亚地区也相继提出了未来发展目标和路线图。他们提出了发展近零能耗建筑、零能耗建筑，甚至是产能建筑的发展目标。中国作为发展中大国，而且又在节能减排做出很多贡献的情况下，我想首先也要制订一个未来目标、一个行动路线，虽然这个目标现在可能处于研讨或者研判阶段。去年我们也做过一些思考和一些分析，未来中国可能提出"30、30、30"这个目标，目的是到 2030 年使我们新建建筑的 30% 能够实现近零能耗；另外可再生能源的贡献率达到 30%；如果再有可能的话，到 2030 年使我们现存建筑的 30% 能够得到超零能耗或近零能耗的改造。这个目标虽然比较宏伟，也有一定难度，但是我想在上上下下的努力下，也是有可能实现的。

Q：现在很多建筑节能相关的标准都在修订，您对标准修订有什么好的建议吗？

A：建筑节能的相关标准现在在陆续修订，这些修订会在未来发展目标下做些工作。首先居住建筑节能设计标准会不断地修订、提高，在过去 5 年里，有很多省市，像北京、天津、山东，已经实施了比全国 65% 标准更高的一个节能水平的标准，叫低能耗设计标准。这项工作我们也已经开始进行了，就在这个月初（2016 年 8 月）我们已经启动了《严寒和寒冷地区居住建筑节能设计标准》JGJ 26 的修订工作，在这次修订中我们有了新的思路和想法。具体来说，我们对过去 30 年建筑节能的发展做了全面的总结梳理，在未来发展目标的指引下，我们会以 2015 年年底的能耗数据作为基数，重新制订目前阶段的节能基准和发展目标，预计在 2～3 年内修订完成。另外，我们看到一些城市也有超前意识，比如北京市，正在准备编写节能 80% 的居住建筑节能设计标准。总体来讲，往更高建筑节能设计标准迈进是当前一个发展的重要趋势，我们制订标准的这些人也要不断与时俱进、不断学习、不断使我们的标准得到改进和提升。

Q：2017 年《夏热冬冷地区居住建筑节能设计标准》JGJ 134—2010 是否也会申请列入修订计划？

A：从我个人角度讲，我是希望原则上还和过去一样：节能标准在不断更新的过程中，要先居住建筑后公共建筑、先设计后施工、先北方后南方。在北方地区节能设计标准接近尾声时或制订完成后，积累了一些经验，然后再试着考虑《夏热冬冷地区居住建筑节能设计标准》JGJ 134—2010 和《夏热冬暖地区居住建筑节能设计标准》JGJ 75—2012 的修订。因为越往南方标准修订的难度越大，必须要通过经验和技术的创新才能知道如何去做。现在看来，修订以上夏热冬冷地区和夏热冬暖地区节能标准的条件还不具备，还没有迈向更高建筑节能设计标准的一个试验田。如果修订的话那可能会遇到许多瓶颈，甚至一些障碍。所以我觉得标准修订要稳步往前走，不能盲目。

Q：刚才谈了修订，那今年建筑节能标准制订有什么新的动态吗？

A：针对标准制订，我们看到一个可喜的发展。紧跟全球建筑节能的发展趋势，我们的主管部门和我们的行业意识到应该制订一个更高水平的节能标准来引领行业未来的发展。2016 年，住房和城乡建设部立项了工程国标《近零能耗建筑技术标准》，我觉得这完全是一种技术创新的产物，可以引领中国建筑节能未来的发展。这本标准已经在 2016 年 7 月启动，估计会花 3 年的时间来完成。在引领和推动建筑节能工作方面，一方面要抓规范，也就是全文强制标准，使全国建筑节能基准水平必须达到基本要求，另一方面还要引领建筑节能发展的方向，使大家能够看到未来 10～15 年、甚至更远的未来建筑节能应该怎么发展，那我们也应该有一个标准来推动，这就是《近零能耗建筑技术标准》。

2016 年我们标准相关的工作，一个是在小步修订（《严寒和寒冷地区居住建筑节能设计标准》JGJ 26—2010），一个是在大步引领（《近零能耗建筑技术标准》），这两个是我觉得 2016 年特别好的一项工作安排。

Q：您对年轻标准工作者的培养有什么心得？

A：我也是从年轻走过来的，虽然现在讲也不算老，但是相对我们 70 后、80 后来讲还是算是大的，有一些体会可以和大家分享。

第一，年轻的标准编制工作者要善于借鉴，勤于思考。建筑节能工作从初始到现在，发展得很快，新概念、新名词、新产品、新工艺都非常多，年轻人如何捕捉、了解这些信息很重要。另外国际上这方面的发展也非常快，发达国家走的路和我们发展中国家不同，他们建筑节能工作是在建筑能耗的最高点开始开展，也就是从能耗的最高点进行节能，而我们发展中国家是在建筑能耗还没有达到顶峰、在不断增加的情况下开始开展的。即使发展轨迹不同，但我们应该不断学习国际上的先进理念、技术、做法，要不断地开展技术交流和学习，比如德国的被动房技术，最近几年被动房在中国很热。对于所有新的东西，年轻的建筑节能工作者或者标准编制者，首先应该去了解、学习，进而掌握它、借鉴它，使其为我们服务。

第二，要从实践中学习、从工程中学习。这一点对编制标准的人来说是非常重要的。年轻同志们基础好，语言、英语、数学功底都很好，专业基础知识也比较牢，但是一般都缺乏工程经验，实践经验少。我主张的不是所有人都要到现场去，所有都要你经历过，因为人的精力是有限的，到设计单位、施工单位把所有的都实习一遍不现实，所以要用心去观察、去学习、去收集，然后再触类旁通。比如我号召我们年轻的同志到现场去看，去体会、去测试，甚至到房间里去住，有了这方面的经验，在思考问题或判断问题的时候，就会有一个从实际出发、从可操作性出发的概念。

第三，标准化工作本身在不断地发展，简单来讲体制、体系等都在不断改变，这要求我们年轻的标准化工作管理人员要不断地去学习、去体会，要适应这个环境的改变。中国是改革开放发展过来的，即使到了新的时期，改革也是一个永恒的主题，我们只有跟着它改变才能更好地适应这个环境。

第四，标准化工作能力和科研能力这两个能力应该双提高。标准化工作它自身需要一些能力，比如写作、归纳总结、协调以及文献检索等，但是标准化工作还得有一个基础，就是你的科研能力。标准化工作，特别是技术标准，离不开科研。没有科研的积累，你对标准的理解很可能停留在文字上。像老专家有着多年的经验，驾轻就熟，标准很快就做好了，但是年轻的同志没有这个科研的积累，对细节的理解和把握上有时就不敢给出判断。所以标准化工作能力和科研能力是相辅相成的。比方说《公共建筑节能设计标准》GB 50189—2015，模型建立和计算分析这部分实际上是很重要的一项科研工作，在这个过程中我们培养了多名研究生，年轻人得到了锻炼，有了这个科研过程，你的理解才会更加有规律性、有科学性。再有一点，就是咱们年轻人做标准工作，组织、管理和表达这些方面的能力要提升。标准化工作不是单纯的一个人或几个人、一个单位或几个单位的事，是综合性的工作，需要协调各方面的利益和各方面的工作，所以组织、协调、文字表达的能力都是非常关键的。这个能力要不断地提升，它既有程序化的要求，编制过程总要写大纲、报告等，是文字表达的特定要求，还要组织专家开会，进行思想的碰撞，重要的是你得有自己的想法，你说你没有自己的想法，我再去请教谁谁谁，那可能耽误的时间就长了，这点是技术之外综合能力的体现。

Q：您觉得中国建筑科学研究院会不会有自己的"ASHRAE"体系之类的标准呢？

A：我觉得随着国家标准化的改革，第一，总的趋势肯定是重新分类，把强制性规范以外的标准作一个比较大的放开。当然放开过程中可能会有一段时间的混乱，但任何一个改革初期都是微混乱的，一段时间以后可能发现有些地方需要再规范再调整，逐步走上正轨。所以说，标准的改革方向是对的，和国际也是接轨的。第二，要把握好整个大趋势。大趋势放开是有步骤的，并不是现在说放就不管了，这和国家整个标准化改革的进程是要呼应的。第三，要创建中国建筑科学研究院的标准，更主要是要建设中国建筑科学研究院标准的品牌和地位，写一个标准不一定很难，但是要树立品牌和地位是非常难的，往往需要长期的积累和沉淀，不是某一天说有就有了。现在是国家标准、行业标准、地方标准、企业标准，突然来了一个社团标准，社团标准要大家接受认同也需要一个过程，如果没有品牌和地位其实做出来只是孤芳自赏。我说的这三点是什么意思呢，可以尝试做，但是在这个尝试过程中要做一个判别，跟不上时代也会有问题的。现在中国建筑科学研究院的品牌作用我觉得和中国建筑科学研究院的定位是有关系的，如果不把中国建筑科学研究院的定位做好，你说建立中国建筑科学研究院的标准品牌我觉得也谈不上。所以说，这件事可以去尝试，但是有很多不确定的因素。

Q：对于以后修编的建筑节能标准，考虑是继续用节能率来衡量，还是用具体的节能量来规定？

A：这次《严寒和寒冷地区居住建筑节能设计标准》JGJ 134—2010 修订，我提出一个思路：目前看要双轨制并存，但以节能量为主，既要给节能率，也要给节能量。这个双轨制并存是比较现实的，因为节能率是有合理性的，节能率是大家进行比较的一个过程，这个尺度大家都容易掌握。但是节能率在中国为什么有它的局限性呢，这是由于中国是发展中国家，我们并不是在能耗的顶端做减量，而是在增量的过程中减少，所以说节能率和节能量往往是不完全一致的，节能率很高，能耗并不一定降下来，因为生活水准提高使能耗上去了，所以实际过程中就容易使大家产生不理解，甚至是错误。过去节能率实际上是给做标准的人使用的，按节能率来制订标准，但由于现在节能工作普及了，政府官员和民众都关心节能量的具体值。所以一方面我们要加强能耗或者节能量的确定，另一方面要继续使用节能率，因为它并不是没有可取之处。总体来说，今后是节能率和节能量双轨并存，逐渐向节能量过渡。

Q：为什么居住建筑节能设计标准是三本，而公共建筑的形式更发散，反而只有一本节能设计标准呢？

A：这个问题和原来标准体系的制订有关系。居住建筑节能设计标准是三本，一是历史原因，因为中国的气候区划比较复杂，有其天然属性，影响因素也很多，当时节能设计标准编制根据气候区划最早从北方开始，并没有解决南方问题，形成了先北方、再中部、再南方的趋势，这是自然形成的。二是人们的认识是逐渐完善的。虽然居住建筑技术比较单一、系统形式比较简单、体系也不复杂，20 世纪 80 年代对于北方居住建筑节能，我们是有认识的，而当时对于南方的认识还是很肤浅的，所以就有了按气候区划、有先有后的结果。

公共建筑节能设计标准实际上是两个问题，一个是没有按气候区划制订不同标准，二是没有按照建筑类型制订不同标准。理论上来讲，按气候、按类型划分越细越好，因为划分越细，执行越准确，但是公共建筑有其特殊性。首先是类型太多。比如写字楼还要分公共写字楼和商业写字楼；医院还要分三甲医院和二甲医院；酒店还要分一星～五星、超五星、经济型；商场更复杂，单一商场？超市？还是综合体超市？所以从建筑类型来讲，划分那么细并不现实。另外，按照类型划分也有问题，如果这个公共建筑不属于划分的任何一类，就没办法处理了。《绿色建筑评价标准》GB/T 50738 是简单的采用节能设计标准，因为很多项目在节能这方面主要是依据节能设计标准来做的，所以就把很多事情都转移到节能设计标准这儿来了，它并不是自己设置了节能评价的内容，而是用节能标准来评价，这就简单了。实际上《绿色建筑评价标准》GB/T 50738 是一本还是多本也是有争议的，英国的绿色建筑发展下来也是这样，先综合后分散再综合。第二，不同气候区的影响对居住建筑来讲影响更大些，公共建筑相对来讲影响较小，其在不同气候区的共性还是有很多的，至少能源系统、照明系统的共性部分是非常明显的。对于不同气候区公共建筑性能差异的影响，《公共建筑节能设计标准》GB 50189—2015 已经考虑了，如冷机相关的条文设置等。

Q：国内的建筑节能标准体系跟国外发达国家的标准体系相比，是基本已经健全，该涵盖的内容都涵盖到了呢？还是还有一些差距？

A：从两个方面看这个问题。第一，中国的建筑节能标准体系跟欧美主要发达国家的体系有所不同。中国现在的节能标准体系是强制性条文加推荐性条文组成标准，而主要发达国家的标准体系是规范加标准，规范就是强制的，标准就是推荐的。第二，从涵盖面来讲，我们居住建筑方面还是有差距的，主要和我们现在发展水平和生活水准有关。比如说，生活热水在中国过去用的很少，这部分能耗在以前的节能设计标准中没有涉及，但是生活热水能耗在发达国家的标准里全有，他们的供热是包括采暖和生活热水的。公共建筑节能涵盖面和发展阶段、发展水平有关，中国节能设计标准正在逐渐完善。美国相关节能标准涵盖面比我们宽，比如说包括生活热水、电梯的能耗，可再生能源、分布式能源、发电能源变化的影响，甚至连建筑之外对建筑能耗有影响的因素都考虑进来了。我们由于专业领域划分的问题有时候会有一些割裂，电梯没有，甚至给排水也不好列。《公共建筑节能设计标准》GB 50189—2015 首次将这两项列入了，也是覆盖面逐渐完善的一个体现。

Q：现在衡量既有建筑能耗有两个方法，一个是定额，一个是能耗比对，请谈谈您的看法。

A：首先，实际上定额和能耗比对是两种对运行能耗高低进行评价管理的方法，各有其特点和优缺点。从发展角度讲，都是在寻找更加合理、更加科学的衡量方法，目标是类似的。其次，定额和能耗比对实际应用是不一样的，定额是管理的一个手段，比对更主要是一个技术的手段，或者说更加市场化的一个手段。

Q：《公共建筑节能设计标准》GB 50189—2015 中的能耗基准是以模拟计算数据为基础，还是以实际调研数据为基础？

A：第一，2015 年和 20 世纪 80 年代初有根本不同。80 年代初绝大多数建筑类型，除了北方地区居住建筑采暖通过测试计算得到了那个时期的基准值之外，公共建筑实际上没有能耗数据，是虚拟的。发展到 2015 年就不一样了，《公共建筑节能设计标准》GB 50189—2015 中的能耗基准是执行 50% 标准的那个基准，不是现存所有建筑物能耗的基准。

第二，想要把握好这个基准，主要是以模拟计算为主，不可能完全以实际调研为主，即使是 50% 的节能率或 65% 的节能率也要计算，但是要做一些调研测试，作为一种辅助方式来考虑。因为实际建筑能耗由于不同人的使用方式不同、运行方式不同，会发生很大的变化。

第 5 章　总结与展望

一、标准实施情况

我国幅员辽阔，横跨寒、温、热几个气候带，主要特点是与世界上同纬度地区的平均温度相比冬冷夏热，此种不良的气候条件使我国的建筑节能工作更为艰巨。30 年来，我国建筑节能标准执行率不断提高，建筑节能工作稳步推进，从国家发布相关建筑节能标准、法规，强制各地开展建筑节能工作开始，到各级相关政府部门纷纷制订更高建筑节能水平的地方标准，再发展到建筑业主节能意识的提高以及用户的行为节能，全社会建筑节能的意识逐步增强。

回顾建筑节能 30 多年的发展历程，可分为 3 个阶段，每个阶段都是以节能标准的发布实施为标志。

1. 起步阶段（20 世纪 80 年代初～90 年代初期）

1987 年 9 月 25 日，城乡建设环境保护部、国家计委、国家经委和国家建材局联合下发"关于实施《民用建筑节能设计标准（采暖居住建筑部分）》的通知"，要求寒冷地区各省（区）抓紧编制实施细则，于 1990 年前在新建住宅中得到普遍执行。到 1991 年，编制并发布实施细则的有北京市、黑龙江省、吉林省、辽宁省、内蒙古自治区、陕西省和甘肃省，天津市、河北省和新疆维吾尔自治区编制出了报批稿或征求意见稿。另外，北京等少数城市建造了节能试点住宅，其中哈尔滨市嵩山节能住宅小区是我国建成的第一个建筑节能试点小区。

2. 成长发展期（1995～2005 年）

在起步阶段的十多年间，我国的建筑节能开展了大量基础研究工作，这也为建筑节能的进一步发展奠定了坚实的基础。以目标节能率为 50％的《民用建筑节能设计标准（采暖居住建筑部分）》JGJ 26—95 的发布实施为标志，我国建筑节能工作开始迈入成长发展阶段，而这一阶段也是我国初步健全建筑节能设计标准体系的时期。在此期间，修订完成了《民用建筑节能设计标准（采暖居住建筑部分）》JGJ 26—95，制订了《夏热冬冷地区居住建筑节能设计标准》JGJ 134—2001、《夏热冬暖地区居住建筑节能设计标准》JGJ 75—2003、《公共建筑节能设计标准》GB 50189—2005。

我国自 1997 年开始强制实行建筑节能，已经从节能 30％过渡到了 170 多个城市必须节能 50％。截止到 2000 年年底，全国既有建筑面积中城镇部分已达 76.6 亿 m²（其中住宅建筑 44.1 亿 m²）。但是，能够达到《民用建筑节能设计标准（采暖居住建筑部分）》JGJ 26—95 的只有 1.8 亿 m²，仅占城镇既有采暖居住建筑的 8％。除北京、天津等地外，建筑节能仍然停留在试点、示范的层面上。

为了了解 2000～2004 年期间全国建筑节能实施情况，2005 年 6～8 月建设部下发了《关于进行全国建筑节能实施情况调查的通知》（建办市函 [2005] 322 号）和《关于组织开展建筑节能专项检查的通知》（建质函［2005］252 号），建设部市场管理司勘察设计管理处委托中国建筑科学研究院具体经办。仅从上报的 17 个省、自治区、直辖市的项目看，按《民用建筑节能设计标准（采暖居住建筑部分）》JGJ 26—95 进行设计的项目占全部项目的 90.08%，但是最后按标准建造的仅占 30.61%，见图 5-1。

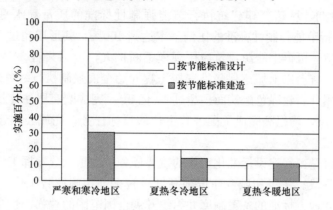

图 5-1　2005 年全国建筑节能实施调查结果

3. 全面推进期（2005 年至今）

2005～2010 年，正值我国"十一五"时期，大力建设资源节约型、环境友好型社会。在该阶段，完成建筑节能相关标准的逐步修订完善，除对现有节能设计标准修订外，还编制发布了一系列与建筑节能施工验收、改造、检测、评估等相关的工程标准和产品标准。如《建筑节能工程施工质量验收规范》、《既有居住建筑节能改造技术规程》、《公共建筑节能改造技术规范》、《居住建筑节能检测标准》、《公共建筑节能检测标准》、《绿色建筑评价标准》等。在可再生能源利用方面，发布了《地源热泵系统工程技术规范》、《太阳能供热供暖工程技术规范》等，至此我国建筑节能标准体系基本全面建立。

2008 年 4 月，住房和城乡建设部副部长仇保兴在"第四届国际智能、绿色建筑与建筑节能大会"上指出，经建筑节能专项检查，设计阶段执行率基本达到全覆盖（图 5-2）。

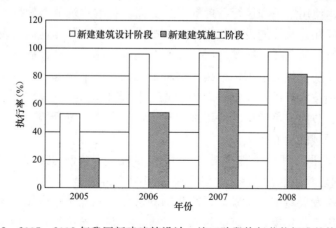

图 5-2　2005～2008 年我国新建建筑设计、施工阶段执行节能标准的执行率

截至 2010 年底，全国城镇新建建筑设计阶段执行节能强制性标准的比例为 99.5%，施工阶段执行节能强制性标准的比例为 95.4%，分别比 2005 年提高了 42% 和 71%。全年

新增节能建筑面积 12.2 亿 m²，形成 1150 万 t 标准煤的节能能力。"十一五"期间累计建成节能建筑面积为 48.57 亿 m²，共形成 4600 万 t 标准煤的节能能力。全国城镇节能建筑占既有建筑总面积的 23.1%，北京、天津、上海、重庆、河北、吉林、辽宁、江苏、宁夏、青海、新疆等省（区、市）超过 30%。

"十二五"时期，城镇新建建筑执行节能强制性标准的质量和水平不断提高，截至 2015 年年底，执行节能强制性标准的比例基本达到 100%，共形成超过 1 亿 t 标准煤的节能能力。绿色建筑、可再生能源建筑应用规模不断扩大，全国共有 3979 个项目获得了绿色建筑评价标识，省会以上城市保障性安居工程开始全面强制执行绿色建筑标准。"十二五"时期，全国累计新建绿色建筑面积超过 10 亿 m²，完成既有居住建筑供热计量及节能改造面积 9.9 亿 m²，均超额完成了国务院下达的目标任务；完成公共建筑节能改造面积 4450 万 m²。

标准实施监督是工程建设标准化工作的重要任务，也是充分发挥工程建设标准作用的必然途径和基本手段。住房和城乡建设部高度重视标准实施监督工作，2000 年建立了工程建设行业标准和地方标准的备案制度并组织开展全国范围的"强制性条文"培训，2003 年发布《实施工程建设强制性标准监督规定》（建设部 81 号令），2007 年明确要求把强制性标准的实施监督工作作为一项重点工作和经常性工作，长抓不懈，2008 年标准定额司设立了实施监督指导处，专门组织开展标准实施监督工作。近几年来，在制度建设、标准宣贯、培训、咨询、解释以及强制性标准监督检查等方面做了大量工作，推动标准实施监督工作迈上了新的台阶。

二、展望

我国的建筑节能标准化工作从 20 世纪 80 年代起步，建筑节能标准覆盖范围不断扩大，以建筑节能专用标准为核心的独立的建筑节能标准体系初步形成。与建筑节能有关的建筑活动，不仅涉及新建、改建、扩建以及既有建筑改造，而且涉及规划、设计、施工、验收、检测评价、使用维护和运行管理等方方面面。我国建筑节能标准从北方采暖地区新建、改建、扩建居住建筑节能设计起步，逐步扩展到了夏热冬冷地区、夏热冬暖地区的居住建筑和公共建筑；从采暖地区既有居住建筑节能改造起步，已扩展到各气候区的既有居住建筑节能改造；从仅包括了围护结构、供暖系统和空调系统起步，逐步扩展到照明、生活设备、运行管理技术等；从建筑外墙外保温工程施工起步，开始向建筑节能工程验收、检测、能耗统计、节能建筑评价、使用维护和运行管理全方位延伸，基本实现了建筑节能标准对民用建筑领域的全面覆盖。

相比于建筑节能，可再生能源建筑应用起步较晚，发展也相对有些滞后。2005 年《中华人民共和国可再生能源法》（中华人民共和国主席令第 33 号）发布实施，为我国的可再生能源的快速发展奠定了基础。目前我国的可再生能源建筑应用体系主要集中在太阳能、地源热泵应用，近年来，太阳能热水、供暖、空调、光伏等建筑应用标准，地源热泵工程应用标准及相关产品相继发布，基本形成了可再生能源建筑应用标准体系。

20 世纪 90 年代绿色建筑的概念引入中国，2006 年我国发布了第一部绿色建筑相关的《绿色建筑评价标准》GB/T 50378—2006，标志着我国的建筑节能工作进入了绿色建筑阶段。2010 年发布了《民用建筑绿色设计规范》JGJ/T 229—2010，此后不同类型公共建筑绿色评价标准纷纷立项，并已从民用建筑扩展到工业建筑，形成了以《绿色建筑评价标准》GB/T 50378 为核心的标准体系。

2016 年是我国第一部建筑节能设计标准——《民用建筑节能设计标准（采暖居住建筑部分）》JGJ 26—86 实施 30 周年。30 年来，我国建筑节能工作取得了举世瞩目的巨大成就。我国已经建立了较完善的建筑节能标准体系，做到气候区、建筑类型及设计施工检测评价全覆盖；对建筑节能的认识从省能，到能效，到可持续，不断深入，建筑节能工作内涵和外延也在不断转变。

从世界范围看，欧盟等发达国家为应对气候变化、实现可持续发展战略，不断提高建筑能效水平。欧盟 2002 年通过并于 2010 年修订的《建筑能效指令》EPBD 要求欧盟国家在 2020 年前，所有新建建筑都必须达到近零能耗水平。丹麦要求 2020 年后居住建筑全年冷热需求降低至 20kWh/(m²·a) 以下；英国要求 2016 年后新建建筑达到零碳，2019 年后公共建筑达到零碳；德国要求 2020 年 12 月 31 日后新建建筑达到近零能耗，2018 年 12 月 31 日后政府部门拥有或使用的建筑达到近零能耗。美国要求 2020～2030 年零能耗建筑应在技术经济上可行，美国能源部近期已明确提出净零能耗建筑的定义；我们的近邻韩国提出 2025 年全面实现零能耗建筑目标。许多国家都在积极制订超低能耗建筑发展目标和技术政策，建立适合本国特点的超低能耗建筑标准及相应技术体系，超低能耗建筑、近零能耗建筑正在成为建筑节能的发展趋势，也是住房和城乡建设领域实现可持续发展的必由之路。

2016 年 7 月，住房和城乡建设部印发《住房城乡建设事业"十三五"规划纲要》。本纲要提出，到 2020 年，城镇新建建筑中绿色建筑推广比例超过 50%，绿色建材应用比例超过 40%，新建建筑执行标准能效要求比"十二五"末提高 20%。装配式建筑面积占城镇新建建筑面积的比例达到 15% 以上。北方城镇居住建筑单位面积平均采暖能耗下降 15% 以上，城镇可再生能源在建筑领域消费比重稳步提升。部分地区新建建筑能效水平实现与国际先进水平同步。

在建筑节能标准方面，《住房城乡建设事业"十三五"规划纲要》提出，制订实施我国建筑节能标准提升路线图。推动实施更高要求的节能强制性标准；分类制定建筑全生命周期能源消耗标准定额。积极推进工程建设标准化改革工作。加快制订全文强制性标准，逐步用全文强制性标准取代现行标准中分散的强制性条文。适度提高标准对安全、质量、性能、健康、节能等强制性指标的要求。

2016 年推荐性工程建设国家标准《近零能耗建筑技术标准》已立项并启动，《严寒和寒冷地区居住建筑节能设计标准》JGJ 26 已开始修订工作，《建筑节能与可再生能源应用》全文强制性标准研编工作也已开始，我国建筑节能标准体系及提升路线图的研究也在同步进行中。由此可见，不断提升建筑节能设计强制性标准，同时建立推荐性的更高节能性能的技术标准作为引导，最终实现建筑能耗总量控制，是建筑节能标准发展的必然趋势。

后　记

　　从我国建筑节能工作正式起步到完成建筑节能标准"三步走"的工作规划，已过去了30年，我国建筑节能工作取得了举世瞩目的巨大成就。值此建筑节能工作开展30年之际，中国建筑科学研究院受住房和城乡建设部建筑节能与科技司委托，于2016年7月15日组织举办了"中国建筑节能工作30年座谈会"。出席会议的有住建部建筑节能与科技司、标准定额司等领导、原住房和城乡建设部的老领导、建筑节能老专家及特邀参会代表等。

　　此次会议是在建筑节能工作30年发展历史结点上召开的重要会议，具有承前启后、继往开来的重要作用，对于进一步统一思想、凝聚共识，以科技引领、以标准支撑，实现建筑节能工作迈向更高目标具有重要意义。

　　编写组摘录了部分领导和专家对中国建筑节能工作的寄语，与读者分享。

"希望通过我们每一位工作者的努力，将国家建筑节能工作和绿色建筑发展推到一个新的高度，为国家的小康社会发展、生态文明建设、资源能源节约战略的实施，做出我们领域的贡献。"

杨榕

原住房和城乡建设部建筑节能与科技司　司长

"下一步建筑节能工作我认为应该做到三点，首先是中国的建筑能耗值不高于西方主要发达国家；其次我们应该严格控制新版本节能标准比旧版本标准在节能指标上提高的百分率；最后应该按照零能耗建筑推广我们的建筑节能工作。"

田国民

住房和城乡建设部标准定额司　巡视员

"建筑节能标准体系的发展和完善仍然是我们下一步研究的重点，同时，我们应该开始考虑建筑节能量从相对值到绝对值的转变，将这个观点逐步完善起来。"

李铮

住房和城乡建设部标准定额研究所　副所长

"在绿色建筑和生态环境方面，我们中国走在世界的前列，我相信建筑节能也能在未来上一个新的台阶，成为世界先进建筑节能国家之一。"

张钦楠

原城乡建设环境保护部设计局　局长

"中国建筑节能 30 年，我的感触很多，希望可以把 30 年来的成果更加广泛地进行推广，让领导和群众都能够看到 30 年来我们的努力。"

许溶烈

原建设部　总工程师

"节能标准对于开展建筑节能非常重要，在接下来的发展中，应该进一步细化和完善标准体系，不只是量，更应该注重标准的质。"

唐美树

原建设部科技司　副司长

"我们有一批有社会责任感，有影响力的机构在做领跑者、在做支撑者，这一点对中国推动建筑节能发展是至关重要的。"

武涌

中国建筑节能协会　理事长

"建筑节能是一个公益事业，建筑节能涉及建筑专业的方方面面，标准建设的意义和价值就是帮助和指导建筑设计师完成建筑的节能设计。"

刘加平

西安建筑科技大学　教授/院士

"中国建筑节能既有稳步发展也有飞跃，我们今后的建筑节能发展需要眼界，希望现在在位的同志们多研究全世界的情况，规划今后如何发展，如何走。"

涂逢祥

北京中建建筑科学技术研究院　总工

"建筑节能工作的开展，需要得到国家相关政策的支持，同时，我们下一步工作的制定和开展也应该和国家政策的走向相结合。"

郎四维

中国建筑科学研究院　研究员

"建筑节能要和生活水平、生活质量联系起来，建筑节能标准要和生活标准、空气质量标准联系起来，这样才能更加全面、完善。"

汪训昌
中国建筑科学研究院　研究员

"不屈不挠，前赴后继，不断创新，敢于领跑，这是我们建筑节能从业者 30 年来的精神写照，也是我们需要发扬的地方。"

许文发
中国城市建设研究院　教授级高工

"我们的建筑节能工作，还应该做一些更细的、更贴近实际情况的研究和改变，这是实质上推进建筑节能发展的环节。"

方修睦
哈尔滨工业大学市政环境工程学院　教授

"'建筑节能工作 30 周年的会议'对南方地区今后建筑节能工作的开展是很有启发的，对指导夏热冬暖地区节能工作的推进有很大的帮助作用。"

赵士怀
福建省建筑科学研究院　教授级高工

"很多节能领域的老同志在自己重病之际把自己的成果公开出来，给我们这些相对年轻的同志树立了很好的榜样，是值得我们学习的。"

寿炜炜
上海建筑设计研究院有限公司　教授级高工

"国际气候变化、国内生态文明、建筑节能工作的内涵和外延不断转变，'创新、和谐、绿色、开放、共享'的理念将推动建筑节能工作向更高目标发展。"

徐伟

中国建筑科学研究院建筑环境与节能研究院　院长

"30 年来，中国建筑科学研究院既是建筑节能工作的亲历者，也是实践者，希望和中国建筑科学研究院的同事们一起努力，为我国建筑节能工作在未来迈向超低能耗、近零能耗做出更大的贡献。"

王俊

中国建筑科学研究院　院长

"这么多老专家、老领导汇聚一堂，参加'建筑节能 30 周年的座谈会'，应该是一个很有意义的、载入咱们建筑节能历史史册的一件大事，希望座谈会的精神能够传承下去。"

王清勤

中国建筑科学研究院　副院长

附录 1 中国建筑节能标准实施及相关政策大事记

- 1980 年 7 月,《民用建筑热工设计规程》列入制订计划,主编单位为中国建筑科学研究院。
  - ➢ 制订计划下达文件为国家建筑工程总局"关于发送《一九八〇年至一九八一年建筑工程国标施工规范、部标设计施工规程修编计划》的通知"((80) 建工科字第 385 号)。1986 年 2 月,《民用建筑热工设计规程》JGJ 24—86 发布。

- 1983 年,《民用建筑节能设计准则》列入制订计划,主编单位为中国建筑科学研究院。
  - ➢ 制订计划下达文件为城乡建设环境保护部科技局和设计局"《民用建筑节能设计准则》的编制任务"((83) 城设建字第 114 号)。此标准在编制过程中更名为《民用建筑节能设计准则(采暖居住建筑部分)》,后在报批稿审核时将"准则"二字改为"标准",即 1986 年 3 月发布的《民用建筑节能设计标准(采暖居住建筑部分)》JGJ 26—86。

- 1984 年,《民用建筑热工设计规范》列入制订计划,主编单位为中国建筑科学研究院。
  - ➢ 制订计划下达文件为国家计委计综 [1984] 305 号。此规范以部标《民用建筑热工设计规程》JGJ 24—86 在 1985 年 11 月所完成的报批稿基础上,经过补充和修改编制而成,从工程建设行业标准升级为工程建设国家标准。1993 年 3 月,《民用建筑热工设计规范》GB 50176—93 发布。

- 1986 年 1 月 12 日,国务院发布《节约能源管理暂行条例》,1986 年 4 月 1 日起实施。
  - ➢ 本条例从国家对能源实行开发和节约并重的方针出发,为了实现合理利用能源,降低能源消耗,从各个方面和环节规定了节能的措施。

- 1986 年 2 月 21 日,《民用建筑热工设计规程》JGJ 24—86 发布,1986 年 7 月 1 日起实施。
  - ➢ 本规程规定了一般居住建筑、公共建筑和工业企业辅助建筑(包括附设的地下室和半地下室)热工设计所需要的室外计算参数、建筑热工设计要求、围护结构保温设计、围护结构隔热设计、采暖建筑围护结构防潮设计。

- 1986 年 3 月 3 日,《民用建筑节能设计标准(采暖居住建筑部分)》JGJ 26—86 发布,1986 年 8 月 1 日起实施。
  - ➢ 本标准规定的建筑节能率目标是 30%,即新建采暖居住建筑的能耗应在 1980~1981 年当地住宅通用设计耗热水平的基础上降低 30%。

- 1986 年 5 月，《建筑气候区划标准》列入制订计划，主编单位为中国建筑科学研究院。
  - ➤ 制订计划下达文件为国家计委"关于发送《第七个五年工程建设标准规范制订修订计划》的通知"（计标发［1986］28 号）和《一九八七年工程建设标准规范制订修订计划》（计综［1986］2630 号）。1993 年 7 月，《建筑气候区划标准》GB 50178—93 发布。

- 1987 年 3 月 30 日，国务院批转国家经委、国家计委印发的《关于进一步加强节约用电的若干规定》。
  - ➤ 本规定要求在开展增产节约、增收节支运动中，切实抓好原材料、能源的节约，尤其是电能的节约，是一件大事。各地区、各部门要加强对这项工作的组织领导，结合实际情况，抓紧制订实施细则，推动各行各业大力节约用电，特别要认真搞好工业企业和市政生活的节约用电工作。

- 1991 年 5 月，《旅游旅馆建筑热工和空气调节节能设计标准》列入制订计划，主编单位为中国建筑科学研究院空气调节研究所和北京市建筑设计院。
  - ➤ 制订计划下达文件为建设部标准定额司"关于批准将《旅游旅馆建筑热工和空气调节节能设计标准》列入 91 年国标计划的函"（（91）建标技字第 11 号）。1993 年 9 月，《旅游旅馆建筑热工与空气调节节能设计标准》GB 50189—93 发布。

- 1991 年 11 月，《民用建筑节能设计标准（采暖居住建筑部分）》JGJ 26—86 列入修订计划，主编单位为中国建筑科学研究院。
  - ➤ 修订计划下达文件为建设部"关于印发《一九九一年工程建设行业标准制订、修订项目计划》的通知"（建标［1991］718 号）。1995 年 12 月，《民用建筑节能设计标准（采暖居住建筑部分）》JGJ 26—95 发布。

- 1993 年 3 月 17 日，《民用建筑热工设计规范》GB 50176—93 发布，1993 年 10 月 1 日起实施。
  - ➤ 本规范以部标《民用建筑热工设计规程》JGJ 24—86 在 1985 年 11 月所完成的报批稿基础上，经过补充和修改编制而成，从工程建设行业标准升级为工程建设国家标准。

- 1993 年 4 月 20 日，国家计委、国家税务局印发《关于北方节能住宅投资征收固定资产投资方向调节税的暂行管理办法》。
  - ➤ 本办法第二条规定：凡累年日平均温度低于或等于 5℃的天数在 90 天以上的采暖地区内，按《民用建筑节能设计标准（采暖居住建筑部分）》（以下简称《标准》）的要求，主要设计指标达到《标准》要求，且采用新型墙体材料或新型复合墙体的新建、扩建、改建的采暖住宅，可视为北方节能住宅，其固定资产投资方向调节税的税率为 0%。第八条规定：各有关单位应加强对北方节能住宅建设过程中的监督、检查，对未按节能住宅设计要求进行施工，或者未达到《标准》的住宅建设项目，应责令其补缴固定资产投资方向调节税。

- 1993年7月5日,《建筑气候区划标准》GB 50178—93发布,1994年2月1日起实施。
  - ➢ 本标准为一项综合性的基础标准,规定了我国建筑气候区划、建筑气候特征和建筑基本要求。给出了气候要素分布图、全国主要城镇建筑气候参数表。

- 1993年9月27日,《旅游旅馆建筑热工与空气调节节能设计标准》GB 50189—93发布,1994年7月1日起实施。
  - ➢ 本标准针对旅游旅馆日常运行能耗最大的空调与照明系统,从设计环节提出各项降低能耗的节能技术措施、要求及指标,既适用于新建的旅游旅馆,又适用于老饭店和已建成开业的新饭店。

- 1994年,建设部成立"建筑节能办公室"和"节能工作协调组"。
  - ➢ 从1994年开始,我国开始有组织、有计划地开展建筑节能工作。标志着我国的建筑节能工作从节能技术研究开发、技术标准制订、技术推广与工程试点转向全行业行政推动阶段;各省、自治区和直辖市也成立了相应机构,建筑节能的组织管理工作得到了特别的加强。

- 1995年5月11日,建设部印发《建设部建筑节能"九五"计划和2010年规划》(建办科〔1995〕80号)。
  - ➢ 这是我国第一次编制建筑节能相关规划,明确了在我国开展建筑节能工作的总体目标、工作任务和实施策略。

- 1995年12月7日,《民用建筑节能设计标准(采暖居住建筑部分)》JGJ 26—95发布,1996年7月1日起实施。
  - ➢ 本标准是针对《民用建筑节能设计标准(采暖居住建筑部分)》JGJ 26—86的修订。

- 1996年9月23日,建设部召开"全国建筑节能工作会议"。
  - ➢ 建设部在全国范围内部署开展建筑节能工作,执行建筑节能50%的标准。同时举办"全国建筑节能产品与应用技术交流展览会"。

- 1997年11月1日,《中华人民共和国节约能源法》(中华人民共和国主席令第90号)发布,1998年1月1日起实施。
  - ➢ 用法律的形式明确了"节能是国家发展经济的一项长远战略方针",首次给节能赋予了法律地位。

- 1999年12月,《夏热冬冷地区居住建筑节能设计标准》列入制订计划,主编单位为中国建筑科学研究院和重庆大学。
  - ➢ 制订计划下达文件为建设部"关于印发《一九九九年工程建设城建、建工行业标准制订、修订计划》的通知"（建标［1999］309号）。2001年7月，《夏热冬冷地区居住建筑节能设计标准》JGJ 134—2001发布。

- 2000年2月18日，《民用建筑节能管理规定》（建设部令第76号）发布，2000年10月1日起实施。
  - ➢ 本规定对建筑节能的各项任务、内容以及相关责任主体的职责、违反的处罚形式和标准等做出了规定。该规定的施行对于加强民用建筑节能管理、提高资源利用效率、改善室内热环境发挥了积极的作用。

- 2001年6月，《夏热冬暖地区居住建筑节能设计标准》列入制订计划，主编单位为中国建筑科学研究院和广东省建筑科学研究院。
  - ➢ 制订计划下达文件为建设部"关于下达部分工程建设城建、建工行业标准编制计划开展工作的通知"（建标标函［2001］25号）。2003年7月，《夏热冬暖地区居住建筑节能设计标准》JGJ 75—2003发布。

- 2001年7月5日，《夏热冬冷地区居住建筑节能设计标准》JGJ 134—2001发布，2001年10月1日起实施。
  - ➢ 本标准适用于夏热冬冷地区新建、改建和扩建居住建筑的建筑节能设计。包括室内热环境和建筑节能设计指标，建筑和建筑热工节能设计，建筑物的节能综合指标和采暖、空调和通风节能设计等。

- 2002年4月，《旅游旅馆建筑热工与空气调节节能设计标准》GB 50189—93列入修订计划，更名为《公共建筑节能设计标准》，主编单位为中国建筑科学研究院和中国建筑业协会建筑节能专业委员会。
  - ➢ 修订计划文件为建设部"关于印发《二〇〇一～二〇〇二年度工程建设国家标准制订、修订计划》的通知"（建标［2002］85号）。2005年4月，《公共建筑节能设计标准》GB 50189—2005发布。

- 2003年7月11日，《夏热冬暖地区居住建筑节能设计标准》JGJ 75—2003发布，2003年10月1日起实施。
  - ➢ 本标准适用于夏热冬暖地区新建、改建和扩建居住建筑的建筑节能设计，包括建筑节能设计计算指标，建筑和建筑热工节能设计，建筑节能设计的综合评价，空调采暖和通风节能设计等。

- 2003年7月21日，八部委联合发布《关于城镇供热体制改革试点工作的指导意见》（城建［2003］148号）。
  - ➢ 部委联动加快了建筑节能工作的推动。努力解决我国北方地区城镇居民的冬季供热采暖问题，根据国务院领导同志的指示，决定在我国东北、华北、西北及山东、河南等地区开展城镇供热体制改革的试点工作。

- 2004 年 8 月 23 日，建设部发布《房屋建筑和市政基础设施工程施工图设计文件审查管理办法》（建设部令第 134 号）。
  - ➤ 本办法所称施工图审查，是指建设主管部门认定的施工图审查机构按照有关法律、法规，对施工图涉及公共利益、公众安全和工程建设强制性标准的内容进行的审查。

- 2004 年 12 月 3～5 日，中央经济工作会议提出大力发展"节能省地型"住宅。
  - ➤ 胡锦涛同志明确指出，要大力发展"节能省地型"住宅，全面推广和普及节能技术，制订并强制推行更严格的节能节材节水标准。温家宝同志也指出，大力抓好能源、资源节约，加快发展循环经济。要充分认识节约能源、资源的重要性和紧迫性，增强危机感和责任感。2005 年政府工作报告中又明确提出，鼓励发展"节能省地型"住宅和公共建筑。

- 2005 年 3 月，《民用建筑节能设计标准（采暖居住建筑部分）》JGJ 26—95 列入修订计划，并更名为《严寒和寒冷地区居住建筑节能设计标准》，主编单位为中国建筑科学研究院。
  - ➤ 修订计划下达文件为建设部"关于印发《2005 年工程建设城建、建工行业标准制订、修订计划（第一批）》的通知"（建标函［2005］84 号）。2010 年 3 月，《严寒和寒冷地区居住建筑节能设计标准》JGJ 26—2010 发布。

- 2005 年 3 月，《夏热冬冷地区居住建筑节能设计标准》JGJ 134—2001 列入修订计划，主编单位为中国建筑科学研究院。
  - ➤ 修订计划下达文件为建设部"关于印发《2005 年工程建设标准规范制订、修订计划（第一批）》的通知"（建标［2005］84 号）。2010 年 3 月，《夏热冬冷地区居住建筑节能设计标准》JGJ 134—2010 发布。

- 2005 年 4 月 4 日，《公共建筑节能设计标准》GB 50189—2005 发布，2005 年 7 月 1 日起实施。
  - ➤ 本标准为针对《旅游旅馆建筑热工与空气调节节能设计标准》GB 50189—93 的修订。适用于新建、改建和扩建的公共建筑节能设计，包括室内环境节能设计计算参数，建筑与建筑热工设计，采暖、通风和空气调节节能设计等。

- 2005 年 4 月 15 日，建设部印发《关于新建居住建筑严格执行节能设计标准的通知》（建科［2005］55 号）。
  - ➤ 建筑节能设计标准是建设节能建筑的基本技术依据，是实现建筑节能目标的基本要求，其中强制性条文规定了主要节能措施、热工性能指标、能耗指标限值，考虑了经济和社会效益等方面的要求，必须严格执行。为了贯彻落实科学发展观和 2005 年政府工作报告提出的"鼓励发展节能省地型住宅和公共建筑"的要求，切实抓好新建居住建筑严格执行建筑节能设计标准的工作，降低居住建筑能耗，发布本通知。

- 2005年5月31日，建设部印发《关于发展节能省地型住宅和公共建筑的指导意见》（建科〔2005〕78号）。
  > 建设部坚决贯彻落实党中央、国务院的要求，高度重视发展"节能省地型"住宅和公共建筑。把这项工作作为建设领域贯彻落实科学发展观，促进经济结构调整，转变经济增长方式的重点工作来抓。明确了今后一段时期的工作目标和主要任务：强制执行建筑节能50%的标准，北京、天津、大连、青岛、上海和深圳6个发达地区率先试点节能65%标准；2020年全国所有城市强制执行节能65%标准。

- 2005年6～8月，建设部印发《关于进行全国建筑节能实施情况调查的通知》（建办市函〔2005〕322号）和《关于组织开展建筑节能专项检查的通知》（建质函〔2005〕252号）。
  > 进一步提高建筑节能意识和对抓好建筑节能工作重要意义的认识，切实做好建筑节能的监管工作；督促各地严格执行新建建筑必须节能50%的设计标准；总结各地建筑节能工作中好的做法和经验，及时发现存在的问题并提出改进措施。

- 2005年11月10日，建设部印发《民用建筑节能管理规定》（建设部令第143号），2006年1月1日起实施。
  > 本规定是针对2000年2月发布的《民用建筑节能管理规定》（建设部令第76号）的修订。

- 2005年12月6日，建设部联合发改委、财政部和人事部发布《关于进一步推进城镇供热体制改革的意见》（建城〔2005〕220号）。
  > 自2003年建设部等八部委下发《关于城镇供热体制改革试点工作的指导意见》（城建〔2003〕148号）以来，各地区高度重视，稳步推进城镇供热体制改革试点工作，认真探索停止福利供热，实行用热商品化、货币化，实施建筑节能改造，取得了良好效果。为进一步推进城镇供热体制改革工作，经国务院同意，印发此意见。

- 2006年8月6日，国务院印发《国务院关于加强节能工作的决定》（国发〔2006〕28号）。
  > 此决定要求：充分认识加强节能工作的重要性和紧迫性，用科学发展观统领节能工作，加快构建节能型产业体系，着力抓好重点领域节能，大力推进节能技术进步，加大节能监督管理力度，建立健全节能保障机制，加强节能管理队伍建设和基础工作，加强组织领导。

- 2006年9月15日，建设部印发《建设部关于贯彻〈国务院关于加强节能工作的决定〉的实施意见》（建科〔2006〕231号）。
  > 到"十一五"期末，实现节约1.1亿t标准煤的目标。其中：通过加强监管，严格执行节能设计标准，推动直辖市及严寒寒冷地区执行更高水平的节能标准，严寒寒冷地区新建居住建筑实现节能2100万t标准煤，夏热冬冷地区新建居住建筑实现节能2400万t标准煤，夏热冬暖地区新建居住建筑实现节能220万t标准煤，全国新建公共建筑实现节能2280万t准标煤，共实现节能7000万t标准煤；通过既有建

筑节能改造，深化供热体制改革，加强政府办公建筑和大型公共建筑节能运行管理
与改造，实现节能 3000 万 t 标准煤，大城市完成既有建筑节能改造的面积要占既有
建筑总面积的 25%，中等城市要完成 15%，小城市要完成 10%；通过推广应用节
能型照明器具，实现节能 1040 万 t 标准煤；太阳能、浅层地能等可再生能源应用面
积占新建建筑面积比例达 25% 以上。

- 2007 年 5 月，《夏热冬暖地区居住建筑节能设计标准》JGJ 75—2003 列入修订计划，主
  编单位为中国建筑科学研究院和广东省建筑科学研究院。
  - 修订计划下达文件为建设部"关于印发《2007 年工程建设标准规范制订、修订计划
    （第一批）》的通知"（建标 [2007] 125 号）。2012 年 11 月，《夏热冬暖地区居住建
    筑节能设计标准》JGJ 75—2012 发布。

- 2007 年 6 月 1 日，国务院印发《国务院办公厅关于严格执行公共建筑空调温度控制标
  准的通知》（国办发 [2007] 42 号）。
  - 通知明确规定："所有公共建筑内的单位，包括国家机关、社会团体、企事业组织
    和个体工商户，除医院等特殊单位以及在生产工艺上对温度有特定要求并经批准的
    用户之外，夏季室内空调温度设置不得低于 26℃，冬季室内空调温度设置不得高于
    20℃。"

- 2007 年 6 月 3 日，国务院印发《节能减排综合性工作方案》（国发 [2007] 15 号）。
  - 此方案明确了 2010 年中国实现节能减排的目标任务和总体要求。方案指出："严格
    建筑节能管理。大力推广节能省地环保型建筑。强化新建建筑执行能耗限额标准全
    过程监督管理，实施建筑能耗专项测评，对达不到标准的建筑，不得办理开工和竣
    工验收备案手续，不准销售使用；从 2008 年起，所有新建商品房销售时在买卖合同
    等文件中要标明耗能量、节能措施等信息。建立并完善大型公共建筑节能运行监管
    体系。深化供热体制改革，实行供热计量收费。2017 年着力抓好新建建筑施工阶段
    执行能耗限额标准的监管工作，北方地区地级以上城市完成采暖费补贴暗补变明补
    改革，在 25 个示范省市建立大型公共建筑能耗统计、能源审计、能效公示、能效定
    额制度，实现节能 1250 万 t 标准煤。"

- 2007 年 10 月 23 日，建设部和财政部联合印发《关于加强国家机关办公建筑和大型公
  共建筑节能管理工作的实施意见》（建科 [2007] 245 号）。
  - 随着我国经济的发展，国家机关办公建筑和大型公共建筑高耗能的问题日益突出。
    据统计，国家机关办公建筑和大型公共建筑年耗电量约占全国城镇总耗电量的
    22%，每平方米年耗电量是普通居民住宅的 10~20 倍，是欧洲、日本等发达国家同
    类建筑的 1.5~2 倍，做好国家机关办公建筑和大型公共建筑的节能管理工作，对实
    现"十一五"建筑节能规划目标具有重要意义。

- 2007 年 10 月 28 日，《中华人民共和国节约能源法》（中华人民共和国主席令第 77 号）

发布，2008 年 4 月 1 日起实施。

> 此为对 1997 年发布的《中华人民共和国节约能源法》（中华人民共和国主席令第 90 号）的修订。修订后的节约能源法的颁布施行，对于推动全社会节约能源，提高能源利用效率，保护和改善环境，促进经济社会全面协调可持续发展，有着重要意义。关于建筑节能，该法第三十五条规定："建筑工程的建设、设计、施工和监理单位应当遵守建筑节能标准。不符合建筑节能标准的建筑工程，建设主管部门不得批准开工建设；已经开工建设的，应当责令停止施工、限期改正；已经建成的，不得销售或者使用。建设主管部门应当加强对在建建筑工程执行建筑节能标准情况的监督检查。"第四十条规定："国家鼓励在新建建筑和既有建筑节能改造中使用新型墙体材料等节能建筑材料和节能设备，安装和使用太阳能等可再生能源利用系统。"

- 2008 年 5 月 21 日，建设部和财政部联合印发《关于推进北方采暖地区既有居住建筑供热计量及节能改造工作的实施意见》（建科〔2008〕95 号）。

> 为进一步推进北方采暖区既有居住建筑供热计量及节能改造工作，发挥财政资金使用效益，提出以下实施意见：充分认识北方采暖地区既有居住建筑供热计量及节能改造工作的重要意义，明确指导思想、工作原则及目标，认真做好改造各项工作，完善配套措施，保障改造任务的落实。

- 2008 年 8 月 1 日，国务院印发《民用建筑节能条例》（国务院令第 530 号），2008 年 10 月 1 日起实施。

> 本条例对新建建筑节能、既有建筑节能、建筑用能系统运行节能和法律责任等做出了明确规定。条例明确了居住建筑、国家机关办公建筑和商业、服务业、教育、卫生等其他公共建筑为民用建筑。

- 2008 年 8 月 1 日，国务院印发《公共机构节能条例》（国务院令第 531 号），2008 年 10 月 1 日起实施。

> 本条例制订的目的是为了推动公共机构节能，提高公共机构能源利用效率，发挥公共机构在全社会节能中的表率作用。本条例所称公共机构，是指全部或者部分使用财政性资金的国家机关、事业单位和团体组织。公共机构应当加强用能管理，采取技术上可行、经济上合理的措施，降低能源消耗，减少、制止能源浪费，有效、合理地利用能源。

- 2009 年 5 月，《民用建筑热工设计规范》GB 50176—93 列入修订计划，主编单位为中国建筑科学研究院。

> 修订计划下达文件为住房和城乡建设部"关于印发《2009 年工程建设标准规范制订、修订计划》的通知"（建标〔2009〕88 号）。2016 年 8 月，《民用建筑热工设计规范》GB 50176—2016 发布。

- 2009 年 7 月 21 日，住房和城乡建设部印发《关于扩大农村危房改造试点建筑节能示范的实施意见》(建村函 [2009] 167 号)。

> 农房建筑节能示范是东北、西北和华北地区农村危房改造试点的重要内容, 2009 年年内要结合农村危房改造试点完成上述地区 1.5 万户农房建筑节能示范项目。

• 2010 年 3 月 4 日, 住房和城乡建设部印发《民用建筑能耗和节能信息统计报表制度》(建办 [2010] 31 号)。

> 为全面掌握我国建筑能耗实际状况, 加强建筑节能的管理, 2007 年以来, 住房和城乡建设部在 23 个城市组织试行民用建筑能耗统计工作, 在总结经验的基础上, 组织制订了此制度。

• 2010 年 3 月 18 日, 《严寒和寒冷地区居住建筑节能设计标准》JGJ 26—2010 发布, 2010 年 8 月 1 日起实施。

> 本标准为针对《民用建筑节能设计标准(采暖居住建筑部分)》JGJ 26—95 的修订。

• 2010 年 3 月 18 日, 《夏热冬冷地区居住建筑节能设计标准》JGJ 134—2010 发布, 2010 年 8 月 1 日起实施。

> 本标准为针对《夏热冬冷地区居住建筑节能设计标准》JGJ 134—2001 的修订。

• 2011 年 8 月 31 日, 国务院办公厅印发《"十二五"节能减排综合性工作方案》(国发 [2011] 26 号)。

> 本方案提出单位 GDP 能耗在 2010 年基础上下降 16% 的节能目标。北方采暖地区既有居住建筑供热计量和节能改造 4 亿 m^2 以上, 夏热冬冷地区既有居住建筑节能改造 5000 万 m^2, 公共建筑节能改造 6000 万 m^2, 高效节能产品市场份额大幅度提高。

• 2012 年 1 月, 《公共建筑节能设计标准》GB 50189—2005 列入修订计划, 主编单位为中国建筑科学研究院。

> 修订计划下达文件为住房和城乡建设部 "关于印发《2012 年工程建设标准规范制订、修订计划》的通知"(建标 [2012] 5 号)。2015 年 2 月, 《公共建筑节能设计标准》GB 50189—2015 发布。

• 2012 年 4 月 1 日, 住房和城乡建设部印发《关于推进夏热冬冷地区既有居住建筑节能改造的实施意见》(建科 [2012] 55 号)。

> 本意见提出, 中央财政设立专项资金, 支持夏热冬冷地区既有居住建筑节能改造工作, 地方各级财政要把节能改造作为节能减排资金安排的重点。

• 2012 年 4 月 27 日, 财政部和住房和城乡建设部联合印发《关于加快推动我国绿色建筑发展的实施意见》(财建 [2012] 167 号)。

> 本意见提出, 2012 年在建筑节能方面的投入将超过 40 亿元; 提高绿色建筑在新建建筑中的比重, 到 2014 年政府投资的公益性建筑和保障性住房全面执行绿色建筑标

准，到 2015 年，新增绿色建筑面积 10 亿 m² 以上，到 2020 年，绿色建筑占新建建筑比重超过 30％。

- 2012 年 5 月 7 日，住房和城乡建设部印发《民用建筑能耗和节能信息统计报表制度》（建办科 [2012] 19 号）。
  - ➢ 此文件为 2010 年印发《民用建筑能耗和节能信息统计报表制度》（建科 [2010] 31 号）的修订。

- 2012 年 5 月 9 日，住房和城乡建设部印发《"十二五"建筑节能专项规划》（建科 [2012] 72 号）。
  - ➢ 该规划总体目标是到"十二五"末，建筑节能形成 1.16 亿 t 标准煤节能能力。城镇新建建筑执行不低于 65％ 的节能标准，鼓励北京等有条件的地区实施节能 75％ 的节能标准，完成 4 亿 m² 的既有建筑改造任务，开始实施农村建筑的节能改造试点。

- 2012 年 6 月 16 日，国务院印发《"十二五"节能环保产业发展规划》（国发 [2012] 19 号）。
  - ➢ 本规划提出，到 2015 年我国节能环保产业总产值达 4.5 万亿元，增加值占国内生产总值的比重为 2％ 左右的总体目标。

- 2012 年 11 月 2 日，《夏热冬暖地区居住建筑节能设计标准》JGJ 75—2012 发布，2013 年 4 月 1 日起实施。
  - ➢ 本标准为针对《夏热冬暖地区居住建筑节能设计标准》JGJ 75—2003 的修订。

- 2013 年 10 月 17 日，住房和城乡建设部印发《民用建筑能耗和节能信息统计报表制度》（建科 [2013] 147 号）。
  - ➢ 此文件为 2012 年印发《民用建筑能耗和节能信息统计报表制度》（建办科 [2012] 19 号）的修订。

- 2015 年 2 月 2 日，《公共建筑节能设计标准》GB 50189—2015 发布，2015 年 10 月 1 日起实施。
  - ➢ 本标准为针对《公共建筑节能设计标准》GB 50189—2005 的修订。

- 2015 年 11 月 10 日，住房和城乡建设部印发《被动式超低能耗绿色建筑技术导则（试行）（居住建筑）》（建科 [2015] 179 号）。
  - ➢ 此导则由中国被动式超低能耗建筑联盟组织中国建筑科学研究院等单位编制。导则借鉴国外被动房和近零能耗建筑的经验，结合我国已有工程实践，明确了我国被动式超低能耗绿色建筑的定义、不同气候区技术指标及设计、施工、运行和评价技术要点，为全国被动式超低能耗绿色建筑的建设提供指导。

- 2015年11月，工程国标《近零能耗建筑技术标准》列入制订计划，主编单位为中国建筑科学研究院和河北省建筑科学研究院。
  - ➤ 制订计划下达文件为住房和城乡建设部"关于印发《2016年工程建设标准规范制订、修订计划》的通知"（建标［2015］274号）。

- 2015年12月10日，住房和城乡建设部印发《民用建筑能耗统计报表制度》（建科［2015］205号）。
  - ➤ 此文件为2013年印发《民用建筑能耗和节能信息统计报表制度》（建科［2013］147号）的修订。

- 2016年8月9日，住房和城乡建设部印发《深化工程建设标准化工作改革意见》（建标［2016］66号）。
  - ➤ 此文件是为了贯彻落实《国务院关于印发深化标准化工作改革方案的通知》（国发［2015］13号）等有关要求，进一步改革工程建设标准体制、健全标准体系、完善工作机制而制订的。具体要求包括：改革强制性标准、构建强制性标准体系、优化完善推荐性标准、培育发展团体标准、全面提升标准水平、强化标准质量管理和信息公开、推进标准国际化。

- 2016年8月18日，《民用建筑热工设计规范》GB 50176—2016发布，2017年4月1日起实施。
  - ➤ 本规范为针对《民用建筑热工设计规范》GB 50176—93的修订。

- 2016年11月，全文强制《建筑节能与可再生能源利用技术规范》列入研编计划，主编单位为中国建筑科学研究院。
  - ➤ 研编计划下达文件为住房和城乡建设部"关于印发《2017年工程建设标准规范制订及相关工作计划》的通知"（建标［2016］248号）。

- 2017年3月1日，住房和城乡建设部印发《建筑节能与绿色建筑发展"十三五"规划》（建科［2017］53号）。
  - ➤ 本规划根据《国民经济和社会发展第十三个五年规划纲要》和《住房城乡建设事业"十三五"规划纲要》制订，是指导"十三五"时期我国建筑节能与绿色建筑事业发展的全局性、综合性规划。

附录 2 中国建筑节能标准相关国际合作大事记

中国建筑节能标准相关国际合作始于 20 世纪 80 年代，当时主要是中瑞、中美和中法之间的建筑节能技术交流，这些技术交流对我国建筑节能标准起步阶段有着重要意义。20世纪 90 年代，主要是中瑞、中芬、中丹、中加和中美之间进行建筑节能技术交流。20世纪 90 年代后期到 21 世纪初，中加、中法、中欧国际合作逐步开展。2005 年以后，中美、中德等国际合作全面展开。

从 20 世纪 90 年代初开始，美国劳伦斯·伯克利国家实验室（LBNL）、美国自然资源保护委员会（NRDC）和美国能源基金会中国可持续能源计划项目的专家就开始实质性地参与到了我国居住建筑和公共建筑节能设计标准的制修订工作中，为标准基础性研究工作提供了有益的思路和技术方法，为我国建筑节能标准科学性的提升和与国际标准的接轨产生了积极影响。具体的技术交流主要包括：我国专家赴美学习 LBNL 开发的 DOE-2 动态模拟计算软件，中美专家对编制组成员进行 DOE-2 的培训，并通过 LBNL 从美国国家气象资料服务中心得到了我国的气象资料；同时各标准主编单位与 LNBL 等外籍专家进行了多次交流，了解国外居住建筑节能设计的现状、技术及相关标准情况，就标准的推广实施、编制中的重点问题、科学性的保障方法等重点问题进行了深入探讨。

中国建筑节能标准相关国际合作大事记主要内容如下：

- 1984 年 12 月，在哈尔滨召开了"中瑞第一届建筑节能技术交流会"。

- 1986 年 5 月，在瑞典斯德哥尔摩举行了"中瑞第二届建筑节能学术讨论会"。
  - 我国建设部与瑞典建筑研究委员会（The Swedish Council for Building Research）商定并签署了合作意向书，其中有关建筑节能领域包括 3 个合作项目：项目 1——现有建筑测定及节能改造、项目 2——寒冷及过渡地区新建筑节能、项目 3——热带、亚热带建筑自然降温研究。

- 1988 年 6 月，国家计委能源研究所与美方在南京举办了"中美能源市场和需求预测研讨会"。
  - 此后，我国与美国劳伦斯·伯克利国家实验室（LBNL）和美国自然能源保护委员会（NRDC）进行了多年多次的互访、人员交流以及合作研究，美方相关研究人员长期参与我国居住建筑和公共建筑节能设计标准编制工作。

- 1988 年 9 月，在北京召开了"中法建筑节能技术交流会"。

- 1994 年 2～3 月，建设部组团赴丹麦参观学习。
  - 由欧洲环境与能源研究院（European Institute of Environmental Energy）组织，参

观考察了丹麦的建筑节能相关产品企业、研究单位，并访问了丹麦住房与建筑部（Ministry of Housing and Building）、丹麦建筑研究院（Danish Building Research Institute）等。

- 1996 年 10 月，中国和加拿大两国政府正式启动中加建筑节能国际合作项目——中国建筑节能 CIDA 项目。
  - ➤ 项目执行时间为 1996 年 11 月～2002 年 3 月。项目内容主要包括建筑节能政策、标准、规范的研究与制定，在有代表性气候区（严寒、寒冷、夏热冬冷地区）建设 5 个节能住宅建筑示范工程，技术培训与信息传播等。期间，由建设部和中国建筑科学研究院组团访问加拿大，考察学习交流加拿大建筑节能技术。

- 1996 年 11 月，在北京召开了"中瑞第三届建筑节能研讨会"。
  - ➤ 通过与瑞典和芬兰的交流合作，中国建筑科学研究院空气调节研究所与瑞典隆德大学（Lund University）以及和芬兰国家技术研究中心（VTT）加强了人员交流与研究合作。

- 1997 年 6 月，召开了"中法建筑节能技术和产品研讨会"。

- 2000 年 3 月～2001 年 4 月，美国自然资源保护委员会（NRDC）、美国劳伦斯·伯克利国家实验室（LBNL）和美国能源基金会中国可持续能源项目组参与《夏热冬冷地区居住建筑节能设计标准》JGJ 134—2001 的编制。

- 2001 年 7 月～2003 年 3 月，美国自然资源保护委员会（NRDC）和美国劳伦斯·伯克利国家实验室（LBNL）参与《夏热冬暖地区居住建筑节能设计标准》JGJ 75—2003 的编制。

- 2002 年 7 月～2004 年 11 月，美国能源基金会中国可持续能源项目组、美国劳伦斯·伯克利国家实验室（LBNL）、美国自然资源保护委员会（NRDC）参与《公共建筑节能设计标准》GB 50189—2005 的编制。

- 2007 年 3 月～2008 年 12 月，美国劳伦斯·伯克利国家实验室（LBNL）参与《夏热冬冷地区居住建筑节能设计标准》JGJ 134—2010 和《严寒和寒冷地区居住建筑节能设计标准》JGJ 26—2010 的编制。

- 2012 年 6 月～2013 年 11 月，美国能源基金会中国可持续能源项目组参与《公共建筑节能设计标准》GB 50189—2015 的编制。

附录3　中国建筑节能标准实施及相关政策大事记（图表）

2017年3月1日，住房和城乡建设部印发《建筑节能与绿色建筑发展"十三五"规划》（建科〔2017〕53号）。

2016年11月，全文强制《建筑节能与可再生能源利用技术规范》列入研编计划，主编单位为中国建筑科学研究院。

2016年8月18日，《民用建筑热工设计规范》GB 50176—2016发布，2017年4月1日起实施。

2016年8月9日，住房和城乡建设部印发《深化工程建设标准化工作改革意见》（建标〔2016〕66号）。

2015年12月10日，住房和城乡建设部印发《民用建筑能耗统计报表制度》（建科〔2015〕205号）。

2015年11月，工程国际《近零能耗建筑技术标准》列入制订计划，主编单位为中国建筑科学研究院和河北省建筑科学研究院。

2015年11月10日，住房和城乡建设部印发《被动式超低能耗绿色建筑技术导则（试行）（居住建筑）》（建科〔2015〕179号）。

2015年2月2日，《公共建筑节能设计标准》GB 50189—2015发布，2015年10月1日起实施。

2013年10月17日，住房和城乡建设部印发《民用建筑能耗和节能信息统计报表制度》（建科〔2013〕147号）。

2012年11月2日，夏热冬暖地区居住建筑节能设计标准》JGJ 75—2012发布，2013年4月1日起实施。

2012年6月16日，国务院印发《"十二五"节能环保产业发展规划》（国发〔2012〕19号）。

2012年5月9日，住房和城乡建设部印发《"十二五"建筑节能专项规划》（建科〔2012〕72号）。

2012年5月7日，住房和城乡建设部印发《民用建筑能耗和节能信息统计报表制度》（建科〔2012〕19号）。

2012年4月27日，财政部和住房和城乡建设部联合印发《关于加快推动我国绿色建筑发展的实施意见》（财建〔2012〕67号）。

2012年4月1日，住房和城乡建设部印发《关于推进夏热冬冷地区既有居住建筑节能改造的实施意见》（建科〔2012〕55号）。

2012年1月，《公共建筑节能设计标准》GB 50189—2005列入修订计划，主编单位为中国建筑科学研究院。

2011年8月31日，国务院办公厅印发《"十二五"节能减排综合性工作方案》（国发〔2011〕26号）。

2010年3月18日，《夏热冬冷地区居住建筑节能设计标准》JGJ 134—2010发布，2010年10月1日起实施。

2010年3月18日，《严寒和寒冷地区居住建筑节能设计标准》JGJ 26—2010发布，2010年8月1日起实施。

2010年3月4日，住房和城乡建设部印发《民用建筑能耗和节能信息统计报表制度》（建科〔2010〕31号）。

2009年7月21日，住房和城乡建设部印发《关于扩大农村危房改造试点建筑节能示范的实施意见》（建村函〔2009〕167号）。

2009年5月，《民用建筑热工设计规范》GB 50176—93列入修订计划，主编单位为中国建筑科学研究院。

2008年8月1日，国务院印发《公共机构节能条例》（国务院令第531号），2008年10月1日起实施。

2008年8月1日，国务院印发《民用建筑节能条例》（国务院令第530号），2008年10月1日起实施。

2008年5月21日，建设部和财政部联合印发《关于推进北方采暖地区既有居住建筑供热计量及节能改造工作的实施意见》（建科〔2008〕95号）。

2007年10月28日，《中华人民共和国节约能源法》（中华人民共和国主席令第77号）发布，2008年4月1日起实施。

2007年10月23日，建设部和财政部联合印发《关于加强国家机关办公建筑和大型公共建筑节能管理工作的实施意见》（建科〔2007〕245号）。

2007年6月3日，国务院印发《节能减排综合性工作方案》（国发〔2007〕15号）。

2007年6月1日，国务院印发《国务院办公厅关于严格执行公共建筑空调温度控制标准的通知》（国办发〔2007〕42号）。

2007年5月，《夏热冬暖地区居住建筑节能设计标准》JGJ 75—2003列入修订计划，主编单位为中国建筑科学研究院和广东省建筑科学研究院。

2006年9月15日，建设部印发《建设部关于贯彻〈国务院关于加强节能工作的决定〉的实施意见》（建科〔2006〕231号）。

2006年8月6日，国务院印发《国务院关于加强节能工作的决定》（国发〔2006〕28号）。

2005年12月6日，建设部联合发改委、财政部和人事部发布《关于进一步推进城镇供热体制改革的意见》（建城〔2005〕220号）。

2005年11月10日，建设部印发《民用建筑节能管理规定》（建设部令第143号），2006年1月1日起实施。

2005年6~8月，建设部印发《关于进行全国建筑节能实施情况调查的通知》（建办市函〔2005〕322号）和《关于组织开展建筑节能专项检查的通知》（建质函〔2005〕252号）。

2005年5月31日，建设部印发《关于发展节能省地型住宅和公共建筑的指导意见》（建科〔2005〕78号）。

2005年4月15日，建设部印发《关于新建居住建筑严格执行节能设计标准的通知》（建科〔2005〕55号）。

2005年4月4日，《公共建筑节能设计标准》GB 50189—2005发布，2005年7月1日起实施。

2005年4月，《夏委冬冷地区居住建筑节能设计标准》JGJ 134—2001列入修订计划，主编单位为中国建筑科学研究院。

2005年3月，《民用建筑节能设计标准（采暖居住建筑部分）》JGJ 26—95列入修订计划，并更名为《严寒和寒冷地区居住建筑节能设计标准》，主编单位为中国建筑科学研究院。

1980	1981	1982	1983	1984	1985	1986	1987	1988	1989	1990	1991	1992	1993	1994	1995	1996	1997	1998	1999	2000	2001	2002	2003	2004	2005	2006	2007	2008	2009	2010	2011	2012	2013	2014	2015	2016	2017

1980年7月，《民用建筑热工设计规程》列入制订计划，主编单位为中国建筑科学研究院。

1983年，《民用建筑热工设计准则》列入制订计划，主纺单位为中国建筑科学研究院。

1984年，《民用建筑热工设计规范》列入制订计划，主编单位为中国建筑科学研究院。

1986年1月12日，国务院发布《节约能源管理暂行条例》，1986年4月1日起实施。

1986年2月21日，《民用建筑热工设计规程》JGJ 24—86发布，1986年7月1日起实施。

1986年3月3日，《民用建筑节能设计标准（采暖居住建筑部分）》JGJ 26—86发布，1986年8月1日起实施。

1986年5月，《建筑气候区划标准》列入制订计划，主编单位为中国建筑科学研究院。

1987年3月30日，国务院批转国家经委、国家计委印发的《关于进一步加强节约用电的若干规定》。

1991年5月，《旅游馆建筑热工和空气调节节能设计标准》列入制订计划，主编单位为中国建筑科学研究院空气调节研究所和北京市建筑设计院。

1991年11月，《民用建筑节能设计标准（采暖居住建筑部分）》JGJ 26—86列入修订计划，主编单位为中国建筑科学研究院。

1993年3月17日，《民用建筑热工设计规范》GB 50176—93发布，1993年10月1日起实施。

1993年4月20日，国家计委、国家税务总局印发《关于北方节能住宅投资征收固定资产投资方程调节税的暂行管理办法》。

1993年7月5日，《建筑气候区划标准》GB 50178—93发布，1994年2月1日起实施。

1993年9月27日，《旅游馆建筑热工与空气调节节能设计标准》GB 50189—93发布，1994年7月1日起实施。

1994年，建设部成立"建筑节能办公室"和"节能工作协调组"。

1995年5月11日，建筑部印发《建设部建筑节能"九五"计划和2010年规划》（建办科〔1995〕80号）。

1995年12月7日，《民用建筑节能设计标准（采暖居住建筑部分）》JGJ 26—95发布，1996年7月1日起实施。

1996年9月23日，建设部召开"全国建筑节能工作会议"。

1997年11月1日，《中华人民共和国节约能源法》（中华人民共和国主席令第90号）发布，1998年1月1日起实施。

1999年12月，《夏热冬冷地区居住建筑节能设计标准》列入制订计划，主编单位为中国建筑科学研究院和重庆大学。

2000年2月18日，《民用建筑节能管理规定》（建设部令第76号）发布，2000年10月1日起实施。

2001年6月，《夏热冬暖地区居住建筑节能设计标准》列入制订计划，主编单位为中国建筑科学研究院和广东省建筑科学研究院。

2001年7月5日，《夏热冬冷地区居住建筑节能设计标准》JGJ 134—2001发布，2001年10月1日起实施。

2002年4月，《旅游旅馆建筑热工与空气调节节能设计标准》GB 50189—93列入修订计划，主编单位为中国建筑科学研究院和中国建筑业协会建筑节能专业委员会。

2003年7月11日，《夏热冬暖地区居住建筑节能设计标准》JGJ 75—2003发布，2003年10月1日起实施。

2003年7月21日，八部委联合发布《关于城镇供热体制改革试点工作的指导意见》（城〔2003〕148号）。

2004年8月23日，建设部发布《房屋建筑和市政基础设施工程施工图设计文件审查管理办法》（建设部令第134号）。

2004年12月3~5日，中央经济工作会议提出大力发展"节能省地型"住宅。

附录4　中国建筑节能标准相关国际合作大事记（图表）

2012年6月~2013年11月，美国能源基金会中国可持续能源项目组参与《公共建筑节能设计标准》GB 50189—2015的编制。

2007年3月~2008年12月，LBNL参与《夏热冬冷地区居住建筑节能设计标准》JGJ 134—2010和《严寒和寒冷地区居住建筑节能设计标准》JGJ 26—2010的编制。

2002年7月~2004年11月，美国能源基金会中国可持续能源项目组、LBNL、NRDC参与《公共建筑节能设计标准》GB 50189—2005的编制。

2001年7月~2003年3月，NRDC和LBNL参与《夏热冬暖地区居住建筑节能设计标准》JGJ 75—2003的编制。

2000年3月~2001年4月，NRDC、LBNL和美国能源基金会中国可持续能源项目组参与《夏热冬冷地区居住建筑节能设计标准》JGJ 134—2001的编制。

1984 → **1985** → **1986** → **1987** → **1988** → **1989** → **1990** → **1991** → **1992** → **1993** → **1994** → **1995** → **1996** → **1997** → **1998** → **1999** → **2000** → **2001** → **2002** → **2003** → **2004** → **2005** → **2006** → **2007** → **2008** → **2009** → **2010** → **2011** → **2012**

1984年12月，在哈尔滨召开了"中瑞第一届建筑节能技术交流会"。

1986年5月，在瑞典斯德哥尔摩举行了"中瑞第二届建筑节能学术讨论会"。

1988年6月，国家计委能源研究所与美方在南京举办了"中美能源市场和需求预测研讨会"。

1988年9月，在北京召开了"中法建筑节能技术交流会"。

1994年2~3月，建设部组团赴丹麦参观学习。

1996年10月，中国和加拿大两国政府正式启动中加建筑节能国际合作项目——中国建筑节能CIDA项目。

1996年11月，在北京召开了"中瑞第三届建筑节能研讨会"。

1997年6月，召开了"中法建筑节能技术和产品研讨会"。

注：美国劳伦斯·伯克利国家实验室，缩写为LBNL；
　　美国自然资源保护委员会，缩写为NRDC。